普通高等教育"十三五"规划教材
普通高等院校数学精品教材

线性代数教程

主编　林升旭　梅家斌

华中科技大学出版社
中国·武汉

内 容 提 要

本书根据教育部颁布的《高等学校工科各专业线性代数课程的基本要求》，在作者多年的教学与研究经验的基础上编写而成.

本书共分为 7 章：行列式，矩阵运算，初等变换与线性方程组，向量组的线性相关性，矩阵的对角化及二次型，Matlab 软件及其在线性代数计算中的应用，线性代数的应用等. 为便于自学与复习，从第 1 章到第 5 章有内容小结，每节后配有基本练习题，每章末配有综合练习题，书末附有练习题答案与解题提示.

本书适合作为高等工科院校各类办学形式的本科教学用书，也可供工程技术人员学习参考.

图书在版编目(CIP)数据

线性代数教程/林升旭，梅家斌主编. —武汉：华中科技大学出版社，2018.11（2019.12 重印）
ISBN 978-7-5680-4659-6

Ⅰ.①线… Ⅱ.①林… ②梅… Ⅲ.①线性代数-高等学校-教材 Ⅳ.①O151.2

中国版本图书馆 CIP 数据核字(2018)第 245095 号

线性代数教程
Xianxing Daishu Jiaocheng

林升旭　梅家斌　主编

策划编辑：周芬娜
责任编辑：周芬娜
封面设计：原色设计
责任校对：张会军
责任监印：赵　月
出版发行：华中科技大学出版社(中国・武汉)　电话：(027)81321913
武汉市东湖新技术开发区华工科技园　邮编：430223
录　　排：武汉市洪山区佳年华文印部
印　　刷：武汉科源印刷设计有限公司
开　　本：710mm×1000mm　1/16
印　　张：12.75
字　　数：276 千字
版　　次：2019 年 12 月第 1 版第 2 次印刷
定　　价：35.00 元

前　言

原《线性代数教程》一书自 2004 年 1 月作为理工科本科教材出版以来，已先后在华中科技大学武昌分校（现为武昌首义学院）、华中科技大学文华学院（现为文华学院）等多所院校使用。它具有取材适度，概念清楚，讲解翔实，循序渐进，通俗易懂，既适合教学又便于自学的特点，以及其着重于基本概念的论述和应用而不拘泥于严谨的数学定理证明的风格，受到广大读者的普遍欢迎与好评，是一本比较适合普通本科院校理工科及经管类专业使用的教材，尤其适合应用型院校本科教学。

本教程是在原《线性代数教程》的基础上结合作者多年来的教学实践与教学改革的经验编撰而成，基本保留原教程编写系统与内容框架，主要在写作手法及语言上进行了重新设计与润色，使之更通俗直观实用，从而也更适合应用型本科学生的特点。

本书本着重概念、思想、应用，轻运算、推导、技巧的教学理念，特别注重数学思想方法的阐述与数学知识的应用，对原书中线性代数的应用部分的应用实例进行了较大修改，增添了较多新实例，对 Matlab 软件也进行了修订。

本书前 5 章内容由林升旭老师编写，梅家斌老师审校，6、7 两章由梅家斌老师编写，林升旭老师审校。另外在编写过程中文华学院的林益老师、涂平老师参加了讨论并提出了许多宝贵的意见，在此一并表示感谢。

本书主要是一本供应用型本科理工科、经管类学生使用的本科教材，同时为了兼顾考研的需要编写了部分考研内容，以供具有考研需求的学生参考。

本书适合于 40 学时左右的教学要求。

本书在编写过程中得到校领导和院领导的大力支持与帮助，在此一并表示衷心的感谢。

限于编者水平，书中错误之处在所难免，恳请读者批评指正。

林升旭、梅家斌

2018 年 7 月

目　录

第1章　行　列　式

行列式是由研究线性方程组产生的，它是线性代数中的一个基本工具，在讨论许多问题时都要用到它. 本章先介绍二、三阶行列式，并把它推广到 n 阶行列式上，然后讨论行列式的基本性质及行列式按行(列)展开的计算方法，最后利用 Cramer 法则求解线性方程组.

1.1　行列式的概念

1.1.1　二、三阶行列式

设有二元线性方程组

$$\begin{cases} a_{11}x_1+a_{12}x_2=b_1, \\ a_{21}x_1+a_{22}x_2=b_2, \end{cases} \tag{1.1.1}$$

其中 x_1,x_2 表示未知量，$a_{ij}(i=1,2;j=1,2)$ 表示未知量的系数，b_1,b_2 表示常数项. 用消元法从式(1.1.1)消去 x_2，得

$$(a_{11}a_{22}-a_{12}a_{21})x_1=a_{22}b_1-a_{12}b_2,$$

当 $a_{11}a_{22}-a_{12}a_{21}\neq 0$ 时，得

$$x_1=\frac{a_{22}b_1-a_{12}b_2}{a_{11}a_{22}-a_{12}a_{21}}.$$

同样地，从式(1.1.1)消去 x_1，得

$$(a_{11}a_{22}-a_{12}a_{21})x_2=a_{11}b_2-a_{21}b_1, \quad x_2=\frac{a_{11}b_2-a_{21}b_1}{a_{11}a_{22}-a_{12}a_{21}}.$$

为了方便叙述和记忆，引入记号

$$D=\begin{vmatrix} a_{11} & a_{12} \\ a_{21} & a_{22} \end{vmatrix}=a_{11}a_{22}-a_{12}a_{21},$$

称 D 为**二阶行列式**，有时记为 $D=\det(a_{ij})$.

二阶行列式的计算满足**对角线法则**，即从左上角到右下角的主对角线上的元素之积减去从右上角到左下角的副对角线上的元素之积. 二阶行列式的计算结果是一个数.

由此法则，方程组的解 x_1,x_2 中分式的分子也可以记为

$$D_1=\begin{vmatrix} b_1 & a_{12} \\ b_2 & a_{22} \end{vmatrix}=a_{22}b_1-a_{12}b_2, \quad D_2=\begin{vmatrix} a_{11} & b_1 \\ a_{21} & b_2 \end{vmatrix}=a_{11}b_2-a_{21}b_1,$$

其中 D_i 表示把 D 中第 i 列换成式(1.1.1)右边的常数列所得的行列式.

于是,当 $D\neq0$ 时,二元线性方程组(1.1.1)的解就唯一地表示为

$$x_1=\frac{D_1}{D},\quad x_2=\frac{D_2}{D}.$$

例 1.1.1　用二阶行列式解线性方程组

$$\begin{cases}2x_1+x_2=-1,\\5x_1+3x_2=3.\end{cases}$$

解　计算二阶行列式

$$D=\begin{vmatrix}2&1\\5&3\end{vmatrix}=1,\quad D_1=\begin{vmatrix}-1&1\\3&3\end{vmatrix}=-6,\quad D_2=\begin{vmatrix}2&-1\\5&3\end{vmatrix}=11.$$

于是得到解

$$x_1=\frac{D_1}{D}=-6,\quad x_2=\frac{D_2}{D}=11.$$

设有三元线性方程组

$$\begin{cases}a_{11}x_1+a_{12}x_2+a_{13}x_3=b_1,\\a_{21}x_1+a_{22}x_2+a_{23}x_3=b_2,\\a_{31}x_1+a_{32}x_2+a_{33}x_3=b_3.\end{cases}\tag{1.1.2}$$

求解此方程组,可由前两个方程消去 x_3,得到一个只含 x_1,x_2 的二元方程;再由后两个方程(或第一和第三个方程)消去 x_3,得到另一个二元线性方程,按照上述解二元线性方程组的方法消去 x_2,得

$$\begin{aligned}&(a_{11}a_{22}a_{33}+a_{12}a_{23}a_{31}+a_{13}a_{21}a_{32}-a_{13}a_{22}a_{31}-a_{12}a_{21}a_{33}-a_{11}a_{23}a_{32})x_1\\&=b_1a_{22}a_{33}+b_3a_{12}a_{23}+b_2a_{13}a_{32}-b_3a_{22}a_{13}-b_2a_{12}a_{33}-b_1a_{23}a_{32},\end{aligned}$$

把 x 的系数记为

$$\begin{aligned}D&=\begin{vmatrix}a_{11}&a_{12}&a_{13}\\a_{21}&a_{22}&a_{23}\\a_{31}&a_{32}&a_{33}\end{vmatrix}\\&=a_{11}a_{22}a_{33}+a_{12}a_{23}a_{31}+a_{13}a_{21}a_{32}-a_{13}a_{22}a_{31}-a_{12}a_{21}a_{33}-a_{11}a_{23}a_{32},\end{aligned}\tag{1.1.3}$$

其中 D 称为**三阶行列式**.这是由三行三列的 9 个元素构成并由式(1.1.3)计算得到的一个数.式(1.1.3)右边有 6 个项,每项是位于 D 中既不同行又不同列的 3 个元素之积,并按照一定的规则,带有正号或负号.这可以用如图 1.1 所示的对角线法则来计算.D 中,从左上角到右下角的对角线叫**主对角线**,从右上角到左下角的对角线叫**副对角线**.主对角线上 3 个元素之积及平行于主对角线上 3 个元素之积的项带正号(见图 1.1 中实线连接的乘积),副对角线上 3 个元素之积及平行于副对角线上的 3 个元素之积的项带负号(见图 1.1 中虚线连接的乘积).

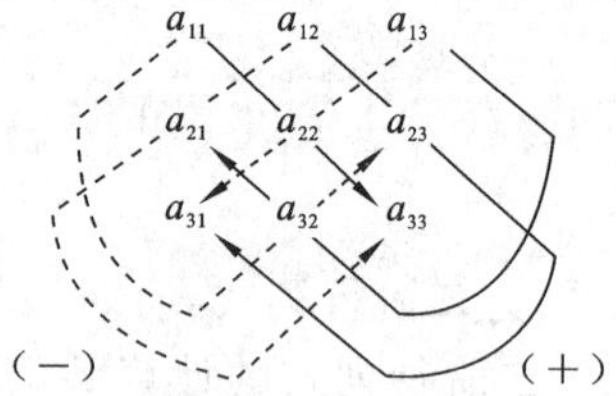

图 1.1

称式(1.1.3)的 D 为三元方程组(1.1.2)的系数行列式. 根据上面算法，有

$$D_1=\begin{vmatrix} b_1 & a_{12} & a_{13} \\ b_2 & a_{22} & a_{23} \\ b_3 & a_{32} & a_{33} \end{vmatrix}$$

$$=b_1a_{22}a_{33}+a_{12}a_{23}b_3+a_{13}a_{32}b_2-a_{13}a_{22}b_3-a_{12}a_{33}b_2-b_1a_{23}a_{32},$$

则 x_1 可表为

$$x_1=\frac{D_1}{D}.$$

同理可得

$$x_2=\frac{D_2}{D},\quad x_3=\frac{D_3}{D},$$

其中

$$D_2=\begin{vmatrix} a_{11} & b_1 & a_{13} \\ a_{21} & b_2 & a_{23} \\ a_{31} & b_3 & a_{33} \end{vmatrix},\quad D_3=\begin{vmatrix} a_{11} & a_{12} & b_1 \\ a_{21} & a_{22} & b_2 \\ a_{31} & a_{32} & b_3 \end{vmatrix}.$$

D_i 是把系数行列式 D 中的第 i 列删去，换上方程组(1.1.2)右边的常数列所得的行列式.

例 1.1.2　解三元线性方程组

$$\begin{cases} 3x_1+2x_2-x_3=4, \\ x_1-x_2+2x_3=5, \\ 2x_1-x_2+x_3=3. \end{cases}$$

解　用对角线法则计算行列式，得

$$D=\begin{vmatrix} 3 & 2 & -1 \\ 1 & -1 & 2 \\ 2 & -1 & 1 \end{vmatrix}=8,\quad D_1=\begin{vmatrix} 4 & 2 & -1 \\ 5 & -1 & 2 \\ 3 & -1 & 1 \end{vmatrix}=8,$$

$$D_2=\begin{vmatrix} 3 & 4 & -1 \\ 1 & 5 & 2 \\ 2 & 3 & 1 \end{vmatrix}=16,\quad D_3=\begin{vmatrix} 3 & 2 & 4 \\ 1 & -1 & 5 \\ 2 & -1 & 3 \end{vmatrix}=24.$$

解得

$$x_1=\frac{D_1}{D}=1,\quad x_2=\frac{D_2}{D}=2,\quad x_3=\frac{D_3}{D}=3.$$

用对角线法则计算二、三阶行列式，既直观又快捷，可惜对高于三阶的行列式，对角线法则就不再适用了. 为了求 $n>3$ 的 n 元线性方程组，有必要把二、三阶行列式进一步推广. 为此先分析式(1.1.3)所示的三阶行列式的展开项的结构，从中找出其一般规律.

(1) 在三阶行列式中，每项的元素都是取于不同行不同列的 3 个元素的乘积.

(2) 每一项的 3 个元素的行下标按自然顺序排列时，其列下标都是 1,2,3 的某一个排列. 每一排列都对应着三阶行列式的一项，故有 $3!=6$ 项.

(3) 项的符号由对换决定. 在式(1.1.3)中，加正号的三项的列下标排列为

$$123,\quad 231,\quad 312.$$

它们是自然排列 123 经零次或两次(偶次)对换得到的，例如，排列 231 是将 123 中的

1 和 2 对换;然后再将 1 和 3 对换得出的,而加负号的三项的列下标排列为

$$321,\quad 132,\quad 213.$$

它们是 123 经一次或三次(奇数次)对换得到的.这就是说行列式每项所带的符号与排列对换次数的奇偶性有关.

为了阐明 n 阶行列式展开项的符号规律,引入 n 元排列的逆序与对换的概念.

1.1.2 n 元排列的逆序与对换

自然数 $1,2,3,\cdots,n$ 按一定次序排成一排,称为 n 元排列,记为 $i_1i_2\cdots i_n$. $12\cdots n$ 称为自然排列,n 元排列总共有 $n!$ 个.例如,自然数 1,2,3 共有 $3!=6$ 个排列,用 $i_1i_2i_3$ 表示这 6 个排列中的一个.

定义 1.1 在一个 n 元排列 $i_1i_2\cdots i_n$ 中,若一个大的数排在一个小的数的前面,则称这两个数构成一个**逆序**.一个排列逆序个数的总和就称为这个排列的逆序数,记为 $\tau[i_1i_2\cdots i_n]$.

例 1.1.3 求下列排列的逆序数:

(1) 32415; (2) 35412; (3) $n(n-1)\cdots 21$.

解 用从右到左的方式,求各数字的逆序数.

(1) 排列 32415 中,数 5 前面没有比它大的数,逆序为 0;数 1 前面有 3 个数比 1 大,逆序为 3,数 4 前面没有数比 4 大,逆序为 0;数 2 前面有 1 个数比 2 大,逆序为 1;数 3 排在最前面,逆序为 0,即 $\tau[32415]=0+3+0+1+0=4$.

(2) 同理 $\tau[35412]=3+3+1+0+0=7$.

(3) $\tau[n(n-1)\cdots 21]=(n-1)+(n-2)+\cdots+2+1+0=\dfrac{n(n-1)}{2}$.

定义 1.2 排列的逆序数为奇(偶)数的排列称为**奇(偶)排列**.

在例 1.1.3 中,32415 是偶排列,35412 是奇排列.而对于排列 $n(n-1)\cdots 21$,当 $n=4k,4k+1$ 时,该排列为偶排列;当 $n=4k+2,4k+3$ 时,该排列为奇排列.自然排列 $123\cdots n$ 的逆序数为 0,它是一个偶排列.

定义 1.3 一个排列中的某两个数的位置互换,其余的数不动,就得到一个新排列,称这样的变换为**一次对换**.而相邻两个数的对换称为**邻换**.

对换有如下性质:

定理 1.1 一次对换改变排列的奇偶性.

或者说:一个排列进行奇数次对换,排列改变奇偶性;进行偶数次对换,排列奇偶性不变.

证 首先证明:一次邻换改变排列的奇偶性.设 n 元排列为

$$\cdots ij\cdots,$$

将相邻两个数 i、j 对换变成新排列

$$\cdots ji\cdots,$$

由于除 i、j 两数外其余的数不动，所以其余的数之间的逆序没有改变. 若 $i>j$，则新排列的逆序数比原排列的逆序数减少 1；若 $i<j$，则新排列的逆序数比原排列的逆序数增加 1，故一次邻换改变排列奇偶性.

其次，设排列为

$$\cdots i a_1 a_2 \cdots a_s j \cdots,$$

数 i 与 j 之间相隔 s 个数. 要实现 i 与 j 的对换，可先把 i 与 a_1 邻换，再把 i 与 a_2 邻换，依次下去，经 $s+1$ 次邻换就把 i 调换至 j 之后，即

$$\cdots a_1 a_2 \cdots a_s j i \cdots,$$

然后再把 j 依次邻换至 a_1 之前，这样要经过 s 次邻换才能做到. 从而共经 $2s+1$ 次邻换就完成了 i 与 j 的对换，得到

$$\cdots j a_1 a_2 \cdots a_s i \cdots,$$

利用一次邻换改变排列奇偶性，即可证明定理.

推论 1 任意一个 n 元排列都可经过一定次数的对换变为自然排列，并且所做对换的次数的奇偶性与该排列的奇偶性相同.

这是因为 $12\cdots n$ 是偶排列，而一次对换改变排列的奇偶性，当排列 $i_1 i_2 \cdots i_n$ 是奇(偶)排列时，必须做奇(偶)次对换才能变成自然排列 $12\cdots n$. 故所做的对换次数的奇偶性与排列的奇偶性相同.

推论 2 全体 n 元排列的集合中，奇排列与偶排列各一半.

1.1.3 n 阶行列式的定义

有了排列的逆序和奇偶性概念，就可把三阶行列式(1.1.3)变成如下形式：

$$D=\begin{vmatrix} a_{11} & a_{12} & a_{13} \\ a_{21} & a_{22} & a_{23} \\ a_{31} & a_{32} & a_{33} \end{vmatrix}=\sum_{[i_1 i_2 i_3]}(-1)^{\tau[i_1 i_2 i_3]} a_{1i_1} a_{2i_2} a_{3i_3}.$$

定义 1.4 把 n^2 个数 $a_{ij}(i=1,2,\cdots,n;j=1,2,\cdots,n)$ 排成 n 行 n 列，按照下式

$$D=\begin{vmatrix} a_{11} & a_{12} & \cdots & a_{1n} \\ a_{21} & a_{22} & \cdots & a_{2n} \\ \vdots & \vdots & & \vdots \\ a_{n1} & a_{n2} & \cdots & a_{nn} \end{vmatrix}=\sum_{[i_1 i_2 \cdots i_n]}(-1)^{\tau[i_1 i_2 \cdots i_n]} a_{1i_1} a_{2i_2} \cdots a_{ni_n}, \quad (1.1.4)$$

计算得到的一个数，称为 n **阶行列式**，简记为 $D=\det(a_{ij})$ 或 $D=|a_{ij}|_{n\times n}$，其中 $\sum\limits_{[i_1 i_2 \cdots i_n]}$ 表示对所有 n 元排列求和.

式(1.1.4)右边的每一项乘积 $a_{1i_1} a_{2i_2} \cdots a_{ni_n}$ 中的 n 个元取之于 D 中不同行不同列；当行下标按自然顺序排列时，相应的列下标是 $12\cdots n$ 的一个 n 元排列 $i_1 i_2 \cdots i_n$，若是偶排列，则该排列对应的项取正号；若是奇排列，则取负号，用 $(-1)^{\tau[i_1 i_2 \cdots i_n]}$ 表示. 行列式 D 中共有 $n!$ 个乘积项.

例 1.1.4 计算行列式

$$D=\begin{vmatrix} a_{11} & 0 & \cdots & 0 \\ a_{21} & a_{22} & \cdots & 0 \\ \vdots & \vdots & & \vdots \\ a_{n1} & a_{n2} & \cdots & a_{nn} \end{vmatrix}.$$

这个行列式的特点是主对角线上方的元素都为零,称它为**下三角行列式**. 若主对角线下方的元素都为零的行列式,称为**上三角行列式**.

解 通常关注的是 D 的展开式中不为零的那些项. 由于第 1 行除 a_{11} 外,其余元素为零,所以在 D 的通项中第 1 个元素 a_{1i_1} 只能取 a_{11};而第 2 个元素 a_{2i_2} 不能取 a_{21},这是因为展开式的每一项中不能存在两个相同列的元素,故只能选取 a_{22};同理 a_{3i_3} 只能选取 a_{33};…;末行只能选取 a_{nn},从而

$$D=(-1)^{\tau[12\cdots n]}a_{11}a_{22}\cdots a_{nn}=a_{11}a_{22}\cdots a_{nn}.$$

同理,对上三角行列式有

$$D=\begin{vmatrix} a_{11} & a_{12} & \cdots & a_{1n} \\ & a_{22} & \cdots & a_{2n} \\ & & \ddots & \vdots \\ & & & a_{nn} \end{vmatrix}=a_{11}a_{22}\cdots a_{nn}.$$

特别地,**对角行列式**有

$$\Lambda=\begin{vmatrix} a_{11} & & & \\ & a_{22} & & \\ & & \ddots & \\ & & & a_{nn} \end{vmatrix}=a_{11}a_{22}\cdots a_{nn}.$$

上面行列式中未写出的元素都表示零元素. 称主对角线外的元素皆为零的行列式 Λ 为对角行列式.

同理可得

$$\begin{vmatrix} & & & a_{1n} \\ & & a_{2\,n-1} & \\ & \iddots & & \\ a_{n1} & & & \end{vmatrix}=\begin{vmatrix} & & & a_{1n} \\ & & a_{2\,n-1} & a_{2n} \\ & \iddots & & \vdots \\ a_{n1} & a_{n2} & \cdots & a_{nn} \end{vmatrix}=\begin{vmatrix} a_{11} & a_{12} & \cdots & a_{1n} \\ \vdots & & \iddots & \\ a_{n-1\,1} & a_{n-1\,2} & & \\ a_{n1} & & & \end{vmatrix}$$

$$=(-1)^{\frac{n(n-1)}{2}}a_{1n}a_{2\,n-1}\cdots a_{n1}.$$

例 1.1.5 确定四阶行列式中项 $a_{32}a_{14}a_{43}a_{21}$ 所取的符号.

解 把该项的行下标按自然顺序排列得 $a_{14}a_{21}a_{32}a_{43}$,其列下标排列的逆序数为

$$\tau[4123]=1+1+1+0=3,$$

故该项带负号.

应当指出,n 阶行列式可以有若干种定义,例如,若把 n 阶行列式每一项的列下标按自然顺序排列,则行下标是 n 元排列的某一排列,这便得到行列式的另一个定

义式

$$D=\sum_{[j_1j_2\cdots j_n]}(-1)^{\tau[j_1j_2\cdots j_n]}a_{j_11}a_{j_22}\cdots a_{j_nn}. \tag{1.1.5}$$

因为把 n 阶行列式 D 的通项

$$(-1)^{\tau[i_1i_2\cdots i_n]}a_{1i_1}a_{2i_2}\cdots a_{ni_n}$$

的列下标的排列 $i_1i_2\cdots i_n$ 经 N 次对换变为自然排列 $12\cdots n$ 的同时，相应的行下标排列 $12\cdots n$ 经 N 次对换变成排列 $j_1j_2\cdots j_n$，即

$$a_{1i_1}a_{2i_2}\cdots a_{ni_n}=a_{j_11}a_{j_22}\cdots a_{j_nn}.$$

根据定理 1.1 的推论 1，对换次数 N 与 $\tau[i_1i_2\cdots i_n]$ 有相同的奇偶性，而 N 与 $\tau[j_1j_2\cdots j_n]$ 也有相同的奇偶性，从而 $\tau[i_1i_2\cdots i_n]$ 与 $\tau[j_1j_2\cdots j_n]$ 有相同的奇偶性，所以

$$(-1)^{\tau[i_1i_2\cdots i_n]}a_{1i_1}a_{2i_2}\cdots a_{ni_n}=(-1)^{\tau[j_1j_2\cdots j_n]}a_{j_11}a_{j_22}\cdots a_{j_nn},$$

由此可知式(1.1.5)是行列式(1.1.4)的等价定义.

练习 1.1

1. 计算下列三阶行列式：

$$\begin{vmatrix}0&1&2\\1&2&0\\2&0&1\end{vmatrix},\quad \begin{vmatrix}0&a&b\\-a&0&c\\-b&-c&0\end{vmatrix},\quad \begin{vmatrix}a&1&a\\-1&a&1\\a&-1&a\end{vmatrix}.$$

2. 解下列线性方程组：

(1) $\begin{cases}x_1\cos\theta-x_2\sin\theta=a,\\x_1\sin\theta+x_2\cos\theta=b;\end{cases}$ (2) $\begin{cases}x_1-2x_2+x_3=-2,\\2x_1+x_2-3x_3=1,\\x_1-x_2+x_3=0.\end{cases}$

3. 确定下列排列的逆序数和奇偶性：

32145， 52314786， 24687531.

4. 确定下列五阶行列式中项的符号：

(1) $a_{34}a_{25}a_{41}a_{12}a_{53}$； (2) $a_{23}a_{41}a_{14}a_{35}a_{52}$.

5. 写出四阶行列式中：

(1) 所有包含有 a_{12}，a_{23} 的项；

(2) 所有包含 a_{23} 带正号的项.

6. 用定义计算：

(1) $\begin{vmatrix}0&1&0&\cdots&0\\0&0&2&\cdots&0\\\vdots&\vdots&\vdots&&\vdots\\0&0&\cdots&0&n-1\end{vmatrix}$； (2) $\begin{vmatrix}0&0&\cdots&0&a_{1n}\\0&0&\cdots&a_{2n-1}&0\\\vdots&\vdots&&\vdots&\vdots\\a_{n1}&0&\cdots&0&0\end{vmatrix}$.

1.2　行列式的性质

用行列式的定义计算 n 阶行列式，一般要计算 $n!$ 个乘积项，每一项是 n 个元素的乘积，需要做 $n-1$ 次乘积运算，所以一共需做 $(n-1)n!$ 次乘积运算. 当 n 较大时，如 $n=25$，乘法次数达到 $24\times 25!$，约等于 3.7227×10^{26} 次，这是一个惊人的数字. 这表明用定义计算较高阶的行列式并不是一个可行的求值方法. 为此，从定义出发，建立行列式的基本性质，利用这些性质来简化行列式的计算.

设
$$D=\begin{vmatrix} a_{11} & a_{12} & \cdots & a_{1n} \\ a_{21} & a_{22} & \cdots & a_{2n} \\ \vdots & \vdots & & \vdots \\ a_{n1} & a_{n2} & \cdots & a_{nn} \end{vmatrix},$$
把 D 的行换成同序数的列，得到新的行列式，记为
$$D^{\mathrm{T}}=\begin{vmatrix} a_{11} & a_{21} & \cdots & a_{n1} \\ a_{12} & a_{22} & \cdots & a_{n2} \\ \vdots & \vdots & & \vdots \\ a_{1n} & a_{2n} & \cdots & a_{nn} \end{vmatrix},$$
称 D^{T} 为 D 的**转置行列式**. 显然 $(D^{\mathrm{T}})^{\mathrm{T}}=D$.

性质 1　行列式与转置行列式相等，即
$$D^{\mathrm{T}}=D.$$

证　设 D^{T} 的第 i 行第 j 列的元素为 b_{ij}，则有 $b_{ij}=a_{ji}$，由定义式(1.1.5)，有
$$\begin{aligned} D^{\mathrm{T}} &= \sum_{[j_1\cdots j_n]}(-1)^{\tau[j_1j_2\cdots j_n]}b_{j_11}b_{j_22}\cdots b_{j_nn} \\ &= \sum_{[j_1\cdots j_n]}(-1)^{\tau[j_1j_2\cdots j_n]}a_{1j_1}a_{2j_2}\cdots a_{nj_n} = D. \end{aligned}$$

性质 1 说明行列式的行和列具有同等地位，因而凡是对行具有的性质，对列也一样具有，反之亦然. 故以下所讨论的行列式性质中，只对行加以证明.

性质 2　若行列式的第 i 行(列)的每一个元素都可表示为两数之和，即
$$a_{ij}=b_{ij}+c_{ij},\quad j=1,2,\cdots,n,$$
则行列式可表示为两个行列式之和：
$$\begin{vmatrix} a_{11} & a_{12} & \cdots & a_{1n} \\ \vdots & \vdots & & \vdots \\ b_{i1}+c_{i1} & b_{i2}+c_{i2} & \cdots & b_{in}+c_{in} \\ \vdots & \vdots & & \vdots \\ a_{n1} & a_{n2} & \cdots & a_{nn} \end{vmatrix}=\begin{vmatrix} a_{11} & \cdots & a_{1n} \\ \vdots & & \vdots \\ b_{i1} & \cdots & b_{in} \\ \vdots & & \vdots \\ a_{n1} & \cdots & a_{nn} \end{vmatrix}+\begin{vmatrix} a_{11} & \cdots & a_{1n} \\ \vdots & & \vdots \\ c_{i1} & \cdots & c_{in} \\ \vdots & & \vdots \\ a_{n1} & \cdots & a_{nn} \end{vmatrix}.$$
或者说：若两个行列式中除第 i 行之外，其余 $n-1$ 行对应相同，则两个行列式之和只

对第 i 行对应元素相加,其余保持不变.

证　$$\text{左边}=\sum_{[i_1\cdots i_n]}(-1)^{\tau[i_1\cdots i_n]}a_{1i_1}a_{2i_2}\cdots(b_{ip}+c_{ip})\cdots a_{ni_n}$$
$$=\sum_{[i_1\cdots i_n]}(-1)^{\tau[i_1\cdots i_n]}a_{1i_1}\cdots b_{ip}\cdots a_{ni_n}+\sum_{[i_1\cdots i_n]}(-1)^{\tau[i_1\cdots i_n]}a_{1i_1}\cdots c_{ip}\cdots a_{ni_n}.$$
这正好是右边两个行列式之和.

性质 3　用一个数 k 乘行列式,等于将行列式的某一行(列)元素都乘以 k,即
$$k\begin{vmatrix} a_{11} & a_{12} & \cdots & a_{1n} \\ \vdots & \vdots & & \vdots \\ a_{i1} & a_{i2} & \cdots & a_{in} \\ \vdots & \vdots & & \vdots \\ a_{n1} & a_{n2} & \cdots & a_{nn} \end{vmatrix}=\begin{vmatrix} a_{11} & a_{12} & \cdots & a_{1n} \\ \vdots & \vdots & & \vdots \\ ka_{i1} & ka_{i2} & \cdots & ka_{in} \\ \vdots & \vdots & & \vdots \\ a_{n1} & a_{n2} & \cdots & a_{nn} \end{vmatrix}.$$
也可以叙述为:若行列式某行(列)有公因子 k,则可把它提到行列式外面(证明略).

性质 4　若对换行列式的任意两行(列),则行列式变号,即
$$D=\begin{vmatrix} a_{11} & a_{12} & \cdots & a_{1n} \\ \vdots & \vdots & & \vdots \\ a_{i1} & a_{i2} & \cdots & a_{in} \\ \vdots & \vdots & & \vdots \\ a_{j1} & a_{j2} & \cdots & a_{jn} \\ \vdots & \vdots & & \vdots \\ a_{n1} & a_{n2} & \cdots & a_{nn} \end{vmatrix},\quad D_1=\begin{vmatrix} a_{11} & a_{12} & \cdots & a_{1n} \\ \vdots & \vdots & & \vdots \\ a_{j1} & a_{j2} & \cdots & a_{jn} \\ \vdots & \vdots & & \vdots \\ a_{i1} & a_{i2} & \cdots & a_{in} \\ \vdots & \vdots & & \vdots \\ a_{n1} & a_{n2} & \cdots & a_{nn} \end{vmatrix}\begin{matrix} \\ \\ i\text{行} \\ \\ j\text{行} \\ \\ \\ \end{matrix},$$
$$D=-D_1.$$

证　因为 D 中的任一项为
$$(-1)^{\tau[i_1\cdots p\cdots q\cdots i_n]}a_{1i_1}\cdots a_{ip}\cdots a_{jq}\cdots a_{ni_n},$$
与之相对应的 D_1 中的一项为
$$(-1)^{\tau[i_1\cdots q\cdots p\cdots i_n]}a_{1i_1}\cdots a_{jq}\cdots a_{ip}\cdots a_{ni_n},$$
(行下标已按自然顺序排列)

由定理 1.1,有
$$(-1)^{\tau[i_1\cdots p\cdots q\cdots i_n]}=(-1)(-1)^{\tau[i_1\cdots q\cdots p\cdots i_n]}.$$
即 D 与 D_1 对应项的符号相反,亦即 $D=-D_1$.

推论 1　若行列式的两行(列)相同,则行列式为零.

证　设 D 是 i 行与 j 行相同的行列式,把 D 的 i 行与 j 行对换,由性质 4,有 $D=-D$,即 $D=0$.

推论 2　若行列式的两行(列)元素成比例,则行列式为零.

性质 5　把行列式的第 j 行(列)元素的 k 倍加到第 i 行(列)的对应元素上,行列式的值不变,即

$$D=\begin{vmatrix} a_{11} & a_{12} & \cdots & a_{1n} \\ \vdots & \vdots & & \vdots \\ ka_{j1}+a_{i1} & ka_{j2}+a_{i2} & \cdots & ka_{jn}+a_{in} \\ \vdots & \vdots & & \vdots \\ a_{j1} & a_{j2} & \cdots & a_{jn} \\ \vdots & \vdots & & \vdots \\ a_{n1} & a_{n2} & \cdots & a_{nn} \end{vmatrix}\begin{matrix} \\ \\ i\text{ 行} \\ \\ j\text{ 行} \\ \\ \\ \end{matrix}.$$

证 由性质 2,将上式右边的行列式的 i 行拆为两个行列式之和,再利用推论 2,得证.

性质 3、性质 4、性质 5 通常称为对行列式的**初等变换**,分别称为**数乘变换**,**对换变换**和**消元(倍加)变换**.

计算行列式的方法很多,利用行列式的性质将行列式化为三角行列式,则是最常用的方法.

例 1.2.1 计算下列行列式

(1) $D=\begin{vmatrix} 1 & 2 & 3 & 4 \\ 2 & 3 & 4 & 5 \\ 3 & 4 & 5 & 6 \\ 4 & 5 & 6 & 7 \end{vmatrix}$; (2) $D=\begin{vmatrix} 3 & 1 & 1 & 3 \\ 1 & 0 & 2 & 1 \\ 2 & 1 & -5 & 5 \\ 0 & 2 & -7 & 1 \end{vmatrix}$.

解 (1) 利用性质 5,第 1 行乘以 -2 和 -3 分别加到第 2、3 行上,得

$$D=\begin{vmatrix} 1 & 2 & 3 & 4 \\ 0 & -1 & -2 & -3 \\ 0 & -2 & -4 & -6 \\ 4 & 5 & 6 & 7 \end{vmatrix}=2\begin{vmatrix} 1 & 2 & 3 & 4 \\ 0 & 1 & 2 & 3 \\ 0 & 1 & 2 & 3 \\ 4 & 5 & 6 & 7 \end{vmatrix}=0.$$

(2) 第 1、2 行对换,然后用性质 5 将 D 化为三角行列式

$$D=-\begin{vmatrix} 1 & 0 & 2 & 1 \\ 3 & 1 & 1 & 3 \\ 2 & 1 & -5 & 5 \\ 0 & 2 & -7 & 1 \end{vmatrix}=-\begin{vmatrix} 1 & 0 & 2 & 1 \\ 0 & 1 & -5 & 0 \\ 0 & 1 & -9 & 3 \\ 0 & 2 & -7 & 1 \end{vmatrix}$$

$$=-\begin{vmatrix} 1 & 0 & 2 & 1 \\ 0 & 1 & -5 & 0 \\ 0 & 0 & -4 & 3 \\ 0 & 0 & 3 & 1 \end{vmatrix}=-\begin{vmatrix} 1 & 0 & 2 & 1 \\ 0 & 1 & -5 & 0 \\ 0 & 0 & -4 & 3 \\ 0 & 0 & 0 & \frac{13}{4} \end{vmatrix}$$

$$=-1\times1\times(-4)\times\left(\frac{13}{4}\right)=13.$$

例 1.2.2 计算行列式

$$D=\begin{vmatrix}1&x&y&z\\x&1&0&0\\y&0&1&0\\z&0&0&1\end{vmatrix}.$$

解 这是一个形如$\diagdown$的三线行列式，把第 2 列乘$-x$，第 3 列乘$-y$，第 4 列乘$-z$，加到第 1 列上，得

$$D=\begin{vmatrix}1-x^2-y^2-z^2&x&y&z\\0&1&0&0\\0&0&1&0\\0&0&0&1\end{vmatrix}=1-x^2-y^2-z^2.$$

例 1.2.3 证明

$$D=\begin{vmatrix}1+x_1y_1&1+x_1y_2&1+x_1y_3\\1+x_2y_1&1+x_2y_2&1+x_2y_3\\1+x_3y_1&1+x_3y_2&1+x_3y_3\end{vmatrix}=0.$$

证 由性质 2，将 D 的第 1 列拆开，得

$$D=\begin{vmatrix}1&1+x_1y_2&1+x_1y_3\\1&1+x_2y_2&1+x_2y_3\\1&1+x_3y_2&1+x_3y_3\end{vmatrix}+\begin{vmatrix}x_1y_1&1+x_1y_2&1+x_1y_3\\x_2y_1&1+x_2y_2&1+x_2y_3\\x_3y_1&1+x_3y_2&1+x_3y_3\end{vmatrix}.$$

将第 1 个行列式的第 2、3 列减去第 1 列，第 2 个行列式第 1 列提取 y_1，得

$$\begin{aligned}D&=\begin{vmatrix}1&x_1y_2&x_1y_3\\1&x_2y_2&x_2y_3\\1&x_3y_2&x_3y_3\end{vmatrix}+y_1\begin{vmatrix}x_1&1+x_1y_2&1+x_1y_3\\x_2&1+x_2y_2&1+x_2y_3\\x_3&1+x_3y_2&1+x_3y_3\end{vmatrix}\\&=y_2y_3\begin{vmatrix}1&x_1&x_1\\1&x_2&x_2\\1&x_3&x_3\end{vmatrix}+y_1\begin{vmatrix}x_1&1&1\\x_2&1&1\\x_3&1&1\end{vmatrix}\\&=0+0=0.\end{aligned}$$

例 1.2.4 计算行列式

$$D=\begin{vmatrix}1&-1&1&x-1\\1&-1&1+x&-1\\1&x-1&1&-1\\1+x&-1&1&-1\end{vmatrix}.$$

解 行列式每行元素之和都为 x，故把 2、3、4 列都加到第 1 列上，提出因子 x，得

$$D=\begin{vmatrix}x&-1&1&x-1\\x&-1&1+x&-1\\x&x-1&1&-1\\x&-1&1&-1\end{vmatrix}=x\begin{vmatrix}1&-1&1&x-1\\1&-1&1+x&-1\\1&x-1&1&-1\\1&-1&1&-1\end{vmatrix}.$$

将第 1 行的(−1)倍加到各行上去，得

$$D=x\begin{vmatrix}1 & -1 & 1 & x-1\\ 0 & 0 & x & -x\\ 0 & x & 0 & -x\\ 0 & 0 & 0 & -x\end{vmatrix}=-x\begin{vmatrix}1 & -1 & 1 & x-1\\ 0 & x & 0 & -x\\ 0 & 0 & x & -x\\ 0 & 0 & 0 & -x\end{vmatrix}=x^4.$$

练习 1.2

1. 计算下列行列式：

$$\begin{vmatrix}10 & 8 & 2\\ 15 & 12 & 3\\ 20 & 32 & 12\end{vmatrix},\quad \begin{vmatrix}a & b+c & 1\\ b & c+a & 1\\ c & a+b & 1\end{vmatrix},\quad \begin{vmatrix}-ab & ac & ae\\ bd & -cd & de\\ bf & cf & -ef\end{vmatrix},$$

$$\begin{vmatrix}a_1+b_1 & a_1+b_2 & a_1+b_3\\ a_2+b_1 & a_2+b_2 & a_2+b_3\\ a_3+b_1 & a_3+b_2 & a_3+b_3\end{vmatrix},\quad \begin{vmatrix}0 & 1 & 1 & 1\\ 1 & 0 & 1 & 1\\ 1 & 1 & 0 & 1\\ 1 & 1 & 1 & 0\end{vmatrix}.$$

2. 证明：

(1) $\begin{vmatrix}a & b & c & d\\ a & d & c & b\\ c & d & a & b\\ c & b & a & d\end{vmatrix}=0$； (2) $\begin{vmatrix}a+b & b+c & c+a\\ p+q & q+r & r+p\\ x+y & y+z & z+x\end{vmatrix}=2\begin{vmatrix}a & b & c\\ p & q & r\\ x & y & z\end{vmatrix}$.

3. 求方程 $\begin{vmatrix}1+\lambda & 1 & 1 & 1\\ 1 & 1+\lambda & 1 & 1\\ 1 & 1 & 1+\lambda & 1\\ 1 & 1 & 1 & 1+\lambda\end{vmatrix}=0$ 的根.

1.3 行列式的展开计算

计算低阶行列式比计算高阶行列式简单些，下面介绍行列式按一行(列)展开的方法，将行列式化为若干个低一阶的行列式的代数和.

定义 1.5 在 n 阶行列式 D 中，划去元素 a_{ij} 所在的第 i 行和第 j 列，剩余的 $n-1$ 阶行列式称为元素 a_{ij} 的**余子式**，记为 M_{ij}. 记 $A_{ij}=(-1)^{i+j}M_{ij}$，称为元素 a_{ij} 的**代数余子式**.

例如，行列式

$$\begin{vmatrix}1 & 2 & 5 & 4\\ 0 & 7 & 2 & 1\\ 0 & 4 & 2 & 2\\ 1 & 0 & 1 & 3\end{vmatrix},$$

其中元素 $a_{32}=4$ 的余子式与代数余子式分别为

$$M_{32}=\begin{vmatrix}1&5&4\\0&2&1\\1&1&3\end{vmatrix}=2,\quad A_{32}=(-1)^{3+2}2=-2.$$

引理 设 n 阶行列式 D 中的第 i 行元素除 a_{ij} 外都为零，则这行列式等于 a_{ij} 与它的代数余子式的乘积，即

$$D=\begin{vmatrix}a_{11}&a_{12}&\cdots&a_{1j}&\cdots&a_{1n}\\\vdots&\vdots&&\vdots&&\vdots\\0&0&\cdots&a_{ij}&\cdots&0\\\vdots&\vdots&&\vdots&&\vdots\\a_{n1}&a_{n2}&\cdots&a_{nj}&\cdots&a_{nn}\end{vmatrix}=a_{ij}A_{ij}.$$

证 首先把行列式 D 中第 i 行依次与第 $i-1$ 行，第 $i-2$ 行，…，第 1 行邻换，经 $i-1$ 次邻换把第 i 行调到第 1 行上，然后再把第 j 列依次与第 $j-1$ 列，第 $j-2$ 列，…，第 1 列邻换，这样又做了 $j-1$ 次邻换，就把 a_{ij} 调换至 D 的左上角，由行列式的对换性质，有

$$D=(-1)^{i+j-2}\begin{vmatrix}a_{ij}&0&\cdots&0&0&\cdots&0\\a_{1j}&a_{11}&\cdots&a_{1\,j-1}&a_{1\,j+1}&\cdots&a_{1n}\\\vdots&\vdots&&\vdots&\vdots&&\vdots\\a_{i-1\,j}&a_{i-1\,1}&\cdots&a_{i-1\,j-1}&a_{i-1\,j+1}&\cdots&a_{i-1\,n}\\a_{i+1\,j}&a_{i+1\,1}&\cdots&a_{i+1\,j-1}&a_{i+1\,j+1}&\cdots&a_{i+1\,n}\\\vdots&\vdots&&\vdots&\vdots&&\vdots\\a_{nj}&a_{n1}&\cdots&a_{n\,j-1}&a_{nj+1}&\cdots&a_{nn}\end{vmatrix}.$$

注意到 $(-1)^{i+j-2}=(-1)^{i+j}$，且上面行列式的右下角的 $n-1$ 阶行列式是 a_{ij} 的余子式 M_{ij}. 由行列式的定义易得

$$D=(-1)^{i+j}\cdot a_{ij}M_{ij}=a_{ij}A_{ij}.$$

定理 1.2 n 阶行列式等于它的任意一行(列)的所有元素与其对应的代数余子式乘积之和.

设 D 的第 i 行元素 $a_{i1},a_{i2},\cdots,a_{in}$ 所对应的代数余子式为 $A_{i1},A_{i2},\cdots,A_{in}$，则

$$D=a_{i1}A_{i1}+a_{i2}A_{i2}+\cdots+a_{in}A_{in}. \tag{1.3.1}$$

证 将 D 的第 i 行改写为

$$D=\begin{vmatrix}a_{11}&a_{12}&\cdots&a_{1n}\\\vdots&\vdots&&\vdots\\a_{i1}+0+\cdots+0&0+a_{i2}+\cdots+0&\cdots&0+\cdots+0+a_{in}\\\vdots&\vdots&&\vdots\\a_{n1}&a_{n2}&\cdots&a_{nn}\end{vmatrix}$$

$$=\begin{vmatrix} a_{11} & a_{12} & \cdots & a_{1n} \\ \vdots & \vdots & & \vdots \\ a_{i1} & 0 & \cdots & 0 \\ \vdots & \vdots & & \vdots \\ a_{n1} & a_{n2} & \cdots & a_{nn} \end{vmatrix}+\begin{vmatrix} a_{11} & a_{12} & \cdots & a_{1n} \\ \vdots & \vdots & & \vdots \\ 0 & a_{i2} & \cdots & 0 \\ \vdots & \vdots & & \vdots \\ a_{n1} & a_{n2} & \cdots & a_{nn} \end{vmatrix}+\cdots+\begin{vmatrix} a_{11} & a_{12} & \cdots & a_{1n} \\ \vdots & \vdots & & \vdots \\ 0 & 0 & \cdots & a_{in} \\ \vdots & \vdots & & \vdots \\ a_{n1} & a_{n2} & \cdots & a_{nn} \end{vmatrix}.$$

由引理得
$$D=a_{i1}A_{i1}+a_{i2}A_{i2}+\cdots+a_{in}A_{in}.$$

推论　n 阶行列式的第 i 行(列)的所有元素与第 j 行(列)($i\neq j$)对应元素的代数余子式乘积之和为零.即

$$a_{i1}A_{j1}+a_{i2}A_{j2}+\cdots+a_{in}A_{jn}=0,\quad i\neq j.$$

证　设 $D=\det(a_{ij})$的 j 行元素的代数余子式为 $A_{j1},A_{j2},\cdots,A_{jn}$.考虑将 D 的第 j 行元素换为第 i 行元素所得到的新行列式

$$\widetilde{D}=\begin{vmatrix} a_{11} & a_{12} & \cdots & a_{1n} \\ \vdots & \vdots & & \vdots \\ a_{i1} & a_{i2} & \cdots & a_{in} \\ \vdots & \vdots & & \vdots \\ a_{i1} & a_{i2} & \cdots & a_{in} \\ \vdots & \vdots & & \vdots \\ a_{n1} & a_{n2} & \cdots & a_{nn} \end{vmatrix}\begin{matrix} \\ \\ i\text{ 行} \\ \\ j\text{ 行} \\ \\ \\ \end{matrix}.$$

因为 $\widetilde{D}$ 中有两行相同,则 $\widetilde{D}=0$.将 $\widetilde{D}$ 按第 j 行展开,且知 $\widetilde{D}$ 的第 j 行的代数余子式为 $A_{j1},A_{j2},\cdots,A_{jn}$,故有

$$a_{i1}A_{j1}+a_{i2}A_{j2}+\cdots+a_{in}A_{jn}=0,\quad i\neq j.$$

综合定理 1.2 及推论,有展开式

$$\sum_{t=1}^{n}a_{it}A_{jt}=\begin{cases}D, & i=j,\\ 0, & i\neq j\end{cases}\quad(\text{按行展开})\tag{1.3.2}$$

和
$$\sum_{t=1}^{n}a_{ti}A_{tj}=\begin{cases}D, & i=j,\\ 0, & i\neq j\end{cases}\quad(\text{按列展开}).\tag{1.3.3}$$

在计算上直接用定理 1.2 展开行列式,通常并不能减少多少计算量,除非行列式中某行(列)含有较多的零元素.因此在具体计算时,总是运用行列式的性质,先将某一行(列)元素尽可能多地化为零,然后再由该行(列)展开.

例 1.3.1　计算行列式

$$D=\begin{vmatrix} -3 & 1 & 2 & 5 \\ 0 & 5 & 3 & 2 \\ 5 & -3 & 2 & 4 \\ 1 & -1 & 0 & 1 \end{vmatrix}.$$

解　先把第 1 行与第 4 行对换,再利用行列式性质 5 把第 1 列中除第 1 个外的其他元素都化为零,即

$$D=-\begin{vmatrix}1&-1&0&1\\0&5&3&2\\5&-3&2&4\\-3&1&2&5\end{vmatrix}=-\begin{vmatrix}1&-1&0&1\\0&5&3&2\\0&2&2&-1\\0&-2&2&8\end{vmatrix}=-\begin{vmatrix}5&3&2\\2&2&-1\\-2&2&8\end{vmatrix}=-64.$$

例 1.3.2　计算行列式

$$D_n=\begin{vmatrix}a_1&0&0&\cdots&b_n\\b_1&a_2&0&\cdots&0\\0&b_2&a_3&\cdots&\vdots\\&&\ddots&\ddots&\vdots\\0&\cdots&0&b_{n-1}&a_n\end{vmatrix}.$$

解　这是一个形如$\leqslant$的三线行列式，每行只有 2 个元素，可以从第 1 行展开，得

$$D=a_1\begin{vmatrix}a_2&&&\\b_2&a_3&&\\&\ddots&\ddots&\\&&b_{n-1}&a_n\end{vmatrix}+(-1)^{n+1}b_n\begin{vmatrix}b_1&a_2&&&\\&b_2&a_3&&\\&&\ddots&\ddots&\\&&&\ddots&a_{n-1}\\&&&&b_{n-1}\end{vmatrix}$$

$$=a_1a_2\cdots a_n+(-1)^{n+1}b_1b_2\cdots b_n.$$

例 1.3.3　计算行列式

$$D_n=\begin{vmatrix}1+x_1&1&1&\cdots&1\\1&1+x_2&1&\cdots&1\\\vdots&\vdots&\vdots&&\vdots\\1&1&1&\cdots&1+x_n\end{vmatrix}.$$

解　将第 1 行的-1倍加到各行上，得形如$|\!\diagdown$的三线行列式

$$D_n=\begin{vmatrix}1+x_1&1&1&\cdots&1\\-x_1&x_2&0&\cdots&0\\-x_1&0&x_3&\cdots&0\\\vdots&\vdots&\vdots&&\vdots\\-x_1&0&0&\cdots&x_n\end{vmatrix},$$

将第 i 列的 x_1/x_i 倍加到第 1 列上，得上三角行列式

$$D_n=\begin{vmatrix}1+x_1+\sum\limits_{i=2}^{n}\dfrac{x_1}{x_i}&1&1&\cdots&1\\&x_2&&&\\&&x_3&&\\&&&\ddots&\\&&&&x_n\end{vmatrix}=(x_1x_2\cdots x_n)\left(1+\sum_{i=1}^{n}\frac{1}{x_i}\right).$$

例 1.3.4　计算行列式

$$D_n=\begin{vmatrix} a & b & b & \cdots & b \\ b & a & b & \cdots & b \\ b & b & a & \cdots & b \\ \vdots & \vdots & \vdots & & \vdots \\ b & b & b & \cdots & a \end{vmatrix}. \tag{1.3.4}$$

解　由于 D_n 的每一行元素之和都为 $a+(n-1)b$，故将第 2 列直到第 n 列都加到第 1 列上，并提取公因子，得

$$D_n=[a+(n-1)b]\begin{vmatrix} 1 & b & b & \cdots & b \\ 1 & a & b & \cdots & b \\ 1 & b & a & \cdots & b \\ \vdots & \vdots & \vdots & & \vdots \\ 1 & b & b & \cdots & a \end{vmatrix}$$

$$=[a+(n-1)b]\begin{vmatrix} 1 & b & b & \cdots & b \\ 0 & a-b & 0 & \cdots & 0 \\ 0 & 0 & a-b & \cdots & 0 \\ \vdots & \vdots & \vdots & & \vdots \\ 0 & 0 & 0 & \cdots & a-b \end{vmatrix}=[a+(n-1)b](a-b)^{n-1}.$$

例 1.3.5　证明范德蒙(Vandermonde)行列式

$$D_n=\begin{vmatrix} 1 & 1 & \cdots & 1 \\ a_1 & a_2 & \cdots & a_n \\ a_1^2 & a_2^2 & \cdots & a_n^2 \\ \vdots & \vdots & & \vdots \\ a_1^{n-2} & a_2^{n-2} & \cdots & a_n^{n-2} \\ a_1^{n-1} & a_2^{n-1} & \cdots & a_n^{n-1} \end{vmatrix}=\prod_{1\leqslant j<i\leqslant n}(a_i-a_j), \tag{1.3.5}$$

其中 $a_1,a_2,\cdots,a_n$ 互异，$\prod$ 表示连乘号，例如 $a_1,a_2,\cdots,a_n$ 的连乘记为

$$\prod_{i=1}^{n}a_i=a_1a_2\cdots a_n.$$

而 $\prod\limits_{1\leqslant j<i\leqslant n}(a_i-a_j)$ 表示所有因子 (a_i-a_j) $(i>j)$ 的连乘积，即

$$\prod_{1\leqslant j<i\leqslant n}(a_i-a_j)=(a_n-a_1)(a_{n-1}-a_1)\cdots(a_2-a_1)\cdot(a_n-a_2)(a_{n-1}-a_2)\cdots(a_3-a_2)$$
$$\cdot\cdots(a_n-a_{n-2})(a_{n-1}-a_{n-2})\cdot(a_n-a_{n-1}).$$

证　用数学归纳法证明. 当 $n=2$ 时，

$$\begin{vmatrix} 1 & 1 \\ a_1 & a_2 \end{vmatrix}=a_2-a_1,$$

结论成立，假定结论对 $n-1$ 成立，要证结论对 n 阶也成立. 由 D_n 中元素的特点，从最后一行开始，由下而上，依次地用下行减去上行的 a_1 倍，得

$$D_n=\begin{vmatrix}1 & 1 & 1 & \cdots & 1\\ 0 & a_2-a_1 & a_3-a_1 & \cdots & a_n-a_1\\ 0 & a_2(a_2-a_1) & a_3(a_3-a_1) & \cdots & a_n(a_n-a_1)\\ \vdots & \vdots & \vdots & & \vdots\\ 0 & a_2^{n-2}(a_2-a_1) & a_3^{n-2}(a_3-a_1) & \cdots & a_n^{n-2}(a_n-a_1)\end{vmatrix},$$

然后按第 1 列展开，并提取各列元素的公因子，得

$$D_n=(a_n-a_1)(a_{n-1}-a_1)\cdots(a_2-a_1)\begin{vmatrix}1 & 1 & \cdots & 1\\ a_2 & a_3 & \cdots & a_n\\ \vdots & \vdots & & \vdots\\ a_2^{n-2} & a_3^{n-2} & \cdots & a_n^{n-2}\end{vmatrix}.$$

上面右端的行列式是 $n-1$ 阶范德蒙行列式，根据归纳假定，得

$$D_n=(a_n-a_1)(a_{n-1}-a_1)\cdots(a_2-a_1)\prod_{2\leqslant j<i\leqslant n}(a_i-a_j)=\prod_{1\leqslant j<i\leqslant n}(a_i-a_j).$$

下面介绍分块上、下三角行列式的计算. 形如下面形式的行列式

$$D_{上}=\begin{vmatrix}a_{11} & \cdots & a_{1r} & d_{11} & \cdots & d_{1s}\\ \vdots & & \vdots & \vdots & & \vdots\\ a_{r1} & \cdots & a_{rr} & d_{r1} & \cdots & d_{rs}\\ 0 & \cdots & 0 & b_{11} & \cdots & b_{1s}\\ \vdots & & \vdots & \vdots & & \vdots\\ 0 & \cdots & 0 & b_{s1} & \cdots & b_{ss}\end{vmatrix}, \tag{1.3.6}$$

$$D_{下}=\begin{vmatrix}a_{11} & \cdots & a_{1r} & 0 & \cdots & 0\\ \vdots & & \vdots & \vdots & & \vdots\\ a_{r1} & \cdots & a_{rr} & 0 & \cdots & 0\\ c_{11} & \cdots & c_{1r} & b_{11} & \cdots & b_{1s}\\ \vdots & & \vdots & \vdots & & \vdots\\ c_{s1} & \cdots & c_{sr} & b_{s1} & \cdots & b_{ss}\end{vmatrix},$$

分别称为分块上、下三角行列式，它们的值均为

$$\begin{vmatrix}a_{11} & \cdots & a_{1r}\\ \vdots & & \vdots\\ a_{r1} & \cdots & a_{rr}\end{vmatrix}\cdot\begin{vmatrix}b_{11} & \cdots & b_{1s}\\ \vdots & & \vdots\\ b_{s1} & \cdots & b_{ss}\end{vmatrix}.$$

例 1.3.6 计算

$$D=\begin{vmatrix}1 & 2 & 5 & 0 & 0\\ 3 & 1 & 2 & 0 & 0\\ 0 & 1 & 1 & 0 & 0\\ 2 & 7 & 8 & 2 & 5\\ 3 & 5 & 4 & 4 & 2\end{vmatrix}.$$

解
$$D=\begin{vmatrix}1&2&5\\3&1&2\\0&1&1\end{vmatrix}\begin{vmatrix}2&5\\4&2\end{vmatrix}=8\times(-16)=-128.$$

例 1.3.7　计算行列式

$$D=\begin{vmatrix}0&1&0&0&2\\0&3&0&0&4\\a_1&0&a_1^2&1&0\\a_2&x&a_2^2&1&y\\a_3&z&a_3^2&1&w\end{vmatrix}.$$

解　将行列式 D 的第 5 列与第 1 列对换得到分块下三角行列式，即

$$D=\begin{vmatrix}0&1&0&0&2\\0&3&0&0&4\\a_1&0&a_1^2&1&0\\a_2&x&a_2^2&1&y\\a_3&z&a_3^2&1&w\end{vmatrix}=-\begin{vmatrix}2&1&0&0&0\\4&3&0&0&0\\0&0&a_1^2&1&a_1\\y&x&a_2^2&1&a_2\\w&z&a_3^2&1&a_3\end{vmatrix}=-\begin{vmatrix}2&1\\4&3\end{vmatrix}\begin{vmatrix}a_1^2&1&a_1\\a_2^2&1&a_2\\a_3^2&1&a_3\end{vmatrix}$$

$$=2(-1)(-1)^2\begin{vmatrix}1&a_1&a_1^2\\1&a_2&a_2^2\\1&a_3&a_3^2\end{vmatrix}=-2\begin{vmatrix}1&1&1\\a_1&a_2&a_3\\a_1^2&a_2^2&a_3^2\end{vmatrix}$$

$$=-2(a_3-a_1)(a_2-a_1)(a_3-a_2).$$

练习 1.3

1. 计算下列行列式：

$$\begin{vmatrix}1&-1&2&3\\2&2&0&2\\4&1&-1&-1\\1&2&3&0\end{vmatrix},\quad\begin{vmatrix}1&4&4&4\\4&1&4&4\\4&4&1&4\\4&4&4&1\end{vmatrix},\quad\begin{vmatrix}1&1&1&1\\a_1&a_2&a_3&1\\a_1^2&a_2^2&a_3^2&1\\a_1^3&a_2^3&a_3^3&1\end{vmatrix},$$

$$\begin{vmatrix}3&1&0&0\\7&4&0&0\\0&0&8&5\\0&0&6&4\end{vmatrix},\quad\begin{vmatrix}5&1&2&0&0\\0&1&2&0&0\\1&2&5&0&0\\7&5&4&1&4\\3&8&6&5&8\end{vmatrix}.$$

2. 计算下列 n 阶行列式：

$$\begin{vmatrix}x&y&0&\cdots&\cdots&0\\0&x&y&\cdots&\cdots&0\\\vdots&\vdots&x&&&\vdots\\&&&\ddots&\ddots&\\0&\cdots&\cdots&0&x&y\\y&0&\cdots&\cdots&0&x\end{vmatrix},\quad\begin{vmatrix}a&0&\cdots&0&b\\0&a&\cdots&0&0\\\vdots&\vdots&&\vdots&\vdots\\\vdots&\vdots&&a&0\\b&0&\cdots&0&a\end{vmatrix},$$

$$\begin{vmatrix} 2 & 2 & 2 & \cdots & 2 \\ 1 & 3 & 3 & \cdots & 3 \\ 1 & 1 & 4 & \cdots & 4 \\ \vdots & \vdots & \vdots & & \vdots \\ 1 & 1 & 1 & \cdots & n+1 \end{vmatrix}, \quad \begin{vmatrix} 1 & 1 & 1 & \cdots & 1 & 1 \\ 1 & 2 & 1 & \cdots & 1 & 1 \\ 1 & 2 & 3 & \cdots & 1 & 1 \\ \vdots & \vdots & \vdots & & \vdots & \vdots \\ 1 & 2 & 3 & \cdots & n-1 & 1 \\ 1 & 2 & 3 & \cdots & n-1 & n \end{vmatrix}.$$

3. 证明：$\begin{vmatrix} a^2 & (a+1)^2 & (a+2)^2 & (a+3)^2 \\ b^2 & (b+1)^2 & (b+2)^2 & (b+3)^2 \\ c^2 & (c+1)^2 & (c+2)^2 & (c+3)^2 \\ d^2 & (d+1)^2 & (d+2)^2 & (d+3)^2 \end{vmatrix}=0.$

1.4 Cramer 法则

现在利用行列式展开定理及推论将二元、三元线性方程组的公式解法推广到 n 元线性方程组上.

设 n 元 n 个方程的线性方程组

$$\begin{cases} a_{11}x_1+a_{12}x_2+\cdots+a_{1n}x_n=b_1, \\ a_{21}x_1+a_{22}x_2+\cdots+a_{2n}x_n=b_2, \\ \qquad\qquad\vdots \\ a_{n1}x_1+a_{n2}x_2+\cdots+a_{nn}x_n=b_n. \end{cases} \tag{1.4.1}$$

方程组(1.4.1)的系数行列式为

$$D=\begin{vmatrix} a_{11} & a_{12} & \cdots & a_{1n} \\ a_{21} & a_{22} & \cdots & a_{2n} \\ \vdots & \vdots & & \vdots \\ a_{n1} & a_{n2} & \cdots & a_{nn} \end{vmatrix}.$$

假定 $D\neq0$，为消去式(1.4.1)中的 $x_2,x_3,\cdots,x_n$，解出 x_1，用 D 的第 1 列元素的代数余子式 $A_{11},A_{21},\cdots,A_{n1}$ 分别乘式(1.4.1)的第 1，第 2，…，第 n 个方程，得

$$\begin{cases} a_{11}A_{11}x_1+a_{12}A_{11}x_2+\cdots+a_{1n}A_{11}x_n=b_1A_{11}, \\ a_{21}A_{21}x_1+a_{22}A_{21}x_2+\cdots+a_{2n}A_{21}x_n=b_2A_{21}, \\ \qquad\qquad\vdots \\ a_{n1}A_{n1}x_1+a_{n2}A_{n1}x_2+\cdots+a_{nn}A_{n1}x_n=b_nA_{n1}. \end{cases}$$

然后把上面的 n 个方程的左、右两边分别相加，由展开公式(1.3.3)，得

$$\left(\sum_{t=1}^{n}a_{t1}A_{t1}\right)x_1=\sum_{t=1}^{n}b_tA_{t1},$$

即

$$Dx_1=\sum_{t=1}^{n}b_tA_{t1}.$$

同理可得

$$Dx_i = \sum_{t=1}^{n} b_t A_{ti}, \quad i = 2, \cdots, n.$$

记
$$D_i = \sum_{t=1}^{n} b_t A_{ti} = \begin{vmatrix} a_{11} & \cdots & b_1 & \cdots & a_{1n} \\ a_{21} & \cdots & b_2 & \cdots & a_{2n} \\ \vdots & & \vdots & & \vdots \\ a_{n1} & \cdots & \underset{i列}{b_n} & \cdots & a_{nn} \end{vmatrix}, \qquad (1.4.2)$$

即 D_i 是把系数行列式 D 的 i 列换为方程组(1.4.1)右边常数列 $b_1, b_2, \cdots, b_n$ 所构成的行列式.

当 $D \neq 0$ 时,方程组(1.4.1)的解为

$$x_1 = \frac{D_1}{D}, \quad x_2 = \frac{D_2}{D}, \quad \cdots, \quad x_n = \frac{D_n}{D}.$$

于是有如下定理.

定理 1.3(Cramer 法则)　若方程组(1.4.1)的系数行列式 $D \neq 0$,则方程组有唯一的解

$$x_i = \frac{D_i}{D}, \quad i = 1, 2, \cdots, n. \qquad (1.4.3)$$

其中 D_i 如式(1.4.2)所示.

应当注意的是,用 Cramer 法则求解线性方程组必须满足条件 $D \neq 0$,若 $D = 0$,且 D_i 中只要有一个不为零,则方程组无解,其他情况将在第 3 章中讨论.

例 1.4.1　解下列线性方程组

$$\begin{cases} x_1 + x_2 + x_3 + x_4 = 1, \\ 2x_1 + 3x_2 + 4x_3 + 5x_4 = 1, \\ 4x_1 + 9x_2 + 16x_3 + 25x_4 = 1, \\ 8x_1 + 27x_2 + 64x_3 + 125x_4 = 1. \end{cases}$$

解　方程组的系数行列式是范德蒙行列式.

$$D = \begin{vmatrix} 1 & 1 & 1 & 1 \\ 2 & 3 & 4 & 5 \\ 2^2 & 3^2 & 4^2 & 5^2 \\ 2^3 & 3^3 & 4^3 & 5^3 \end{vmatrix} = (5-2)(4-2)(3-2)(5-3)(4-3)(5-4) = 12,$$

D_1, D_2, D_3, D_4 也是范德蒙行列式,如

$$D_1 = \begin{vmatrix} 1 & 1 & 1 & 1 \\ 1 & 3 & 4 & 5 \\ 1 & 3^2 & 4^2 & 5^2 \\ 1 & 3^3 & 4^3 & 5^3 \end{vmatrix} = (5-1)(4-1)(3-1)(5-3)(4-3)(5-4) = 48.$$

类似计算得 $D_2 = -72, D_3 = 48, D_4 = -12$,故方程组有唯一解

$$x_1=4,\quad x_2=-6,\quad x_3=4,\quad x_4=-1.$$

若方程组(1.4.1)的右边的常数 b_i 都为零，即

$$\begin{cases}a_{11}x_1+a_{12}x_2+\cdots+a_{1n}x_n=0,\\ a_{21}x_1+a_{22}x_2+\cdots+a_{2n}x_n=0,\\ \qquad\vdots\\ a_{n1}x_1+a_{n2}x_2+\cdots+a_{nn}x_n=0,\end{cases}\tag{1.4.4}$$

则式(1.4.4)称为**齐次线性方程组**，而把式(1.4.1)称为**非齐次线性方程组**.

显然 $x_1=x_2=\cdots=x_n=0$ 是齐次线性方程组(1.4.4)的解，称为**零解**，也就是说，齐次线性方程组总有零解；若方程组的一个解中 $x_1,x_2,\cdots,x_n$ 不全为零，则称此解为**非零解**. 现在要讨论齐次方程组(1.4.4)除了零解外，是否还有非零解？

若式(1.4.4)的系数 $D\neq 0$，因 D_i 中有一列为零，故 $D_i=0$，则 $x_i=D_i/D=0$，$i=1,2,\cdots,n$，从而齐次方程组仅有零解. 于是有如下等价的结论.

定理 1.4 若齐次方程组(1.4.4)有非零解，则 $D=0$.

在第 3 章可以知道，定理 1.4 的逆命题也成立. 即若 $D=0$，则齐次方程组有非零解.

例 1.4.2 问 λ,u 取何值时，齐次方程组

$$\begin{cases}\lambda x_1+x_2+x_3=0,\\ x_1+ux_2+x_3=0,\\ x_1+2ux_2+x_3=0\end{cases}$$

有非零解.

解 由定理 1.4 知，若齐次方程组有非零解，则系数行列式

$$D=\begin{vmatrix}\lambda & 1 & 1\\ 1 & u & 1\\ 1 & 2u & 1\end{vmatrix}=0,$$

解得 $u-u\lambda=0$，即当 $u=0$，或 $\lambda=1$ 时，可验证方程组有非零解.

在 Cramer 法则中，用线性方程组未知量的系数及常数项组成的行列式简洁地表示了线性方程组的解，且在系数行列式不等于零时，肯定了解的唯一性，这在理论分析上具有十分重要的意义. 但用 Cramer 法则解 n 元线性方程组要计算 $n+1$ 个行列式，当 n 较大时，计算量很大. 因此，具体求解线性方程组一般不采用此法则，在第 3 章将用矩阵工具来研究一般线性方程组的求解问题.

练习 1.4

1. 求解下列方程组：

$$\begin{cases}x_1\qquad\;\;+\;x_3-\;x_4=1,\\ \qquad x_2+\;x_3+3x_4=-2,\\ \qquad 2x_2+\;x_3+\;x_4=-8,\\ x_1+4x_2-7x_3+6x_4=0.\end{cases}$$

2. 判别以下齐次方程组是否有非零解：

$$\begin{cases}2x_1+2x_2-x_3=0,\\x_1-2x_2+4x_3=0,\\5x_1+8x_2-2x_3=0.\end{cases}$$

3. k 为何值时，下面齐次方程组有非零解：

$$\begin{cases}kx_1+x_2-x_3=0,\\x_1+kx_2-x_3=0,\\2x_1-x_2+x_3=0.\end{cases}$$

4. 已知抛物线 $y=ax^2+bx+c$ 经过三点 $(1,0)$，$(2,3)$，$(3,0)$，求抛物线方程.

内容小结

主要概念

n 元排列的逆序，排列的对换，排列的奇偶性，n 阶行列式和元素的代数余子式，转置行列式.

基本内容

1. 排列逆序的求法及排列的奇偶性

一次对换改变排列的奇偶性.

2. 行列式的性质

性质 1　转置性质.

性质 2　拆开性质.

性质 3　数乘变换.

性质 4　对换变换.

性质 5　消元变换.

3. 行列式按一行(列)展开公式

$$\sum_{t=1}^{n}a_{it}A_{jt}=\begin{cases}D, & i=j,\\0, & i\neq j;\end{cases}\quad \sum_{t=1}^{n}a_{ti}A_{tj}=\begin{cases}D, & i=j,\\0, & i\neq j.\end{cases}$$

4. 基本方法

行列式的计算方法与技巧很多，主要掌握如下几个方面.

(1) 熟练用对角线法计算二、三阶行列式.

(2) 用行列式性质化为上(下)三角行列式或对角行列式.

(3) 用行列式一行(列)展开公式或把某一行(列)元素尽可能多地化为零元，然后用展开公式.

(4) 应用公式，如范德蒙行列式及分块三角或对角行列式.

5. 线性方程组

(1) Cramer 法则：若方程组

$$\sum_{j=1}^{n} a_{ij}x_j = b_i,\quad i=1,2,\cdots,n$$

的系数行列式 $D\neq 0$,则方程组有唯一解

$$x_i=\frac{D_i}{D},\quad i=1,2,\cdots,n.$$

(2) n 元 n 个方程的齐次方程组有非零解,则 $D=0$.

综合练习 1

1. 填空题:

(1) 五阶行列式的项 $a_{12}a_{4i}a_{21}a_{5j}a_{34}$ 带正号,则 $i=$______,$j=$______.

(2) $f(x)=\begin{vmatrix} 1 & x & x^2 & x^3 \\ 1 & -2 & 4 & -8 \\ 1 & 1 & 1 & 1 \\ 1 & 3 & 9 & 27 \end{vmatrix}$ 的根为______.

(3) $\begin{vmatrix} 1 & 1 & \cdots & 1 & 1 \\ 1 & 1 & \cdots & 2 & 0 \\ \vdots & \vdots & & \vdots & \vdots \\ 1 & n-1 & \cdots & 0 & 0 \\ n & 0 & \cdots & 0 & 0 \end{vmatrix}=$______.

(4) $\begin{vmatrix} a_1 & 0 & 0 & b_1 \\ 0 & a_2 & b_2 & 0 \\ 0 & a_3 & b_3 & 0 \\ a_4 & 0 & 0 & b_4 \end{vmatrix}=$______.

(5) $\begin{vmatrix} a_{11} & a_{12} & a_{13} & 1 \\ a_{21} & a_{22} & a_{23} & 1 \\ a_{31} & a_{32} & a_{33} & 1 \\ a_{41} & a_{42} & a_{43} & 1 \end{vmatrix}$,则 $A_{11}+A_{21}+A_{31}+A_{41}=$______.

其中 A_{ij} 为元素 a_{ij} 的代数余子式.

2. 计算下列各行列式:

(1) $\begin{vmatrix} \alpha & 0 & 0 & 0 & \beta \\ x_1 & a & b & b & y_1 \\ x_2 & b & a & b & y_2 \\ x_3 & b & b & a & y_3 \\ \beta & 0 & 0 & 0 & \alpha \end{vmatrix}$; (2) $\begin{vmatrix} a & 0 & a & 0 & a \\ b & 0 & c & 0 & d \\ b^2 & 0 & c^2 & 0 & d^2 \\ 0 & ab & 0 & bc & 0 \\ 0 & cd & 0 & da & 0 \end{vmatrix}$;

(3) $D_n=\begin{vmatrix} 1 & -1 & -1 & \cdots & \cdots & -1 \\ 1 & 1 & -1 & \cdots & \cdots & -1 \\ \vdots & \vdots & \vdots & & & \vdots \\ 1 & 1 & 1 & \cdots & 1 & -1 \\ 1 & 1 & 1 & \cdots & 1 & 1 \end{vmatrix}$;

(4) $D_n=\begin{vmatrix} 1 & 1 & 1 & \cdots & 1 & n \\ 1 & 1 & 1 & \cdots & n & 1 \\ \vdots & \vdots & \vdots & & \vdots & \vdots \\ 1 & n & 1 & \cdots & 1 & 1 \\ n & 1 & 1 & \cdots & 1 & 1 \end{vmatrix}$;

(5) $\begin{vmatrix} a+x_1 & x_2 & x_3 & \cdots & x_n \\ x_1 & a+x_2 & x_3 & \cdots & x_n \\ x_1 & x_2 & a+x_3 & \cdots & x_n \\ \vdots & \vdots & \vdots & & \cdots \\ x_1 & x_2 & x_3 & \cdots & a+x_n \end{vmatrix}$;

(6) $\begin{vmatrix} a_1 & b & b & \cdots & b \\ b & a_2 & b & \cdots & b \\ b & b & a_3 & \cdots & b \\ \vdots & \vdots & \vdots & & \cdots \\ b & b & b & \cdots & a_n \end{vmatrix}$, $a_i\neq b$, $i=1,2,\cdots,n$.

3. 证明

$$D_n=\begin{vmatrix} x & -1 & & & & \\ & x & -1 & & & \\ & & x & -1 & & \\ & & & \ddots & \ddots & \\ & & & & x & -1 \\ a_n & a_{n-1} & \cdots & \cdots & a_2 & x+a_1 \end{vmatrix}=x^n+a_1x^{n-1}+\cdots+a_{n-1}x+a_n.$$

(提示:按第 1 列展开,再递推.)

4. 求下面方程组有非零解的 k 值.

$$\begin{cases} x_1+kx_3=0, \\ 2x_1-x_4=0, \\ kx_1+x_2=0, \\ x_3+2x_4=0. \end{cases}$$

5. 设平面上立方曲线 $y=a_1x^3+a_2x^2+a_3x+a_4$,通过点(1,0),(2,−2),(3,2),(4,18),求系数 a_1,a_2,a_3,a_4.

第 2 章　矩阵运算

矩阵是线性代数的主要研究对象，是求解线性方程组的一个有力工具，在自然科学和工程技术的各个领域中都有广泛的应用. 本章讨论矩阵的加、减法，数乘，乘法，矩阵的求逆及矩阵的分块运算.

2.1　矩阵的概念

先看几个实际问题中应用矩阵的例子.

例 2.1.1　某产品从 m 个产地 $C_1,C_2,\cdots,C_m$ 运到 n 个销地 $D_1,D_2,\cdots,D_n$，其运输数量如表 2.1 所示.

表 2.1　某产品运输数量

产　地	销　地					
	D_1	D_2	$\cdots$	$\cdots$	$\cdots$	D_n
C_1	p_{11}	p_{12}	$\cdots$	$\cdots$	$\cdots$	p_{1n}
C_2	p_{21}	p_{22}	$\cdots$	$\cdots$	$\cdots$	p_{2n}
$\vdots$	$\vdots$	$\vdots$				$\vdots$
C_m	p_{m1}	p_{m2}	$\cdots$	$\cdots$	$\cdots$	p_{mn}

其中 p_{ij} 表示从产地 C_i 运到销地 D_j 的产品量，那么这个调运方案可用如下的数表来表示：

$$\begin{bmatrix} p_{11} & p_{12} & \cdots & p_{1n} \\ p_{21} & p_{22} & \cdots & p_{2n} \\ \vdots & \vdots & & \vdots \\ p_{m1} & p_{m2} & \cdots & p_{mn} \end{bmatrix}.$$

例 2.1.2　A 省的三个城市 A_1,A_2,A_3 与 B 省的两个城市 B_1,B_2 的交通连接情况如图 2.1 所示. 每条线上的数字表示连接两城市的不同道路数，该图提供的道路信息可用一数表形式来表示.

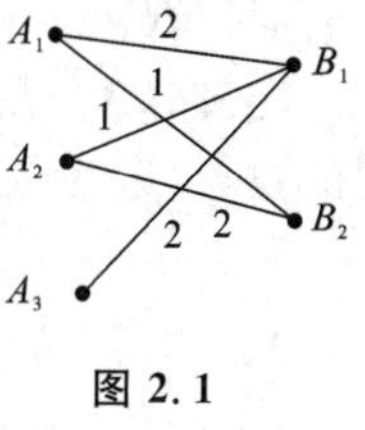

图 2.1

$$\begin{array}{c} \\ A_1 \\ A_2 \\ A_3 \end{array} \begin{array}{c} \begin{matrix} B_1 & B_2 \end{matrix} \\ \begin{bmatrix} 2 & 1 \\ 1 & 2 \\ 2 & 0 \end{bmatrix} \end{array}.$$

例 2.1.3　在线性电路四端网络(见图 2.2)中,输入端电压 U_1 和电流 I_1 与输出端电压 U_2 和电流 I_2 的关系可表示为

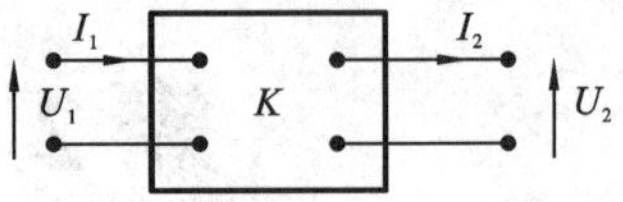

图 2.2

$$\begin{cases} U_2 = a_{11}U_1 + a_{12}I_1, \\ I_2 = a_{21}U_1 + a_{22}I_1. \end{cases}$$

当给定一组输入电压、电流,由上式得到一组输出电压、电流.可见变换完全由其系数表

$$\begin{bmatrix} a_{11} & a_{12} \\ a_{21} & a_{22} \end{bmatrix}$$

确定,研究该系统的变换就转化为对上述表的研究.

例 2.1.4　在平面解析几何中,直角坐标系 xOy 绕原点逆时针旋转 θ 角变为新的坐标系 $x'Oy'$(见图 2.3),则平面一点 P 的新旧坐标变换公式为

$$\begin{cases} x' = x\cos\theta + y\sin\theta, \\ y' = x(-\sin\theta) + y\cos\theta. \end{cases}$$

坐标(x,y)到坐标(x',y')的变换就由表

$$\begin{bmatrix} \cos\theta & \sin\theta \\ -\sin\theta & \cos\theta \end{bmatrix}$$

完全确定,因此对坐标变换的研究,就可转化为对此表的研究.

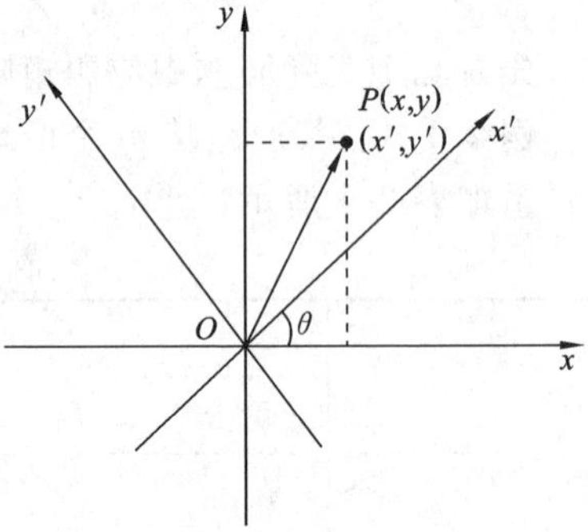

图 2.3

在实际问题中,经常遇到一些变量要用另一些变量线性表示.设一组变量 y_1, y_2,…,y_m 用另一组变量 x_1,x_2,…,x_n 的线性表示为

$$\begin{cases} y_1 = a_{11}x_1 + a_{12}x_2 + \cdots + a_{1n}x_n, \\ y_2 = a_{21}x_1 + a_{22}x_2 + \cdots + a_{2n}x_n, \\ \quad\vdots \\ y_m = a_{m1}x_1 + a_{m2}x_2 + \cdots + a_{mn}x_n, \end{cases}$$

这种从一组变量 x_1,x_2,…,x_n 到另一组变量 y_1,y_2,…,y_m 的变换称为**线性变换**.上式的变换取决于其系数组成的 m 行 n 列的数表.

定义 2.1　数域 F 上的 $m\times n$ 个数 a_{ij},$i=1,2,\cdots,m$;$j=1,2,\cdots,n$,排成 m 行 n 列的数表,记为

$$\boldsymbol{A} = \begin{bmatrix} a_{11} & a_{12} & \cdots & a_{1n} \\ a_{21} & a_{22} & \cdots & a_{2n} \\ \vdots & \vdots & & \vdots \\ a_{m1} & a_{m2} & \cdots & a_{mn} \end{bmatrix},$$

称其为 $m\times n$ **矩阵**,简记为 $\boldsymbol{A}=(a_{ij})_{m\times n}$,其中 a_{ij} 称为矩阵 $\boldsymbol{A}$ 的第 i 行第 j 列的元素.

元素属于实数域的矩阵称为**实矩阵**,属于复数域的矩阵称为**复矩阵**.本书一般只涉及实矩阵.

值得注意的是,矩阵与行列式在形式上有些类似,但在意义上完全不同.一个行列式是一个数值,而矩阵是 m 行 n 列的一个数表.

若两矩阵的行数与列数分别相等,则称它们是**同型矩阵**.

设 $\boldsymbol{A}$ 和 $\boldsymbol{B}$ 为两个 $m\times n$ 矩阵:

$$\boldsymbol{A}=\begin{bmatrix} a_{11} & a_{12} & \cdots & a_{1n} \\ a_{21} & a_{22} & \cdots & a_{2n} \\ \vdots & \vdots & & \vdots \\ a_{m1} & a_{m2} & \cdots & a_{mn} \end{bmatrix}, \quad \boldsymbol{B}=\begin{bmatrix} b_{11} & b_{12} & \cdots & b_{1n} \\ b_{21} & b_{22} & \cdots & b_{2n} \\ \vdots & \vdots & & \vdots \\ b_{m1} & b_{m2} & \cdots & b_{mn} \end{bmatrix},$$

矩阵 $\boldsymbol{A}$ 与 $\boldsymbol{B}$ 相等,记为 $\boldsymbol{A}=\boldsymbol{B}$,是指

$$a_{ij}=b_{ij}, \quad i=1,2,\cdots,m; \quad j=1,2,\cdots,n.$$

零矩阵 所有元素都为零的矩阵,即

$$\boldsymbol{0}=\begin{bmatrix} 0 & 0 & \cdots & 0 \\ 0 & 0 & \cdots & 0 \\ \vdots & \vdots & & \vdots \\ 0 & 0 & \cdots & 0 \end{bmatrix}.$$

n 阶方阵 行数与列数均等于 n 的矩阵,称为 n 阶矩阵.

单位矩阵 主对角线上元素都为1,其余元素都为零的 n 阶方阵,记为

$$\boldsymbol{I}=\begin{bmatrix} 1 & & & \\ & 1 & & \\ & & \ddots & \\ & & & 1 \end{bmatrix},$$

其中未写出的元素表示零元素,以后均如此表示.单位矩阵也可用字母 $\boldsymbol{E}$ 表示.

对角矩阵 不在主对角线上的元素皆为零的 n 阶方阵,记为

$$\boldsymbol{\Lambda}=\begin{bmatrix} \lambda_1 & & & \\ & \lambda_2 & & \\ & & \ddots & \\ & & & \lambda_n \end{bmatrix}.$$

上(下)三角矩阵 主对角线的下(上)方元素都为零的方阵

$$\boldsymbol{A}=\begin{bmatrix} a_{11} & a_{12} & \cdots & a_{1n} \\ & a_{22} & \cdots & a_{2n} \\ & & \ddots & \vdots \\ & & & a_{nn} \end{bmatrix}, \quad \boldsymbol{B}=\begin{bmatrix} b_{11} & & & \\ b_{21} & b_{22} & & \\ \vdots & \vdots & \ddots & \\ b_{n1} & b_{n2} & \cdots & b_{nn} \end{bmatrix}.$$

行矩阵(或称行向量) $m=1$,即只有一行的矩阵,如

$$\boldsymbol{A}=(a_1,a_2,\cdots,a_n).$$

列矩阵(或称列向量) $n=1$,即只有一列的矩阵,如

$$\boldsymbol{B}=\begin{bmatrix}a_1\\a_2\\\vdots\\a_n\end{bmatrix},\text{或记为 }\boldsymbol{B}=(a_1,a_2,\cdots,a_n)^{\mathrm{T}}.$$

2.2 矩阵的线性运算与乘法运算

矩阵作为数表本身是无运算含义的,只有根据实际需要赋予它某些运算定义,使其能被看做一个量进行运算,从而获得广泛的应用.

2.2.1 矩阵的加(减)法与数乘运算

例 2.2.1 设某公司下属的三个工厂生产甲、乙两种产品,上半年和下半年的产量如下矩阵所示:

$$\boldsymbol{A}=\begin{bmatrix}a_{11}&a_{12}\\a_{21}&a_{22}\\a_{31}&a_{32}\end{bmatrix},\quad \boldsymbol{B}=\begin{bmatrix}b_{11}&b_{12}\\b_{21}&b_{22}\\b_{31}&b_{32}\end{bmatrix},$$

其中 a_{ij},b_{ij} 分别表示上半年和下半年第 i 个工厂生产第 j 种产品的数量,则该公司全年生产的产品信息为

$$\boldsymbol{C}=\begin{bmatrix}a_{11}+b_{11}&a_{12}+b_{12}\\a_{21}+b_{21}&a_{22}+b_{22}\\a_{31}+b_{31}&a_{32}+b_{32}\end{bmatrix},$$

这可视为 $\boldsymbol{C}=\boldsymbol{A}+\boldsymbol{B}$.

定义 2.2 设 $\boldsymbol{A}=(a_{ij})$,$\boldsymbol{B}=(b_{ij})$ 为两个 $m\times n$ 矩阵,矩阵 $\boldsymbol{A}$ 与 $\boldsymbol{B}$ 的加法规定为

$$\begin{bmatrix}a_{11}&a_{12}&\cdots&a_{1n}\\a_{21}&a_{22}&\cdots&a_{2n}\\\vdots&\vdots&&\vdots\\a_{m1}&a_{m2}&\cdots&a_{mn}\end{bmatrix}+\begin{bmatrix}b_{11}&b_{12}&\cdots&b_{1n}\\b_{21}&b_{22}&\cdots&b_{2n}\\\vdots&\vdots&&\vdots\\b_{m1}&b_{m2}&\cdots&b_{mn}\end{bmatrix}=\begin{bmatrix}a_{11}+b_{11}&a_{12}+b_{12}&\cdots&a_{1n}+b_{1n}\\a_{21}+b_{21}&a_{22}+b_{22}&\cdots&a_{2n}+b_{2n}\\\vdots&\vdots&&\vdots\\a_{m1}+b_{m1}&a_{m2}+b_{m2}&\cdots&a_{mn}+b_{mn}\end{bmatrix},$$

简记为

$$\boldsymbol{A}+\boldsymbol{B}=(a_{ij}+b_{ij})_{m\times n}. \tag{2.2.1}$$

容易证明,矩阵加法满足下面运算律.

(1) 交换律:$\boldsymbol{A}+\boldsymbol{B}=\boldsymbol{B}+\boldsymbol{A}$.

(2) 结合律:$(\boldsymbol{A}+\boldsymbol{B})+\boldsymbol{C}=\boldsymbol{A}+(\boldsymbol{B}+\boldsymbol{C})$.

(3) $\boldsymbol{A}+\boldsymbol{0}=\boldsymbol{0}+\boldsymbol{A}=\boldsymbol{A}$,其中 $\boldsymbol{0}$ 为与 $\boldsymbol{A}$ 同型的零矩阵.

定义 2.3 数 k 与矩阵 $\boldsymbol{A}$ 相乘可定义为

$$k\begin{bmatrix}a_{11} & a_{12} & \cdots & a_{1n}\\ a_{21} & a_{22} & \cdots & a_{2n}\\ \vdots & \vdots & & \vdots\\ a_{m1} & a_{m2} & \cdots & a_{mn}\end{bmatrix}=\begin{bmatrix}ka_{11} & ka_{12} & \cdots & ka_{1n}\\ ka_{21} & ka_{22} & \cdots & ka_{2n}\\ \vdots & \vdots & & \vdots\\ ka_{m1} & ka_{m2} & \cdots & ka_{mn}\end{bmatrix}, \tag{2.2.2}$$

简记为

$$k\boldsymbol{A}=(ka_{ij})_{m\times n}.$$

记$-\boldsymbol{A}=(-1)\boldsymbol{A}=(-a_{ij})_{m\times n}$，并称$-\boldsymbol{A}$为$\boldsymbol{A}$的**负矩阵**，即$\boldsymbol{A}+(-\boldsymbol{A})=\boldsymbol{0}$，这样$\boldsymbol{A}$与$\boldsymbol{B}$的减法可定义为

$$\boldsymbol{A}-\boldsymbol{B}=\boldsymbol{A}+(-\boldsymbol{B})=(a_{ij}-b_{ij})_{m\times n}.$$

矩阵的加法与数乘称为**矩阵的线性运算**，它满足下面的运算律.

(1) 结合律：$(kl)\boldsymbol{A}=k(l\boldsymbol{A})$，其中$k,l$为数.

(2) 分配律：$k(\boldsymbol{A}+\boldsymbol{B})=k\boldsymbol{A}+k\boldsymbol{B}$；

$$(l+k)\boldsymbol{A}=l\boldsymbol{A}+k\boldsymbol{A}. \tag{2.2.3}$$

(3) $1\boldsymbol{A}=\boldsymbol{A}, 0\boldsymbol{A}=\boldsymbol{0}$.

例 2.2.2 设矩阵

$$\boldsymbol{A}=\begin{bmatrix}2 & 1 & 4\\ 0 & 1 & 2\end{bmatrix},\quad \boldsymbol{B}=\begin{bmatrix}-2 & 4 & 0\\ 1 & 3 & 1\end{bmatrix},$$

求$\boldsymbol{C}=2\boldsymbol{A}-3\boldsymbol{B}$.

解
$$\boldsymbol{C}=2\begin{bmatrix}2 & 1 & 4\\ 0 & 1 & 2\end{bmatrix}-3\begin{bmatrix}-2 & 4 & 0\\ 1 & 3 & 1\end{bmatrix}$$
$$=\begin{bmatrix}4 & 2 & 8\\ 0 & 2 & 4\end{bmatrix}+\begin{bmatrix}6 & -12 & 0\\ -3 & -9 & -3\end{bmatrix}=\begin{bmatrix}10 & -10 & 8\\ -3 & -7 & 1\end{bmatrix}.$$

2.2.2 两个矩阵的乘法

例 2.2.3 设线性电路两级串联放大器(见图 2.4)的第一级K_1的输入电压、电流为U_1、I_1，输出电压、电流为U_2、I_2，第一级K_1的输出则是第二级K_2的输入，又设第二级K_2的输出电压、电流为U_3、I_3.

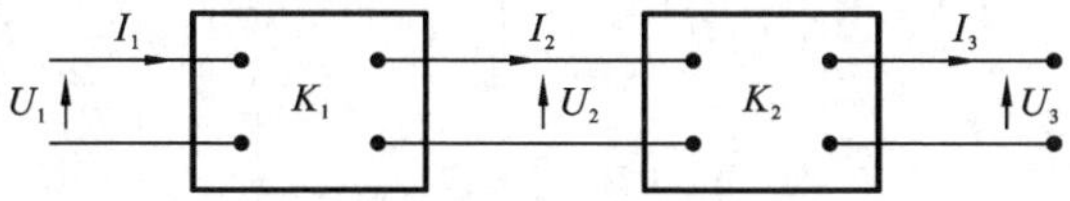

图 2.4

设两级的电压、电流线性变换关系为

$$\begin{cases}U_2=b_{11}U_1+b_{12}I_1,\\ I_2=b_{21}U_1+b_{22}I_1,\end{cases} \quad ①$$

$$\begin{cases}U_3=a_{11}U_2+a_{12}I_2,\\ I_3=a_{21}U_2+a_{22}I_2,\end{cases} \quad ②$$

把方程组①代入方程组②，得

$$\begin{cases} U_3=(a_{11}b_{11}+a_{12}b_{21})U_1+(a_{11}b_{12}+a_{12}b_{22})I_1, \\ I_3=(a_{21}b_{11}+a_{22}b_{21})U_1+(a_{21}b_{12}+a_{22}b_{22})I_1. \end{cases} \quad ③$$

它表示两级放大电路的输入与输出电压、电流的变换关系.用矩阵形式来表示上面方程组①、②、③的系数,就有

$$\boldsymbol{B}=\begin{bmatrix} b_{11} & b_{12} \\ b_{21} & b_{22} \end{bmatrix}, \quad \boldsymbol{A}=\begin{bmatrix} a_{11} & a_{12} \\ a_{21} & a_{22} \end{bmatrix},$$

$$\boldsymbol{C}=\begin{bmatrix} a_{11}b_{11}+a_{12}b_{21} & a_{11}b_{12}+a_{12}b_{22} \\ a_{21}b_{11}+a_{22}b_{21} & a_{21}b_{12}+a_{22}b_{22} \end{bmatrix}=\begin{bmatrix} c_{11} & c_{12} \\ c_{21} & c_{22} \end{bmatrix}.$$

其中 $c_{ij}=\sum\limits_{t=1}^{2}a_{it}b_{tj}(i,j=1,2)$. 可把矩阵 $\boldsymbol{C}$ 看作矩阵 $\boldsymbol{A}$ 与 $\boldsymbol{B}$ 之积,即 $\boldsymbol{C}=\boldsymbol{AB}$.

定义 2.4　设 $\boldsymbol{A}$ 为 $m\times k$ 矩阵,$\boldsymbol{B}$ 为 $k\times n$ 矩阵,即

$$\boldsymbol{A}=\begin{bmatrix} a_{11} & a_{12} & \cdots & a_{1k} \\ a_{21} & a_{22} & \cdots & a_{2k} \\ \vdots & \vdots & & \vdots \\ a_{m1} & a_{m2} & \cdots & a_{mk} \end{bmatrix}, \quad \boldsymbol{B}=\begin{bmatrix} b_{11} & b_{12} & \cdots & b_{1n} \\ b_{21} & b_{22} & \cdots & b_{2n} \\ \vdots & \vdots & & \vdots \\ b_{k1} & b_{k2} & \cdots & b_{kn} \end{bmatrix},$$

定义 $\boldsymbol{A}$ 与 $\boldsymbol{B}$ 的乘积为

$$\boldsymbol{C}=\boldsymbol{AB}=\begin{bmatrix} c_{11} & c_{12} & \cdots & c_{1n} \\ c_{21} & c_{22} & \cdots & c_{2n} \\ \vdots & \vdots & & \vdots \\ c_{m1} & c_{m2} & \cdots & c_{mn} \end{bmatrix}, \tag{2.2.4}$$

其中 $c_{ij}=a_{i1}b_{1j}+a_{i2}b_{2j}+\cdots+a_{ik}b_{kj}=\sum\limits_{t=1}^{k}a_{it}b_{tj}$. 即乘积矩阵 $\boldsymbol{C}$ 是 $m\times n$ 矩阵,它的第 i 行第 j 列的元素等于矩阵 $\boldsymbol{A}$ 的第 i 行元素与矩阵 $\boldsymbol{B}$ 的第 j 列对应元素乘积之和,即

$$\begin{bmatrix} \vdots & \vdots & & \vdots \\ \boxed{a_{i1} \quad a_{i2} \quad \cdots \quad a_{ik}} \\ \vdots & \vdots & & \vdots \end{bmatrix}\begin{bmatrix} \cdots & \boxed{\begin{matrix} b_{1j} \\ b_{2j} \\ \vdots \\ b_{kj} \end{matrix}} & \cdots \end{bmatrix}=\begin{bmatrix} & & \\ & \boxed{c_{ij}} & \\ & & \end{bmatrix} i\text{ 行},$$

j列

$$\boldsymbol{A}_{m\times k}\boldsymbol{B}_{k\times n}=\boldsymbol{C}_{m\times n}.$$

说明　由定义可知,只有当 $\boldsymbol{A}$ 的列数等于 $\boldsymbol{B}$ 的行数时,才能进行 $\boldsymbol{A}$、$\boldsymbol{B}$ 的乘法运算,这就是两个矩阵可进行乘法运算的条件.其乘积 $\boldsymbol{AB}$ 的行数等于 $\boldsymbol{A}$ 的行数,列数等于 $\boldsymbol{B}$ 的列数.

例 2.2.4　设矩阵 $\boldsymbol{A}$ 与 $\boldsymbol{B}$ 为

$$\boldsymbol{A}=\begin{bmatrix} 1 & 0 & -1 \\ 2 & 0 & 1 \end{bmatrix}, \quad \boldsymbol{B}=\begin{bmatrix} 1 & 2 \\ -1 & 1 \\ 0 & 0 \end{bmatrix},$$

求 $\boldsymbol{AB}$ 和 $\boldsymbol{BA}$.

解　由两矩阵乘法定义,有

$$\boldsymbol{AB}=\begin{bmatrix}1&0&-1\\2&0&1\end{bmatrix}\begin{bmatrix}1&2\\-1&1\\0&0\end{bmatrix}=\begin{bmatrix}1&2\\2&4\end{bmatrix},$$

$$\boldsymbol{BA}=\begin{bmatrix}1&2\\-1&1\\0&0\end{bmatrix}\begin{bmatrix}1&0&-1\\2&0&1\end{bmatrix}=\begin{bmatrix}5&0&1\\1&0&2\\0&0&0\end{bmatrix}.$$

可见 $\boldsymbol{AB}\neq\boldsymbol{BA}$. 一般来说,矩阵乘法运算与数的乘法运算律有如下几点区别.

(1) **矩阵乘法一般不满足交换律,即 $\boldsymbol{AB}\neq\boldsymbol{BA}$.**

事实上,$\boldsymbol{AB}$ 有意义,$\boldsymbol{BA}$ 不一定有意义. 当 $\boldsymbol{BA}$ 有意义时,$\boldsymbol{AB}$ 与 $\boldsymbol{BA}$ 不一定是同型矩阵,即使 $\boldsymbol{AB}$ 与 $\boldsymbol{BA}$ 是同型矩阵,一般情况下,$\boldsymbol{AB}\neq\boldsymbol{BA}$. 这样,在进行乘法运算时,应注意矩阵的前后位置不要任意调换,否则会出错. 称 $\boldsymbol{AB}$ 中的 $\boldsymbol{A}$ 为左因子矩阵,或叫 $\boldsymbol{A}$ 左乘 $\boldsymbol{B}$;而 $\boldsymbol{B}$ 称为右因子矩阵,或叫 $\boldsymbol{B}$ 右乘 $\boldsymbol{A}$.

若 $\boldsymbol{AB}=\boldsymbol{BA}$,则称 $\boldsymbol{A}$ 和 $\boldsymbol{B}$ 乘积可交换,或者说 $\boldsymbol{A}$ 与 $\boldsymbol{B}$ 可交换.

(2) **若 $\boldsymbol{AB}=\boldsymbol{AC}$,则未必有 $\boldsymbol{B}=\boldsymbol{C}$. 即矩阵乘法消去律一般不成立.** 例如

$$\boldsymbol{A}=\begin{bmatrix}1&-1\\-2&2\end{bmatrix},\quad \boldsymbol{B}=\begin{bmatrix}3&1\\2&-1\end{bmatrix},\quad \boldsymbol{C}=\begin{bmatrix}2&-1\\1&-3\end{bmatrix},$$

有

$$\boldsymbol{AB}=\boldsymbol{AC}=\begin{bmatrix}1&2\\-2&-4\end{bmatrix},\text{而 }\boldsymbol{B}\neq\boldsymbol{C}.$$

(3) 在数量运算中 $ab=0$,必有 $a=0$ 或 $b=0$,但在**矩阵乘积运算中,若 $\boldsymbol{AB}=\boldsymbol{0}$,则未必有 $\boldsymbol{A}=\boldsymbol{0}$ 或 $\boldsymbol{B}=\boldsymbol{0}$.** 例如

$$\boldsymbol{A}=\begin{bmatrix}1&0\\1&0\end{bmatrix}\neq\boldsymbol{0},\quad \boldsymbol{B}=\begin{bmatrix}0&0\\1&1\end{bmatrix}\neq\boldsymbol{0},\quad \boldsymbol{AB}=\begin{bmatrix}1&0\\1&0\end{bmatrix}\begin{bmatrix}0&0\\1&1\end{bmatrix}=\begin{bmatrix}0&0\\0&0\end{bmatrix}=\boldsymbol{0}.$$

但矩阵乘法满足下列运算律.

(1) 结合律:$(\boldsymbol{AB})\boldsymbol{C}=\boldsymbol{A}(\boldsymbol{BC})$.

(2) 左分配律:$\boldsymbol{A}(\boldsymbol{B}+\boldsymbol{C})=\boldsymbol{AB}+\boldsymbol{AC}$;

　　右分配律:$(\boldsymbol{B}+\boldsymbol{C})\boldsymbol{A}=\boldsymbol{BA}+\boldsymbol{CA}$.　　(2.2.5)

(3) 数乘结合律:$k(\boldsymbol{AB})=(k\boldsymbol{A})\boldsymbol{B}=\boldsymbol{A}(k\boldsymbol{B})$.

(4) 设 $\boldsymbol{A}$ 是 $m\times k$ 矩阵,$\boldsymbol{B}$ 为 $k\times n$ 矩阵,则

$$\boldsymbol{I}_m\boldsymbol{A}=\boldsymbol{A},\quad \boldsymbol{AI}_k=\boldsymbol{A},\quad \boldsymbol{AI}_k\boldsymbol{B}=\boldsymbol{AB},$$

其中 $\boldsymbol{I}_m(\boldsymbol{I}_k)$ 是 $m(k)$ 阶单位矩阵. 可见单位矩阵是矩阵乘法的单位元.

证　只证(2)中左分配律 $\boldsymbol{A}(\boldsymbol{B}+\boldsymbol{C})=\boldsymbol{AB}+\boldsymbol{AC}$. 设

$$\boldsymbol{A}=(a_{ij})_{m\times n},\quad \boldsymbol{B}=(b_{ij})_{n\times k},\quad \boldsymbol{C}=(c_{ij})_{n\times k}.$$

为表述方便,记矩阵 $\boldsymbol{M}$ 的第 i 行第 j 列元素为$[\boldsymbol{M}]_{ij}$. 要证明(2)成立,只要证明等式左右两边矩阵对应元素相等,即要证明

$$[\boldsymbol{A}(\boldsymbol{B}+\boldsymbol{C})]_{ij}=[\boldsymbol{AB}]_{ij}+[\boldsymbol{AC}]_{ij}.$$

由乘法定义,有

$$[\boldsymbol{A}(\boldsymbol{B}+\boldsymbol{C})]_{ij}=\sum_{t=1}^{k}a_{it}(b_{tj}+c_{tj})=\sum_{t=1}^{k}a_{it}b_{tj}+\sum_{t=1}^{k}a_{it}c_{tj}=[\boldsymbol{AB}]_{ij}+[\boldsymbol{AC}]_{ij}.$$

证毕.

设 $\boldsymbol{A}$ 为 n 阶方阵,定义 $\boldsymbol{A}$ 的正整数幂为

$$\boldsymbol{A}^0=\boldsymbol{I},\quad \boldsymbol{AA}\cdots\boldsymbol{A}=\boldsymbol{A}^k,\quad \boldsymbol{A}^k\cdot\boldsymbol{A}^l=\boldsymbol{A}^{k+l},\quad (\boldsymbol{A}^k)^l=\boldsymbol{A}^{kl},$$

其中 k,l 为正整数,要注意的是,一般 $(\boldsymbol{AB})^k\neq\boldsymbol{A}^k\boldsymbol{B}^k$.

设 x 的 m 次多项式

$$f(x)=a_0x^m+a_1x^{m-1}+\cdots+a_{m-1}x+a_m,$$

则定义

$$f(\boldsymbol{A})=a_0\boldsymbol{A}^m+a_1\boldsymbol{A}^{m-1}+\cdots+a_{m-1}\boldsymbol{A}+a_m\boldsymbol{I}$$

为 n 阶方阵 $\boldsymbol{A}$ 的 m 次多项式矩阵.

利用矩阵乘法,线性方程组

$$\begin{cases}a_{11}x_1+a_{12}x_2+\cdots+a_{1n}x_n=b_1,\\ a_{21}x_1+a_{22}x_2+\cdots+a_{2n}x_n=b_2,\\ \qquad\qquad\vdots\\ a_{m1}x_1+a_{m2}x_2+\cdots+a_{mn}x_n=b_m\end{cases}$$

可表示成简洁的矩阵方程

$$\boldsymbol{Ax}=\boldsymbol{b},$$

其中 $$\boldsymbol{A}=\begin{bmatrix}a_{11}&a_{12}&\cdots&a_{1n}\\a_{21}&a_{22}&\cdots&a_{2n}\\\vdots&\vdots&&\vdots\\a_{m1}&a_{m2}&\cdots&a_{mn}\end{bmatrix},\quad \boldsymbol{x}=\begin{bmatrix}x_1\\x_2\\\vdots\\x_n\end{bmatrix},\quad \boldsymbol{b}=\begin{bmatrix}b_1\\b_2\\\vdots\\b_m\end{bmatrix}.$$

例 2.2.5 设 $f(x)=2x^2+3x+5$,$\boldsymbol{A}=\begin{bmatrix}3&4\\4&-3\end{bmatrix}$,求 $f(\boldsymbol{A})$.

解 $$\boldsymbol{A}^2=\begin{bmatrix}3&4\\4&-3\end{bmatrix}\begin{bmatrix}3&4\\4&-3\end{bmatrix}=\begin{bmatrix}25&0\\0&25\end{bmatrix},$$

$$f(\boldsymbol{A})=2\boldsymbol{A}^2+3\boldsymbol{A}+5\boldsymbol{I}=2\begin{bmatrix}25&0\\0&25\end{bmatrix}+3\begin{bmatrix}3&4\\4&-3\end{bmatrix}+5\begin{bmatrix}1&0\\0&1\end{bmatrix}=\begin{bmatrix}64&12\\12&46\end{bmatrix}.$$

例 2.2.6 图 2.5 示明,F 国三城市,G 国两城市,H 国三城市相互之间的通路数,试求从 F 国各城市经 G 国到 H 国的各城市的通路信息.

解 F 国到 G 国城市的通路矩阵及 G 国到 H 国城市通路矩阵为

$$\boldsymbol{A}=\begin{matrix}F_1\\F_2\\F_3\end{matrix}\overset{\begin{matrix}G_1&G_2\end{matrix}}{\begin{bmatrix}2&1\\1&1\\1&2\end{bmatrix}},\quad \boldsymbol{B}=\begin{matrix}G_1\\G_2\end{matrix}\overset{\begin{matrix}H_1&H_2&H_3\end{matrix}}{\begin{bmatrix}1&0&1\\2&1&1\end{bmatrix}},$$

则 F 国各城市到 H 国各城市的通路信息为

$$C=\begin{bmatrix}2&1\\1&1\\1&2\end{bmatrix}\begin{bmatrix}1&0&1\\2&1&1\end{bmatrix}=\begin{matrix}F_1\\F_2\\F_3\end{matrix}\overset{\begin{matrix}H_1&H_2&H_3\end{matrix}}{\begin{bmatrix}4&1&3\\3&1&2\\5&2&3\end{bmatrix}}.$$

例如 F 国第二城市经 G 国到 H 国第一城市有 3 条通路.

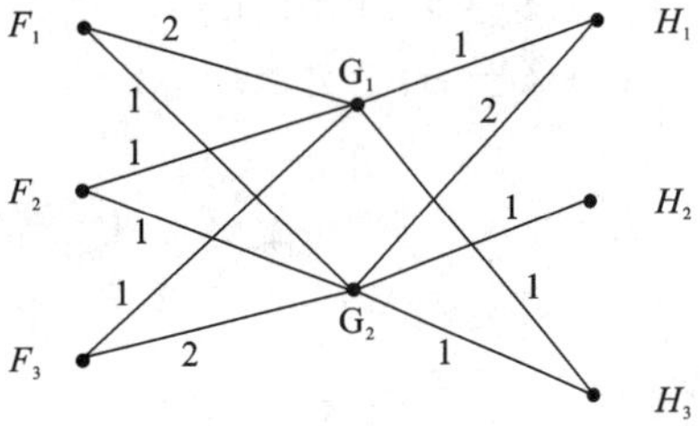

图 2.5

练习 2.2

1. 计算 $AB-BA$，其中

$$A=\begin{bmatrix}1&2&1\\0&0&2\\0&0&1\end{bmatrix},\quad B=\begin{bmatrix}1&3&0\\0&1&1\\0&0&1\end{bmatrix}.$$

2. 计算：

(1) $\begin{bmatrix}a\\b\\c\end{bmatrix}(a,b,c)$；　(2) $\begin{bmatrix}1&1&1\\2&2&2\\3&3&3\end{bmatrix}\begin{bmatrix}\lambda_1&&\\&\lambda_2&\\&&\lambda_3\end{bmatrix}$；

(3) $(x,y,z)\begin{bmatrix}0&1&-2\\-1&0&3\\2&-3&0\end{bmatrix}\begin{bmatrix}x\\y\\z\end{bmatrix}$；　(4) $\begin{bmatrix}1&1\\1&1\end{bmatrix}^n$.

3. 求与矩阵 $A=\begin{bmatrix}1&1&0\\0&1&1\\0&0&1\end{bmatrix}$ 乘法可交换的矩阵 B.

4. $A=\begin{bmatrix}1&3\\2&-1\end{bmatrix}$，求 A^3+2A^2+A-I.

5. 证明题：

(1) $A=\begin{bmatrix}1&a\\0&1\end{bmatrix}$，证明 $A^n=\begin{bmatrix}1&na\\0&1\end{bmatrix}$.

(2) A 为 n 阶方阵，$A^2=A$，用归纳法证明：$(A+I)^k=I+(2^k-1)A$.

(3) A 为 n 阶方阵，对任何 n 维列向量 x，有 $Ax=0$，试证 $A=0$.

(4) A,B 为 n 阶矩阵，$B=\frac{1}{2}(A+I)$，证明 $B^2=B$ 的充分必要条件是 $A^2=I$.

6. 判断题：

(1) $C=AB$ 中，A 的第一行元素为零，则 C 中第一行元素为零.

(2) 若 B 有一列元素为 0，则积 AB 必有一列元素为 0.

(3) $(AB)^2=A^2B^2$.

(4) $A^3-I=(A-I)(A^2+A+I)$.

(5) $\boldsymbol{A}^2=\boldsymbol{0}$，则 $\boldsymbol{A}=\boldsymbol{0}$.

(6) $\boldsymbol{A}^2=\boldsymbol{A}$，则 $\boldsymbol{A}=\boldsymbol{I}$ 或 $\boldsymbol{A}=\boldsymbol{0}$.

2.3 转置矩阵及方阵的行列式

2.3.1 转置矩阵

定义 2.5 把 $m\times n$ 矩阵

$$\boldsymbol{A}=\begin{bmatrix}a_{11} & a_{12} & \cdots & a_{1n}\\ a_{21} & a_{22} & \cdots & a_{2n}\\ \vdots & \vdots & & \vdots\\ a_{m1} & a_{m2} & \cdots & a_{mn}\end{bmatrix}$$

的行与同序数的列互换所得到的矩阵称为 $\boldsymbol{A}$ 的**转置矩阵**，记为 $\boldsymbol{A}^{\mathrm{T}}$ 或 $\boldsymbol{A}'$，即

$$\boldsymbol{A}^{\mathrm{T}}=\begin{bmatrix}a_{11} & a_{21} & \cdots & a_{m1}\\ a_{12} & a_{22} & \cdots & a_{m2}\\ \vdots & \vdots & & \vdots\\ a_{1n} & a_{2n} & \cdots & a_{mn}\end{bmatrix}.$$

由定义可见，$\boldsymbol{A}^{\mathrm{T}}$ 的第 i 行第 j 列的元素就是 $\boldsymbol{A}$ 的第 j 行第 i 列的元素，$\boldsymbol{A}$ 为 $m\times n$ 矩阵，则 $\boldsymbol{A}^{\mathrm{T}}$ 为 $n\times m$ 矩阵.

矩阵转置是一种运算，它满足下面**运算律**.

(1) $(\boldsymbol{A}^{\mathrm{T}})^{\mathrm{T}}=\boldsymbol{A}$.

(2) $(\boldsymbol{A}+\boldsymbol{B})^{\mathrm{T}}=\boldsymbol{A}^{\mathrm{T}}+\boldsymbol{B}^{\mathrm{T}}$.

(3) $(k\boldsymbol{A})^{\mathrm{T}}=k\boldsymbol{A}^{\mathrm{T}}$（$k$ 为数）.

定理 2.1 $(\boldsymbol{AB})^{\mathrm{T}}=\boldsymbol{B}^{\mathrm{T}}\boldsymbol{A}^{\mathrm{T}}$. (2.3.1)

证 设 $\boldsymbol{A},\boldsymbol{B}$ 分别为 $m\times k$ 和 $k\times n$ 矩阵，即

$$\boldsymbol{A}_{m\times k}=(a_{ij})_{m\times k},\quad \boldsymbol{B}_{k\times n}=(b_{ij})_{k\times n}.$$

显然 $(\boldsymbol{AB})^{\mathrm{T}}$ 与 $\boldsymbol{B}^{\mathrm{T}}\boldsymbol{A}^{\mathrm{T}}$ 都为 $n\times m$ 矩阵，现证它们的第 i 行第 j 列位置对应的元素相等，即要证 $[(\boldsymbol{AB})^{\mathrm{T}}]_{ij}=[\boldsymbol{B}^{\mathrm{T}}\boldsymbol{A}^{\mathrm{T}}]_{ij}$. 因为

$$[(\boldsymbol{AB})^{\mathrm{T}}]_{ij}=[\boldsymbol{AB}]_{ji}=\sum_{t=1}^{k}a_{jt}b_{ti}=\sum_{t=1}^{k}b_{ti}a_{jt},$$

$\sum\limits_{t=1}^{k}b_{ti}a_{jt}$ 正是矩阵 $\boldsymbol{B}^{\mathrm{T}}$ 的第 i 行元素与 $\boldsymbol{A}^{\mathrm{T}}$ 的第 j 列对应元素乘积之和，即 $[(\boldsymbol{AB})^{\mathrm{T}}]_{ij}=[\boldsymbol{B}^{\mathrm{T}}\boldsymbol{A}^{\mathrm{T}}]_{ij}$. 证毕.

定理 2.1 可推广到 s 个矩阵乘积的情况，即

$$(\boldsymbol{A}_1\boldsymbol{A}_2\cdots\boldsymbol{A}_s)^{\mathrm{T}}=\boldsymbol{A}_s^{\mathrm{T}}\boldsymbol{A}_{s-1}^{\mathrm{T}}\cdots\boldsymbol{A}_2^{\mathrm{T}}\boldsymbol{A}_1^{\mathrm{T}}.$$

定义 2.6 设 $\boldsymbol{A}$ 为 n 阶方阵，若 $\boldsymbol{A}^{\mathrm{T}}=\boldsymbol{A}$，则称 $\boldsymbol{A}$ 为**对称矩阵**. 若 $\boldsymbol{A}^{\mathrm{T}}=-\boldsymbol{A}$，则称 $\boldsymbol{A}$

为**反对称矩阵**.

n 阶矩阵 $\boldsymbol{A}$ 为对称矩阵的充分必要条件是 $a_{ij}=a_{ji}$.

n 阶矩阵 $\boldsymbol{A}$ 为反对称矩阵的充分必要条件是 $a_{ij}=-a_{ji}$. 当 $i=j$ 时，$a_{ii}=0$，即反对称矩阵的主对角线上元素都为零. 例如下列矩阵

$$\boldsymbol{A}=\begin{bmatrix}5 & -1 & 2\\ -1 & 4 & 7\\ 2 & 7 & 0\end{bmatrix},\quad \boldsymbol{B}=\begin{bmatrix}0 & -2 & -1\\ 2 & 0 & 3\\ 1 & -3 & 0\end{bmatrix}$$

分别是三阶对称矩阵和三阶反对称矩阵.

设 $\boldsymbol{A},\boldsymbol{B}$ 为 n 阶对称矩阵，则 $\boldsymbol{A}+\boldsymbol{B}$ 是对称矩阵，因为

$$(\boldsymbol{A}+\boldsymbol{B})^{\mathrm{T}}=\boldsymbol{A}^{\mathrm{T}}+\boldsymbol{B}^{\mathrm{T}}=\boldsymbol{A}+\boldsymbol{B}.$$

但若 $\boldsymbol{A},\boldsymbol{B}$ 为 n 阶对称矩阵，$\boldsymbol{AB}$ 不一定是对称矩阵，因为

$$(\boldsymbol{AB})^{\mathrm{T}}=\boldsymbol{B}^{\mathrm{T}}\boldsymbol{A}^{\mathrm{T}}=\boldsymbol{BA}\neq\boldsymbol{AB}.$$

若 $\boldsymbol{A}$ 与 $\boldsymbol{B}$ 可交换，即 $\boldsymbol{AB}=\boldsymbol{BA}$，则 $(\boldsymbol{AB})^{\mathrm{T}}=\boldsymbol{AB}$，这时 $\boldsymbol{AB}$ 就是对称矩阵.

例 2.3.1 设 $\boldsymbol{A}$ 为 n 阶方阵，证明 $\boldsymbol{A}+\boldsymbol{A}^{\mathrm{T}},\boldsymbol{AA}^{\mathrm{T}}$ 是对称矩阵.

证

$$(\boldsymbol{A}+\boldsymbol{A}^{\mathrm{T}})^{\mathrm{T}}=\boldsymbol{A}^{\mathrm{T}}+(\boldsymbol{A}^{\mathrm{T}})^{\mathrm{T}}=\boldsymbol{A}^{\mathrm{T}}+\boldsymbol{A}.$$

$$(\boldsymbol{AA}^{\mathrm{T}})^{\mathrm{T}}=(\boldsymbol{A}^{\mathrm{T}})^{\mathrm{T}}\boldsymbol{A}^{\mathrm{T}}=\boldsymbol{AA}^{\mathrm{T}},$$

故 $\boldsymbol{A}+\boldsymbol{A}^{\mathrm{T}},\boldsymbol{AA}^{\mathrm{T}}$ 都是对称矩阵.

2.3.2 方阵的行列式

由 n 阶矩阵 $\boldsymbol{A}$ 的各元素按原顺序排成的 n 阶行列式，称为方阵 $\boldsymbol{A}$ 的行列式，记为 $|\boldsymbol{A}|$ 或 $\det\boldsymbol{A}$.

方阵的行列式有如下性质.

(1) $|\boldsymbol{A}^{\mathrm{T}}|=|\boldsymbol{A}|$.

(2) $|k\boldsymbol{A}|=k^n|\boldsymbol{A}|$. (2.3.2)

下面证式(2.3.2)的第(2)式

$$k\boldsymbol{A}=\begin{bmatrix}ka_{11} & ka_{12} & \cdots & ka_{1n}\\ ka_{21} & ka_{22} & \cdots & ka_{2n}\\ \vdots & \vdots & & \vdots\\ ka_{n1} & ka_{n2} & \cdots & ka_{nn}\end{bmatrix},$$

两边矩阵同时取行列式，右边的行列式每行提出一个公因子 k，则有

$$|k\boldsymbol{A}|=k^n|\boldsymbol{A}| \tag{2.3.3}$$

定理 2.2 $\boldsymbol{A},\boldsymbol{B}$ 为 n 阶方阵，则 $|\boldsymbol{AB}|=|\boldsymbol{A}||\boldsymbol{B}|$.

证明从略. 一般对 k 个 n 阶方阵 $\boldsymbol{A}_1,\boldsymbol{A}_2,\cdots,\boldsymbol{A}_k$ 之积的行列式有

$$|\boldsymbol{A}_1\boldsymbol{A}_2\cdots\boldsymbol{A}_k|=|\boldsymbol{A}_1||\boldsymbol{A}_2|\cdots|\boldsymbol{A}_k|.$$

例 2.3.2 设两个 n 阶方阵 $\boldsymbol{A},\boldsymbol{B}$ 的行列式 $|\boldsymbol{A}|=1,|\boldsymbol{B}|=2$，计算 $|-(\boldsymbol{AB})^4\boldsymbol{B}^{\mathrm{T}}|$ 的值.

解 $|-(\boldsymbol{AB})^4\boldsymbol{B}^{\mathrm{T}}|=(-1)^n|\boldsymbol{AB}|^4|\boldsymbol{B}^{\mathrm{T}}|=(-1)^n|\boldsymbol{A}|^4|\boldsymbol{B}|^4|\boldsymbol{B}|$

$$=(-1)^n\times1^4\times2^5=(-1)^n2^5.$$

例 2.3.3 $\boldsymbol{A}$ 为 n 阶反对称矩阵,证明

$$|\boldsymbol{A}^2-\boldsymbol{I}|=(-1)^n|\boldsymbol{A}+\boldsymbol{I}|^2.$$

证 因 $\boldsymbol{A}^{\mathrm{T}}=-\boldsymbol{A}$,且 $\boldsymbol{A}^2-\boldsymbol{I}=\boldsymbol{A}^2-\boldsymbol{I}^2=(\boldsymbol{A}+\boldsymbol{I})(\boldsymbol{A}-\boldsymbol{I})$,则

$$\begin{aligned}|\boldsymbol{A}^2-\boldsymbol{I}|&=|(\boldsymbol{A}+\boldsymbol{I})(\boldsymbol{A}-\boldsymbol{I})|=|\boldsymbol{A}+\boldsymbol{I}||\boldsymbol{A}-\boldsymbol{I}|=|\boldsymbol{A}+\boldsymbol{I}||-\boldsymbol{A}^{\mathrm{T}}-\boldsymbol{I}|\\&=|\boldsymbol{A}+\boldsymbol{I}||(-1)(\boldsymbol{A}+\boldsymbol{I})^{\mathrm{T}}|=(-1)^n|\boldsymbol{A}+\boldsymbol{I}|^2.\end{aligned}$$

例 2.3.4 设一列矩阵 $\boldsymbol{A}=(a_1,a_2,\cdots,a_n)^{\mathrm{T}}$,且满足 $\boldsymbol{A}^{\mathrm{T}}\boldsymbol{A}=\boldsymbol{I}$,$\boldsymbol{H}=\boldsymbol{I}-2\boldsymbol{AA}^{\mathrm{T}}$,证明 $\boldsymbol{H}$ 是对称矩阵,且有 $\boldsymbol{HH}^{\mathrm{T}}=\boldsymbol{I}$.

证 注意到 $\boldsymbol{A}$ 是一个列向量,$\boldsymbol{A}^{\mathrm{T}}\boldsymbol{A}=a_1^2+a_2^2+\cdots+a_n^2$ 是一阶方阵,也是一个数,而 $\boldsymbol{AA}^{\mathrm{T}}$ 是 n 阶方阵,于是

$$\boldsymbol{H}^{\mathrm{T}}=(\boldsymbol{I}-2\boldsymbol{AA}^{\mathrm{T}})^{\mathrm{T}}=\boldsymbol{I}^{\mathrm{T}}-(2\boldsymbol{AA}^{\mathrm{T}})^{\mathrm{T}}=\boldsymbol{I}-2\boldsymbol{AA}^{\mathrm{T}}=\boldsymbol{H}.$$

所以 $\boldsymbol{H}$ 是对称矩阵.

$$\begin{aligned}\boldsymbol{HH}^{\mathrm{T}}&=\boldsymbol{H}\cdot\boldsymbol{H}=(\boldsymbol{I}-2\boldsymbol{AA}^{\mathrm{T}})(\boldsymbol{I}-2\boldsymbol{AA}^{\mathrm{T}})=\boldsymbol{I}^2-4\boldsymbol{AA}^{\mathrm{T}}+4(\boldsymbol{AA}^{\mathrm{T}})(\boldsymbol{AA}^{\mathrm{T}})\\&=\boldsymbol{I}-4\boldsymbol{AA}^{\mathrm{T}}+4\boldsymbol{A}(\boldsymbol{A}^{\mathrm{T}}\boldsymbol{A})\boldsymbol{A}^{\mathrm{T}}=\boldsymbol{I}-4\boldsymbol{AA}^{\mathrm{T}}+4\boldsymbol{AA}^{\mathrm{T}}=\boldsymbol{I}.\end{aligned}$$

练习 2.3

1. $\boldsymbol{A}=\begin{bmatrix}1&2\\0&1\end{bmatrix}$,$\boldsymbol{B}=\begin{bmatrix}0&1\\1&2\end{bmatrix}$,求 $|2\boldsymbol{A}^{\mathrm{T}}-5\boldsymbol{B}|$.

2. $\boldsymbol{A}$ 为 n 阶方阵,$|\boldsymbol{A}|=2$,求 $|\boldsymbol{A}^2(2\boldsymbol{A})^{\mathrm{T}}|$.

3. $\boldsymbol{\alpha}=\begin{bmatrix}1\\0\\1\end{bmatrix}$,$\boldsymbol{A}=\boldsymbol{\alpha\alpha}^{\mathrm{T}}$,求 $\boldsymbol{A}^n$ 及 $|2\boldsymbol{I}+\boldsymbol{A}|$.

4. $\boldsymbol{A}$ 为 n 阶对称矩阵,$\boldsymbol{B}$ 为 n 阶反对称矩阵,证明:

(1) $\boldsymbol{B}^2$ 是对称矩阵,$k\boldsymbol{A}$ 是对称矩阵.

(2) $\boldsymbol{AB}-\boldsymbol{BA}$ 是对称矩阵,$\boldsymbol{AB}+\boldsymbol{BA}$ 是反对称矩阵.

5. 判断题:

(1) $\boldsymbol{A}$ 为 n 阶矩阵,则 $|-\boldsymbol{A}|=-|\boldsymbol{A}|$.

(2) $|\boldsymbol{A}+\boldsymbol{BA}|=0$,则 $|\boldsymbol{A}|=0$,或 $|\boldsymbol{I}+\boldsymbol{B}|=0$.

(3) $\boldsymbol{A},\boldsymbol{B}$ 为 n 阶方阵,则 $|\boldsymbol{A}^{\mathrm{T}}+\boldsymbol{B}^{\mathrm{T}}|=|\boldsymbol{A}+\boldsymbol{B}|$.

(4) $\boldsymbol{A},\boldsymbol{B}$ 为 n 阶方阵,则 $|\boldsymbol{A}^{\mathrm{T}}+\boldsymbol{B}^{\mathrm{T}}|=|\boldsymbol{A}|+|\boldsymbol{B}|$.

2.4 方阵的逆矩阵

2.4.1 逆矩阵的定义

在数的运算中,有加(减)法、乘法与除法等,对于矩阵,已定义了加(减)法,数乘,

乘法运算.现在的问题是:矩阵是否有类似于数的除法运算?在数的运算中,若 $a\neq 0$,必存在 a 的逆元 $\frac{1}{a}=a^{-1}$,使 $aa^{-1}=a^{-1}a=1$.那么对于矩阵 $\boldsymbol{A}$ 是否也存在一个逆元 $\boldsymbol{A}^{-1}$(逆矩阵),使 $\boldsymbol{A}\boldsymbol{A}^{-1}=\boldsymbol{A}^{-1}\boldsymbol{A}=\boldsymbol{I}$ 呢?例如

$$\boldsymbol{A}=\begin{bmatrix}1 & 2\\0 & 1\end{bmatrix},\quad \boldsymbol{B}=\begin{bmatrix}1 & -2\\0 & 1\end{bmatrix},$$

则

$$\boldsymbol{AB}=\begin{bmatrix}1 & 2\\0 & 1\end{bmatrix}\begin{bmatrix}1 & -2\\0 & 1\end{bmatrix}=\begin{bmatrix}1 & 0\\0 & 1\end{bmatrix}=\boldsymbol{I},$$

$$\boldsymbol{BA}=\begin{bmatrix}1 & -2\\0 & 1\end{bmatrix}\begin{bmatrix}1 & 2\\0 & 1\end{bmatrix}=\begin{bmatrix}1 & 0\\0 & 1\end{bmatrix}=\boldsymbol{I}.$$

即 $\boldsymbol{AB}=\boldsymbol{BA}=\boldsymbol{I}$,则记 $\boldsymbol{B}=\boldsymbol{A}^{-1}$.

定义 2.7 设 $\boldsymbol{A}$ 为 n 阶方阵,如果存在 n 阶方阵 $\boldsymbol{B}$,使得

$$\boldsymbol{AB}=\boldsymbol{BA}=\boldsymbol{I}, \tag{2.4.1}$$

则称 $\boldsymbol{A}$ 为**可逆矩阵**,称矩阵 $\boldsymbol{B}$ 为 $\boldsymbol{A}$ 的逆矩阵,也称 $\boldsymbol{A}$ 为**满秩矩阵**或**非奇异矩阵**.

若 $\boldsymbol{A}$ 可逆,则 $\boldsymbol{A}$ 的逆矩阵是唯一的,这是因为假定 $\boldsymbol{B}$,$\boldsymbol{C}$ 都是 $\boldsymbol{A}$ 的逆矩阵,由定义知

$$\boldsymbol{AB}=\boldsymbol{BA}=\boldsymbol{I},\quad \boldsymbol{AC}=\boldsymbol{CA}=\boldsymbol{I},$$

则

$$\boldsymbol{B}=\boldsymbol{IB}=(\boldsymbol{CA})\boldsymbol{B}=\boldsymbol{C}(\boldsymbol{AB})=\boldsymbol{CI}=\boldsymbol{C}.$$

由于 $\boldsymbol{A}$ 的逆矩阵的唯一性,就可记 $\boldsymbol{A}$ 的逆 $\boldsymbol{B}=\boldsymbol{A}^{-1}$,即

$$\boldsymbol{A}\boldsymbol{A}^{-1}=\boldsymbol{A}^{-1}\boldsymbol{A}=\boldsymbol{I}.$$

对上式等号两边取行列式,得

$$|\boldsymbol{A}|\,|\boldsymbol{A}^{-1}|=1,$$

从而有 $|\boldsymbol{A}|\neq 0$,这给出了可逆矩阵的一个必要条件.反之若 $|\boldsymbol{A}|\neq 0$,是否能判断 $\boldsymbol{A}$ 可逆?又若 $\boldsymbol{A}$ 可逆,如何求 $\boldsymbol{A}$ 的逆呢?下面引入方阵 $\boldsymbol{A}$ 的伴随矩阵的概念.

2.4.2 逆矩阵的求法与判别

定义 2.8 设 n 阶方阵 $\boldsymbol{A}=(a_{ij})_{n\times n}$,记 A_{ij} 为 $\boldsymbol{A}$ 的行列式 $|\boldsymbol{A}|$ 的第 i 行第 j 列元素的代数余子式,A_{ij} 按如下构成的 n 阶方阵,记为

$$\boldsymbol{A}^{*}=\begin{bmatrix}A_{11} & A_{21} & \cdots & A_{n1}\\A_{12} & A_{22} & \cdots & A_{n2}\\\vdots & \vdots & & \vdots\\A_{1n} & A_{2n} & \cdots & A_{nn}\end{bmatrix}, \tag{2.4.2}$$

称其为 $\boldsymbol{A}$ 的伴随矩阵,它是将 $\boldsymbol{A}$ 的每一个元素换成其对应的代数余子式,然后转置得到的矩阵.

例 2.4.1 求矩阵 $\boldsymbol{A}$ 的伴随矩阵 $\boldsymbol{A}^{*}$,并计算 $\boldsymbol{AA}^{*}$.

$$\boldsymbol{A}=\begin{bmatrix}1 & 0 & 1\\2 & 1 & 2\\0 & 4 & 6\end{bmatrix}.$$

解 求 $\boldsymbol{A}$ 的各元素的代数余子式.

$$A_{11}=\begin{vmatrix}1&2\\4&6\end{vmatrix}=-2,\quad A_{21}=(-1)^{2+1}\begin{vmatrix}0&1\\4&6\end{vmatrix}=4,\quad A_{31}=(-1)^{3+1}\begin{vmatrix}0&1\\1&2\end{vmatrix}=-1,$$

$$A_{12}=(-1)^{1+2}\begin{vmatrix}2&2\\0&6\end{vmatrix}=-12,\ A_{22}=(-1)^{2+2}\begin{vmatrix}1&1\\0&6\end{vmatrix}=6,\ A_{32}=(-1)^{3+2}\begin{vmatrix}1&1\\2&2\end{vmatrix}=0,$$

$$A_{13}=(-1)^{1+3}\begin{vmatrix}2&1\\0&4\end{vmatrix}=8,\ A_{23}=(-1)^{2+3}\begin{vmatrix}1&0\\0&4\end{vmatrix}=-4,\ A_{33}=(-1)^{3+3}\begin{vmatrix}1&0\\2&1\end{vmatrix}=1,$$

得
$$\boldsymbol{A}^*=\begin{bmatrix}-2&4&-1\\-12&6&0\\8&-4&1\end{bmatrix}.$$

$$\boldsymbol{A}\boldsymbol{A}^*=\begin{bmatrix}1&0&1\\2&1&2\\0&4&6\end{bmatrix}\begin{bmatrix}-2&4&-1\\-12&6&0\\8&-4&1\end{bmatrix}=\begin{bmatrix}6&0&0\\0&6&0\\0&0&6\end{bmatrix}=6\boldsymbol{I}.$$

联系可逆矩阵的定义,这个例题给了求逆的一个很好的启示,于是有下列定理.

定理 2.3 n 阶方阵 $\boldsymbol{A}$ 可逆的充要条件是 $|\boldsymbol{A}|\neq 0$,且

$$\boldsymbol{A}^{-1}=\frac{\boldsymbol{A}^*}{|\boldsymbol{A}|},\tag{2.4.3}$$

其中 $\boldsymbol{A}^*$ 是式(2.4.2)所示的 $\boldsymbol{A}$ 的伴随矩阵.

证 必要性已在前面证明了.下证充分性,回顾第1章展开式(1.3.2).

$$\sum_{t=1}^{n}a_{it}A_{jt}=\begin{cases}|\boldsymbol{A}|, & i=j,\\ 0, & i\neq j,\end{cases}$$

则
$$\boldsymbol{A}\boldsymbol{A}^*=\begin{bmatrix}a_{11}&a_{12}&\cdots&a_{1n}\\a_{21}&a_{22}&\cdots&a_{2n}\\\vdots&\vdots&&\vdots\\a_{n1}&a_{n2}&\cdots&a_{nn}\end{bmatrix}\begin{bmatrix}A_{11}&A_{21}&\cdots&A_{n1}\\A_{12}&A_{22}&\cdots&A_{n2}\\\vdots&\vdots&&\vdots\\A_{1n}&A_{2n}&\cdots&A_{nn}\end{bmatrix}$$

$$=\begin{bmatrix}|\boldsymbol{A}|&&&\\&|\boldsymbol{A}|&&\\&&\ddots&\\&&&|\boldsymbol{A}|\end{bmatrix}=|\boldsymbol{A}|\begin{bmatrix}1&&&\\&1&&\\&&\ddots&\\&&&1\end{bmatrix}=|\boldsymbol{A}|\boldsymbol{I}.$$

由 $|\boldsymbol{A}|\neq 0$,故有 $\boldsymbol{A}\left[\dfrac{\boldsymbol{A}^*}{|\boldsymbol{A}|}\right]=\boldsymbol{I}$. 同理可得 $\left[\dfrac{\boldsymbol{A}^*}{|\boldsymbol{A}|}\right]\boldsymbol{A}=\boldsymbol{I}$,从而 $\boldsymbol{A}$ 可逆,且式(2.4.3)得证.

例 2.4.2 判别例 2.4.1 的矩阵 $\boldsymbol{A}$ 是否可逆?若可逆,试求 $\boldsymbol{A}^{-1}$.

解
$$|\boldsymbol{A}|=\begin{vmatrix}1&0&1\\2&1&2\\0&4&6\end{vmatrix}=6\neq 0,$$

故 $\boldsymbol{A}$ 可逆,由例 2.4.1 已求得 $\boldsymbol{A}$ 的伴随矩阵 $\boldsymbol{A}^*$,则

$$A^{-1}=\frac{A^*}{|A|}=\frac{1}{6}A^*=\begin{bmatrix}-1/3 & 2/3 & -1/6\\ -2 & 1 & 0\\ 4/3 & -2/3 & 1/6\end{bmatrix}.$$

例 2.4.3 讨论下列矩阵何时可逆,并在可逆时,求其逆矩阵.

$$(1)\ \boldsymbol{A}=\begin{bmatrix}a_{11} & a_{12}\\ a_{21} & a_{22}\end{bmatrix},\quad (2)\ \boldsymbol{B}=\begin{bmatrix}a_1 & & & \\ & a_2 & & \\ & & \ddots & \\ & & & a_n\end{bmatrix}.$$

解 (1) 当$|\boldsymbol{A}|=a_{11}a_{22}-a_{12}a_{21}\neq 0$时,$\boldsymbol{A}$可逆.此时$\boldsymbol{A}$的伴随矩阵为

$$\boldsymbol{A}^*=\begin{bmatrix}a_{22} & -a_{12}\\ -a_{21} & a_{11}\end{bmatrix},\quad \boldsymbol{A}^{-1}=\frac{1}{a_{11}a_{22}-a_{12}a_{21}}\begin{bmatrix}a_{22} & -a_{12}\\ -a_{21} & a_{11}\end{bmatrix}.$$

这是二阶可逆矩阵求逆公式.

(2) 当$|\boldsymbol{B}|=a_1a_2\cdots a_n\neq 0$时,$\boldsymbol{B}$可逆.此时由

$$\begin{bmatrix}a_1 & & & \\ & a_2 & & \\ & & \ddots & \\ & & & a_n\end{bmatrix}\begin{bmatrix}a_1^{-1} & & & \\ & a_2^{-1} & & \\ & & \ddots & \\ & & & a_n^{-1}\end{bmatrix}=\boldsymbol{I},$$

得

$$\boldsymbol{B}^{-1}=\begin{bmatrix}a_1^{-1} & & & \\ & a_2^{-1} & & \\ & & \ddots & \\ & & & a_n^{-1}\end{bmatrix}.$$

推论 对于n阶方阵$\boldsymbol{A}$、$\boldsymbol{B}$,若$\boldsymbol{AB}=\boldsymbol{I}$(或$\boldsymbol{BA}=\boldsymbol{I}$),则$\boldsymbol{A}$可逆,且$\boldsymbol{A}^{-1}=\boldsymbol{B}$.

证 由$\boldsymbol{AB}=\boldsymbol{I}$,$|\boldsymbol{A}||\boldsymbol{B}|=1$,得$|\boldsymbol{A}|\neq 0$,由定理2.3知$\boldsymbol{A}$有逆$\boldsymbol{A}^{-1}$.一方面$\boldsymbol{A}^{-1}(\boldsymbol{AB})=\boldsymbol{A}^{-1}\boldsymbol{I}=\boldsymbol{A}^{-1}$.另一方面$\boldsymbol{A}^{-1}(\boldsymbol{AB})=(\boldsymbol{A}^{-1}\boldsymbol{A})\boldsymbol{B}=\boldsymbol{B}$,故得$\boldsymbol{A}^{-1}=\boldsymbol{B}$.

例 2.4.4 已知n阶方阵$\boldsymbol{A}$满足$\boldsymbol{A}^2+3\boldsymbol{A}-2\boldsymbol{I}=\boldsymbol{0}$,证明:(1) $\boldsymbol{A}$可逆,并求$\boldsymbol{A}$的逆;(2) 证明$\boldsymbol{A}+2\boldsymbol{I}$可逆,并求$\boldsymbol{A}+2\boldsymbol{I}$的逆.

证 (1) 因为$\boldsymbol{A}(\boldsymbol{A}+3\boldsymbol{I})=2\boldsymbol{I}$,即$\boldsymbol{A}\left[\frac{\boldsymbol{A}+3\boldsymbol{I}}{2}\right]=\boldsymbol{I}$,所以$\boldsymbol{A}$可逆,且$\boldsymbol{A}^{-1}=\frac{\boldsymbol{A}+3\boldsymbol{I}}{2}$.

(2) 因为

$$(\boldsymbol{A}+2\boldsymbol{I})(\boldsymbol{A}+\boldsymbol{I})=\boldsymbol{A}^2+3\boldsymbol{A}+2\boldsymbol{I}=(\boldsymbol{A}^2+3\boldsymbol{A}-2\boldsymbol{I})+4\boldsymbol{I}=4\boldsymbol{I},$$

所以$\boldsymbol{A}+2\boldsymbol{I}$可逆,且$(\boldsymbol{A}+2\boldsymbol{I})^{-1}=\frac{1}{4}(\boldsymbol{A}+\boldsymbol{I})$.

例 2.4.5 证明n阶方阵$\boldsymbol{A}$、$\boldsymbol{B}$之积$\boldsymbol{AB}$可逆的充要条件是$\boldsymbol{A}$、$\boldsymbol{B}$都可逆.

证 因为$\boldsymbol{A}$、$\boldsymbol{B}$皆可逆的充要条件是$|\boldsymbol{A}|\neq 0$,$|\boldsymbol{B}|\neq 0$,则$|\boldsymbol{AB}|=|\boldsymbol{A}||\boldsymbol{B}|\neq 0$的充要条件是$|\boldsymbol{A}|\neq 0$,且$|\boldsymbol{B}|\neq 0$,故$\boldsymbol{AB}$可逆的充要条件是$\boldsymbol{A}$、$\boldsymbol{B}$都是可逆矩阵.

2.4.3 逆矩阵的运算性质

(1) $(\boldsymbol{A}^{-1})^{-1}=\boldsymbol{A}$.

(2) $(k\boldsymbol{A})^{-1}=\frac{1}{k}\boldsymbol{A}^{-1}$($k$ 为非零数).

(3) $|\boldsymbol{A}^{-1}|=\frac{1}{|\boldsymbol{A}|}=|\boldsymbol{A}|^{-1}$. (2.4.4)

(4) $(\boldsymbol{A}^{\mathrm{T}})^{-1}=(\boldsymbol{A}^{-1})^{\mathrm{T}}$.

(5) $(\boldsymbol{AB})^{-1}=\boldsymbol{B}^{-1}\boldsymbol{A}^{-1}$.

证 仅证(4)和(5).

(4) 因为$|\boldsymbol{A}^{\mathrm{T}}|=|\boldsymbol{A}|\neq 0$,所以 $\boldsymbol{A}^{\mathrm{T}}$ 可逆,又

$$\boldsymbol{A}^{\mathrm{T}}(\boldsymbol{A}^{-1})^{\mathrm{T}}=(\boldsymbol{A}^{-1}\boldsymbol{A})^{\mathrm{T}}=\boldsymbol{I}^{\mathrm{T}}=\boldsymbol{I},$$

由逆的定义知

$$(\boldsymbol{A}^{\mathrm{T}})^{-1}=(\boldsymbol{A}^{-1})^{\mathrm{T}}.$$

(5) 因为$(\boldsymbol{AB})(\boldsymbol{B}^{-1}\boldsymbol{A}^{-1})=\boldsymbol{A}(\boldsymbol{BB}^{-1})\boldsymbol{A}^{-1}=\boldsymbol{AIA}^{-1}=\boldsymbol{AA}^{-1}=\boldsymbol{I}$,故有

$$(\boldsymbol{AB})^{-1}=\boldsymbol{B}^{-1}\boldsymbol{A}^{-1}.$$

性质(5)可推广到 k 个可逆矩阵乘积的情况

$$(\boldsymbol{A}_1\boldsymbol{A}_2\cdots\boldsymbol{A}_k)^{-1}=\boldsymbol{A}_k^{-1}\boldsymbol{A}_{k-1}^{-1}\cdots\boldsymbol{A}_2^{-1}\boldsymbol{A}_1^{-1}.$$

还规定 $\boldsymbol{A}^{-k}=(\boldsymbol{A}^{-1})^k$($k$ 为正整数).

利用逆矩阵可以简洁地表示 n 元 n 个方程的线性方程组的解.设 $\boldsymbol{A}$ 为 n 阶可逆矩阵,对方程组

$$\boldsymbol{AX}=\boldsymbol{b}$$

两边左乘 $\boldsymbol{A}^{-1}$,得 $\boldsymbol{A}^{-1}\boldsymbol{AX}=\boldsymbol{A}^{-1}\boldsymbol{b}$,即得解为

$$\boldsymbol{X}=\boldsymbol{A}^{-1}\boldsymbol{b}.$$

同样,若 $\boldsymbol{A}$ 是 n 阶可逆矩阵,$\boldsymbol{B}$ 是任一 $n\times k$ 矩阵,则矩阵方程

$$\boldsymbol{AX}=\boldsymbol{B}_{n\times k},$$

有唯一解 $\boldsymbol{X}=\boldsymbol{A}^{-1}\boldsymbol{B}$.

例 2.4.6 设矩阵 $\boldsymbol{A}$、$\boldsymbol{B}$ 满足 $\boldsymbol{AB}=2\boldsymbol{B}+\boldsymbol{A}$,且 $\boldsymbol{A}=\begin{bmatrix}3&0&1\\1&1&0\\0&1&4\end{bmatrix}$,求矩阵 $\boldsymbol{B}$.

解 由 $\boldsymbol{AB}=2\boldsymbol{B}+\boldsymbol{A}$,有$(\boldsymbol{A}-2\boldsymbol{I})\boldsymbol{B}=\boldsymbol{A}$,因为

$$|\boldsymbol{A}-2\boldsymbol{I}|=\begin{bmatrix}1&0&1\\1&-1&0\\0&1&2\end{bmatrix}=-1\neq 0,$$

故 $\boldsymbol{A}-2\boldsymbol{I}$ 可逆,且

$$(\boldsymbol{A}-2\boldsymbol{I})^{-1}=\begin{bmatrix}2&-1&-1\\2&-2&-1\\-1&1&1\end{bmatrix},$$

从而得 $$B=(A-2I)^{-1}A=\begin{bmatrix}2&-1&-1\\2&-2&-1\\-1&1&1\end{bmatrix}\begin{bmatrix}3&0&1\\1&1&0\\0&1&4\end{bmatrix}=\begin{bmatrix}5&-2&-2\\4&-3&-2\\-2&2&3\end{bmatrix}.$$

例 2.4.7 使用矩阵方法可以进行通信方面的信息编码与解码.通常给每一个字母指定一个正整数,为简单起见,设其代码如表 2.2 所示.

表 2.2 代码

A	B	C	D	…	X	Y	Z
1	2	3	4	…	24	25	26

把要发送文字与一串数字对应,例如发送

send money,

用上述代码的编码为

19 5 14 ⋮ 4 13 15 ⋮ 14 5 25

写成三维向量形式 $X_1=\begin{bmatrix}19\\5\\14\end{bmatrix}$,$X_2=\begin{bmatrix}4\\13\\15\end{bmatrix}$,$X_3=\begin{bmatrix}14\\5\\25\end{bmatrix}$.现取一个可逆矩阵

$$A=\begin{bmatrix}1&2&3\\1&1&2\\0&1&2\end{bmatrix},\quad A^{-1}=\begin{bmatrix}0&1&-1\\2&-2&-1\\-1&1&1\end{bmatrix}.$$

利用矩阵乘法 $Y=AX$,将 X_1,X_2,X_3 进行变换为

$$AX_1=\begin{bmatrix}1&2&3\\1&1&2\\0&1&2\end{bmatrix}\begin{bmatrix}19\\5\\14\end{bmatrix}=\begin{bmatrix}71\\52\\33\end{bmatrix}=Y_1,$$

$$AX_2=\begin{bmatrix}1&2&3\\1&1&2\\0&1&2\end{bmatrix}\begin{bmatrix}4\\13\\15\end{bmatrix}=\begin{bmatrix}75\\47\\43\end{bmatrix}=Y_2,$$

$$AX_3=\begin{bmatrix}1&2&3\\1&1&2\\0&1&2\end{bmatrix}\begin{bmatrix}14\\5\\25\end{bmatrix}=\begin{bmatrix}99\\69\\55\end{bmatrix}=Y_3.$$

送出的信息密码 Y_1,Y_2,Y_3,再接收到这些信息密码后予以解码.用逆矩阵乘之,得

$$A^{-1}Y_1=\begin{bmatrix}0&1&-1\\2&-2&-1\\-1&1&1\end{bmatrix}\begin{bmatrix}71\\52\\33\end{bmatrix}=\begin{bmatrix}19\\5\\14\end{bmatrix}=X_1,$$

$$A^{-1}Y_2=\begin{bmatrix}0&1&-1\\2&-2&-1\\-1&1&1\end{bmatrix}\begin{bmatrix}75\\47\\43\end{bmatrix}=\begin{bmatrix}4\\13\\15\end{bmatrix}=X_2,$$

$$A^{-1}Y_3=\begin{bmatrix}0&1&-1\\2&-2&-1\\-1&1&1\end{bmatrix}\begin{bmatrix}99\\69\\55\end{bmatrix}=\begin{bmatrix}14\\5\\25\end{bmatrix}=X_3.$$

则接收到所传递的信息为 X_1, X_2, X_3.

练习 2.4

1. 求下面矩阵的逆：

(1) $A=\begin{bmatrix}a_1&&\\&a_2&\\&&a_3\end{bmatrix}$；　(2) $A=\begin{bmatrix}&&a_1\\&a_2&\\a_3&&\end{bmatrix}$，$a_1,a_2,a_3$ 皆非零；

(3) $A=\begin{bmatrix}1&2&3\\0&1&2\\0&0&1\end{bmatrix}$；　(4) $A=\begin{bmatrix}1&0&4\\2&2&7\\0&1&-2\end{bmatrix}$.

2. 解下列矩阵方程：

(1) $\begin{bmatrix}1&2&3\\-1&0&1\\3&3&4\end{bmatrix}X=\begin{bmatrix}2&1\\-1&0\\3&1\end{bmatrix}$；　(2) $\begin{bmatrix}1&2\\3&1\end{bmatrix}X\begin{bmatrix}1&0\\1&1\end{bmatrix}=\begin{bmatrix}0&1\\1&2\end{bmatrix}$；

(3) 已知 $A=\begin{bmatrix}1/3&&\\&1/4&\\&&1/7\end{bmatrix}$，求 B，使 $A^{-1}BA=6A+BA$.

3. (1) $A^3+2A^2+A-I=0$，证明 A 可逆，求 A^{-1}.

(2) $A^2-A-4I=0$，证明 $A+I$ 可逆，求 $(I+A)^{-1}$.

(3) 若 A,B 为 n 阶方阵，B 可逆且 $A^2-B+AB=0$，证明 A 可逆.

4. 判断题：

(1) 若 $A\neq 0$，$AB=AC$，则 $B=C$.

(2) A 或 B 不可逆，则 AB 不可逆.

(3) $A^{T}A=I$，则 $A^{-1}=A^{T}$.

(4) $(2A)^{-1}=2A^{-1}$.

(5) $(A+B)^{-1}=A^{-1}+B^{-1}$.

(6) $(A^{-1})^2=(A^2)^{-1}$.

(7) n 阶方阵 A 可逆，B 不可逆，则 $A+B$ 必不可逆.

2.5 分块矩阵

矩阵的分块是把矩阵分成若干小块，把每一小块看作一个新矩阵的元素，这样就把阶数较高的矩阵化为较低阶的矩阵，从而简化表示，便于运算. 而且某些矩阵经过适当分块,可使其结构简洁明了,易看出所要研究问题的特征.

用一些贯穿于矩阵的纵线和横线分矩阵为若干块,每小块叫做矩阵的子块(子矩阵),以子块为元素的形式矩阵叫做分块矩阵.例如

$$\boldsymbol{A}=\left[\begin{array}{cc:ccc}1&2&1&0&1\\1&0&2&1&2\\\hdashline 1&0&5&1&0\\0&1&1&4&1\end{array}\right]=\begin{bmatrix}\boldsymbol{A}_{11}&\boldsymbol{A}_{12}\\\boldsymbol{A}_{21}&\boldsymbol{A}_{22}\end{bmatrix},$$

其中子块
$$\boldsymbol{A}_{11}=\begin{bmatrix}1&2\\1&0\end{bmatrix},\quad \boldsymbol{A}_{12}=\begin{bmatrix}1&0&1\\2&1&2\end{bmatrix},$$

$$\boldsymbol{A}_{21}=\begin{bmatrix}1&0\\0&1\end{bmatrix},\quad \boldsymbol{A}_{22}=\begin{bmatrix}5&1&0\\1&4&1\end{bmatrix}.$$

也可把 $\boldsymbol{A}$ 分为
$$\boldsymbol{A}=\left[\begin{array}{cc:cc:c}1&2&1&0&1\\1&0&2&1&2\\\hdashline 1&0&5&1&0\\0&1&1&4&1\end{array}\right]=\begin{bmatrix}\boldsymbol{A}'_{11}&\boldsymbol{A}'_{12}&\boldsymbol{A}'_{13}\\\boldsymbol{A}'_{21}&\boldsymbol{A}'_{22}&\boldsymbol{A}'_{23}\end{bmatrix}.$$

有时把 $\boldsymbol{A}$ 按列分块

$$\boldsymbol{A}=\begin{bmatrix}a_{11}&a_{12}&\cdots&a_{1n}\\a_{21}&a_{22}&\cdots&a_{2n}\\\vdots&\vdots&&\vdots\\a_{m1}&a_{m2}&\cdots&a_{mn}\end{bmatrix}=(\boldsymbol{A}_1\quad\boldsymbol{A}_2\quad\cdots\quad\boldsymbol{A}_n),$$

其中 $\boldsymbol{A}_i=(a_{1i},a_{2i},\cdots,a_{mi})^{\mathrm{T}}$ 是一列矩阵,又叫列向量.若把 $\boldsymbol{A}$ 按行分块,则

$$\boldsymbol{A}=\begin{bmatrix}\boldsymbol{B}_1\\\boldsymbol{B}_2\\\vdots\\\boldsymbol{B}_m\end{bmatrix},$$

其中 $\boldsymbol{B}_i=(a_{i1},a_{i2},\cdots,a_{in})$是一行矩阵,又叫行向量.

1. 分块矩阵的加法

设 $\boldsymbol{A},\boldsymbol{B}$ 为 $m\times n$ 矩阵,用相同分法把 $\boldsymbol{A},\boldsymbol{B}$ 分块为

$$\boldsymbol{A}=\begin{bmatrix}\boldsymbol{A}_{11}&\boldsymbol{A}_{12}&\cdots&\boldsymbol{A}_{1s}\\\boldsymbol{A}_{21}&\boldsymbol{A}_{22}&\cdots&\boldsymbol{A}_{2s}\\\vdots&\vdots&&\vdots\\\boldsymbol{A}_{r1}&\boldsymbol{A}_{r2}&\cdots&\boldsymbol{A}_{rs}\end{bmatrix},\quad \boldsymbol{B}=\begin{bmatrix}\boldsymbol{B}_{11}&\boldsymbol{B}_{12}&\cdots&\boldsymbol{B}_{1s}\\\boldsymbol{B}_{21}&\boldsymbol{B}_{22}&\cdots&\boldsymbol{B}_{2s}\\\vdots&\vdots&&\vdots\\\boldsymbol{B}_{r1}&\boldsymbol{B}_{r2}&\cdots&\boldsymbol{B}_{rs}\end{bmatrix},$$

其中每一个 $\boldsymbol{A}_{ij}$ 与 $\boldsymbol{B}_{ij}$ 是同型子块矩阵,则

$$\boldsymbol{A}+\boldsymbol{B}=\begin{bmatrix}\boldsymbol{A}_{11}+\boldsymbol{B}_{11}&\boldsymbol{A}_{12}+\boldsymbol{B}_{12}&\cdots&\boldsymbol{A}_{1s}+\boldsymbol{B}_{1s}\\\boldsymbol{A}_{21}+\boldsymbol{B}_{21}&\boldsymbol{A}_{22}+\boldsymbol{B}_{22}&\cdots&\boldsymbol{A}_{2s}+\boldsymbol{B}_{2s}\\\vdots&\vdots&&\vdots\\\boldsymbol{A}_{r1}+\boldsymbol{B}_{r1}&\boldsymbol{A}_{r2}+\boldsymbol{B}_{r2}&\cdots&\boldsymbol{A}_{rs}+\boldsymbol{B}_{rs}\end{bmatrix}. \tag{2.5.1}$$

2. 数乘分块矩阵

$$k\boldsymbol{A}=\begin{bmatrix} k\boldsymbol{A}_{11} & k\boldsymbol{A}_{12} & \cdots & k\boldsymbol{A}_{1s} \\ k\boldsymbol{A}_{21} & k\boldsymbol{A}_{22} & \cdots & k\boldsymbol{A}_{2s} \\ \vdots & \vdots & & \vdots \\ k\boldsymbol{A}_{r1} & k\boldsymbol{A}_{r2} & \cdots & k\boldsymbol{A}_{rs} \end{bmatrix}. \tag{2.5.2}$$

3. 分块矩阵的转置

$$\boldsymbol{A}^{\mathrm{T}}=\begin{bmatrix} \boldsymbol{A}_{11}^{\mathrm{T}} & \boldsymbol{A}_{21}^{\mathrm{T}} & \cdots & \boldsymbol{A}_{r1}^{\mathrm{T}} \\ \boldsymbol{A}_{12}^{\mathrm{T}} & \boldsymbol{A}_{22}^{\mathrm{T}} & \cdots & \boldsymbol{A}_{r2}^{\mathrm{T}} \\ \vdots & \vdots & & \vdots \\ \boldsymbol{A}_{1s}^{\mathrm{T}} & \boldsymbol{A}_{2s}^{\mathrm{T}} & \cdots & \boldsymbol{A}_{rs}^{\mathrm{T}} \end{bmatrix}, \tag{2.5.3}$$

即转置一个分块矩阵，不仅整个分块矩阵按块转置，而且每一块都要做转置. 例如

$$\boldsymbol{A}=\left[\begin{array}{cc:cc} 1 & 2 & 2 & 1 \\ 0 & 1 & 4 & 5 \\ \hdashline 1 & 4 & 3 & 5 \end{array}\right], \quad \boldsymbol{A}^{\mathrm{T}}=\left[\begin{array}{cc:c} 1 & 0 & 1 \\ 2 & 1 & 4 \\ \hdashline 2 & 4 & 3 \\ 1 & 5 & 5 \end{array}\right].$$

4. 分块矩阵的乘法

设 $\boldsymbol{A}$ 为 $m\times k$ 矩阵，$\boldsymbol{B}$ 为 $k\times n$ 矩阵，对 $\boldsymbol{A},\boldsymbol{B}$ 做分块，使 $\boldsymbol{A}$ 的列分块法与 $\boldsymbol{B}$ 的行分块法相同.

$$\boldsymbol{A}_{m\times k}=\begin{array}{c} \begin{array}{cccc} k_1 & k_2 & & k_s \end{array} \\ \begin{bmatrix} \boldsymbol{A}_{11} & \boldsymbol{A}_{12} & \cdots & \boldsymbol{A}_{1s} \\ \boldsymbol{A}_{21} & \boldsymbol{A}_{22} & \cdots & \boldsymbol{A}_{2s} \\ \vdots & \vdots & & \vdots \\ \boldsymbol{A}_{r1} & \boldsymbol{A}_{r2} & \cdots & \boldsymbol{A}_{rs} \end{bmatrix} \end{array} \begin{array}{c} m_1 \\ m_2 \\ \\ m_r \end{array}, \quad \boldsymbol{B}_{k\times n}=\begin{array}{c} \begin{array}{cccc} n_1 & n_2 & & n_p \end{array} \\ \begin{bmatrix} \boldsymbol{B}_{11} & \boldsymbol{B}_{12} & \cdots & \boldsymbol{B}_{1p} \\ \boldsymbol{B}_{21} & \boldsymbol{B}_{22} & \cdots & \boldsymbol{B}_{2p} \\ \vdots & \vdots & & \vdots \\ \boldsymbol{B}_{s1} & \boldsymbol{B}_{s2} & \cdots & \boldsymbol{B}_{sp} \end{bmatrix} \end{array} \begin{array}{c} k_1 \\ k_2 \\ \\ k_s \end{array},$$

其中子块 $\boldsymbol{A}_{it}$ 为 $m_i\times k_t$ 阶，$\boldsymbol{B}_{tj}$ 为 $k_t\times n_j$ 阶，$\sum\limits_{i=1}^{r}m_i=m$，$\sum\limits_{t=1}^{s}k_t=k$，$\sum\limits_{j=1}^{p}n_j=n$，则

$$\boldsymbol{AB}=\boldsymbol{C}=\begin{bmatrix} \boldsymbol{C}_{11} & \boldsymbol{C}_{12} & \cdots & \boldsymbol{C}_{1p} \\ \boldsymbol{C}_{21} & \boldsymbol{C}_{22} & \cdots & \boldsymbol{C}_{2p} \\ \vdots & \vdots & & \vdots \\ \boldsymbol{C}_{r1} & \boldsymbol{C}_{r2} & \cdots & \boldsymbol{C}_{rp} \end{bmatrix}, \tag{2.5.4}$$

其中 $\boldsymbol{C}_{ij}=\sum\limits_{t=1}\boldsymbol{A}_{it}\boldsymbol{B}_{tj}$ 是 $m_i\times n_j$ 阶子矩阵，这与普通矩阵乘法规则在形式上是相同的.

可见，要使矩阵的分块乘法能够进行，在分块时必须满足如下条件.

(1) 左矩阵 $\boldsymbol{A}$ 的列块数应等于右矩阵 $\boldsymbol{B}$ 的行块数.

(2) 左子块 $\boldsymbol{A}_{it}$ 的列数应等于与之对应相乘的右子块 $\boldsymbol{B}_{tj}$ 的行数.

例 2.5.1 用分块法计算 $\boldsymbol{AB}$，其中

$$A=\left[\begin{array}{cc:c}2 & 0 & 5\\ \hdashline 4 & 2 & 1\\ 0 & -1 & 2\end{array}\right]=\left[\begin{array}{c:c}A_{11} & A_{12}\\ \hdashline A_{21} & A_{22}\end{array}\right],$$

$$B=\left[\begin{array}{c:cc:c}1 & 2 & 4 & -1\\ 5 & 3 & 1 & 0\\ \hdashline -1 & 0 & 2 & 3\end{array}\right]=\begin{bmatrix}B_{11} & B_{12} & B_{13}\\ B_{21} & B_{22} & B_{23}\end{bmatrix},$$

则
$$C_{11}=A_{11}B_{11}+A_{12}B_{21}=(2,0)\begin{bmatrix}1\\5\end{bmatrix}+(5)(-1)=(-3),$$

$$C_{12}=A_{11}B_{12}+A_{12}B_{22}=(2,0)\begin{bmatrix}2 & 4\\3 & 1\end{bmatrix}+(5)(0,2)=(4,18),$$

$$C_{13}=A_{11}B_{13}+A_{12}B_{23}=(2,0)\begin{bmatrix}-1\\0\end{bmatrix}+(5)(3)=(13),$$

$$C_{21}=A_{21}B_{11}+A_{22}B_{21}=\begin{bmatrix}4 & 2\\0 & -1\end{bmatrix}\begin{bmatrix}1\\5\end{bmatrix}+\begin{bmatrix}1\\2\end{bmatrix}(-1)=\begin{bmatrix}13\\-7\end{bmatrix},$$

$$C_{22}=A_{21}B_{12}+A_{22}B_{22}=\begin{bmatrix}4 & 2\\0 & -1\end{bmatrix}\begin{bmatrix}2 & 4\\3 & 1\end{bmatrix}+\begin{bmatrix}1\\2\end{bmatrix}(0,2)=\begin{bmatrix}14 & 20\\-3 & 3\end{bmatrix},$$

$$C_{23}=A_{21}B_{13}+A_{22}B_{23}=\begin{bmatrix}4 & 2\\0 & -1\end{bmatrix}\begin{bmatrix}-1\\0\end{bmatrix}+\begin{bmatrix}1\\2\end{bmatrix}(3)=\begin{bmatrix}-1\\6\end{bmatrix},$$

故
$$AB=\begin{bmatrix}C_{11} & C_{12} & C_{13}\\ C_{21} & C_{22} & C_{23}\end{bmatrix}=\left[\begin{array}{c:cc:c}-3 & 4 & 18 & 13\\ \hdashline 13 & 14 & 20 & -1\\ -7 & -3 & 3 & 6\end{array}\right].$$

对于矩阵的分块运算,首先是要注意分法的合理性,特别是分块矩阵的乘积,应当使第一矩阵的列分块法与第二矩阵的行分块法相同.其次要结合矩阵元素分布的结构特点及实际的要求来权衡分法,以期取得简化运算的效果.

5. 分块对角矩阵(准对角矩阵)及分块三角矩阵

若分块 n 阶矩阵具有下面形状

$$A=\begin{bmatrix}A_1 & & & \\ & A_2 & & \\ & & \ddots & \\ & & & A_s\end{bmatrix},$$

其中 A 的主对角线上的每一子块 $A_i\,(i=1,2,\cdots,s)$ 都是方矩阵,对角线外子块都为零子块,称 A 为**分块对角矩阵**,或**准对角矩阵**.

设 A,B 为两个 n 阶分块对角矩阵

$$A=\begin{bmatrix}A_1 & & & \\ & A_2 & & \\ & & \ddots & \\ & & & A_s\end{bmatrix},\quad B=\begin{bmatrix}B_1 & & & \\ & B_2 & & \\ & & \ddots & \\ & & & B_s\end{bmatrix},$$

其中 $\boldsymbol{A}_i,\boldsymbol{B}_i$ 为同阶子块矩阵，则 $\boldsymbol{A}$ 与 $\boldsymbol{B}$ 之积为

$$\boldsymbol{AB}=\begin{bmatrix}\boldsymbol{A}_1\boldsymbol{B}_1 & & & \\ & \boldsymbol{A}_2\boldsymbol{B}_2 & & \\ & & \ddots & \\ & & & \boldsymbol{A}_s\boldsymbol{B}_s\end{bmatrix}.$$

分块对角矩阵 $\boldsymbol{A}$ 的行列式有如下计算公式

$$|\boldsymbol{A}|=|\boldsymbol{A}_1||\boldsymbol{A}_2|\cdots|\boldsymbol{A}_s|.$$

$|\boldsymbol{A}|\neq 0$ 的充要条件是每一个 $|\boldsymbol{A}_i|\neq 0$，从而推得：分块对角矩阵 $\boldsymbol{A}$ 可逆的充要条件是每一个子矩阵 $\boldsymbol{A}_i$ 可逆，且有

$$\boldsymbol{A}^{-1}=\begin{bmatrix}\boldsymbol{A}_1^{-1} & & & \\ & \boldsymbol{A}_2^{-1} & & \\ & & \ddots & \\ & & & \boldsymbol{A}_s^{-1}\end{bmatrix}. \tag{2.5.5}$$

例 2.5.2 设 $\boldsymbol{A}=\begin{bmatrix}2 & -1 & 0 & 0 & 0\\ 2 & 1 & 0 & 0 & 0\\ 0 & 0 & 1 & 2 & 3\\ 0 & 0 & 2 & 5 & 1\\ 0 & 0 & 0 & 0 & 1\end{bmatrix}$，求 $\boldsymbol{A}^{-1}$.

解 对 $\boldsymbol{A}$ 做如下分块：

$$\boldsymbol{A}=\begin{bmatrix}\boldsymbol{A}_1 & \boldsymbol{0}\\ \boldsymbol{0} & \boldsymbol{A}_2\end{bmatrix},$$

其中

$$\boldsymbol{A}_1=\begin{bmatrix}2 & -1\\ 2 & 1\end{bmatrix},\quad \boldsymbol{A}_2=\begin{bmatrix}1 & 2 & 3\\ 2 & 5 & 1\\ 0 & 0 & 1\end{bmatrix}.$$

$\boldsymbol{A}_1,\boldsymbol{A}_2$ 的逆矩阵分别为

$$\boldsymbol{A}_1^{-1}=\frac{1}{4}\begin{bmatrix}1 & 1\\ -2 & 2\end{bmatrix},\quad \boldsymbol{A}_2^{-1}=\begin{bmatrix}5 & -2 & -13\\ -2 & 1 & 5\\ 0 & 0 & 1\end{bmatrix},$$

故

$$\boldsymbol{A}^{-1}=\begin{bmatrix}\boldsymbol{A}_1^{-1} & \boldsymbol{0}\\ \boldsymbol{0} & \boldsymbol{A}_2^{-1}\end{bmatrix}=\begin{bmatrix}1/4 & 1/4 & 0 & 0 & 0\\ -1/2 & 1/2 & 0 & 0 & 0\\ 0 & 0 & 5 & -2 & -13\\ 0 & 0 & -2 & 1 & 5\\ 0 & 0 & 0 & 0 & 1\end{bmatrix}.$$

例 2.5.3 设矩阵 $\boldsymbol{A}=\begin{bmatrix}\boldsymbol{A}_1 & \boldsymbol{0}\\ \boldsymbol{A}_3 & \boldsymbol{A}_4\end{bmatrix}$，$\boldsymbol{A}_1,\boldsymbol{A}_4$ 分别为 r 阶和 s 阶方子块，称 $\boldsymbol{A}$ 为准三角矩阵. 若 $\boldsymbol{A}$ 可逆，求 $\boldsymbol{A}^{-1}$.

解　因 $\boldsymbol{A}$ 可逆，由第 1 章式(1.3.6)知，$|\boldsymbol{A}|=|\boldsymbol{A}_1||\boldsymbol{A}_4|\neq 0$，$|\boldsymbol{A}_1|\neq 0$，$|\boldsymbol{A}_4|\neq 0$，因而 $\boldsymbol{A}_1,\boldsymbol{A}_4$ 有逆. 设 $\boldsymbol{A}$ 的逆为 $\boldsymbol{A}^{-1}$，并按如下分块：

$$\boldsymbol{A}^{-1}=\begin{bmatrix}\boldsymbol{X}_1 & \boldsymbol{X}_2\\ \boldsymbol{X}_3 & \boldsymbol{X}_4\end{bmatrix},$$

其中 $\boldsymbol{X}_1$ 是 r 阶方阵，$\boldsymbol{X}_4$ 是 s 阶方阵，由 $\boldsymbol{A}\boldsymbol{A}^{-1}=\boldsymbol{I}$ 有

$$\boldsymbol{A}\boldsymbol{A}^{-1}=\begin{bmatrix}\boldsymbol{A}_1 & \boldsymbol{0}\\ \boldsymbol{A}_3 & \boldsymbol{A}_4\end{bmatrix}\begin{bmatrix}\boldsymbol{X}_1 & \boldsymbol{X}_2\\ \boldsymbol{X}_3 & \boldsymbol{X}_4\end{bmatrix}=\begin{bmatrix}\boldsymbol{A}_1\boldsymbol{X}_1 & \boldsymbol{A}_1\boldsymbol{X}_2\\ \boldsymbol{A}_3\boldsymbol{X}_1+\boldsymbol{A}_4\boldsymbol{X}_3 & \boldsymbol{A}_3\boldsymbol{X}_2+\boldsymbol{A}_4\boldsymbol{X}_4\end{bmatrix}=\begin{bmatrix}\boldsymbol{I}_r & \boldsymbol{0}\\ \boldsymbol{0} & \boldsymbol{I}_s\end{bmatrix}.$$

比较上式最后两个分块矩阵，得

$$\begin{cases}\boldsymbol{A}_1\boldsymbol{X}_1=\boldsymbol{I}_r,\\ \boldsymbol{A}_1\boldsymbol{X}_2=\boldsymbol{0},\\ \boldsymbol{A}_3\boldsymbol{X}_1+\boldsymbol{A}_4\boldsymbol{X}_3=\boldsymbol{0},\\ \boldsymbol{A}_3\boldsymbol{X}_2+\boldsymbol{A}_4\boldsymbol{X}_4=\boldsymbol{I}_s.\end{cases}$$

因 $\boldsymbol{A}_1$ 可逆，由上面第 1、2 个方程得

$$\boldsymbol{X}_1=\boldsymbol{A}_1^{-1},\quad \boldsymbol{X}_2=\boldsymbol{0}.$$

再由第 3 个方程得 $\boldsymbol{A}_4\boldsymbol{X}_3=-\boldsymbol{A}_3\boldsymbol{X}_1$，两边左乘 $\boldsymbol{A}_4^{-1}$，得

$$\boldsymbol{X}_3=-\boldsymbol{A}_4^{-1}\boldsymbol{A}_3\boldsymbol{X}_1=-\boldsymbol{A}_4^{-1}\boldsymbol{A}_3\boldsymbol{A}_1^{-1}.$$

由第 4 个方程 $\boldsymbol{A}_4\boldsymbol{X}_4=\boldsymbol{I}_s$，得 $\boldsymbol{X}_4=\boldsymbol{A}_4^{-1}$，故 $\boldsymbol{A}$ 的逆为

$$\boldsymbol{A}^{-1}=\begin{bmatrix}\boldsymbol{A}_1^{-1} & \boldsymbol{0}\\ -\boldsymbol{A}_4^{-1}\boldsymbol{A}_3\boldsymbol{A}_1^{-1} & \boldsymbol{A}_4^{-1}\end{bmatrix}.$$

练习 2.5

1. $\boldsymbol{A},\boldsymbol{B},\boldsymbol{0}$ 为 n 阶方阵，$\boldsymbol{I}$ 为单位矩阵，求：

(1) $\boldsymbol{A}^{-1}(\boldsymbol{A} \vdots \boldsymbol{I})$；　(2) $(\boldsymbol{A} \vdots \boldsymbol{I})^{\mathrm{T}}(\boldsymbol{A}^{-1} \vdots \boldsymbol{I})$；　(3) $\begin{bmatrix}\boldsymbol{A}\\ \boldsymbol{I}\end{bmatrix}\boldsymbol{A}^{-1}$；

(4) $\begin{bmatrix}\boldsymbol{0} & \boldsymbol{I}\\ \boldsymbol{I} & \boldsymbol{0}\end{bmatrix}\begin{bmatrix}\boldsymbol{A}\\ \cdots\\ \boldsymbol{B}\end{bmatrix}$；　(5) $\begin{bmatrix}\boldsymbol{I} & \boldsymbol{0}\\ \boldsymbol{0} & \boldsymbol{0}\end{bmatrix}\begin{bmatrix}\boldsymbol{A}\\ \cdots\\ \boldsymbol{B}\end{bmatrix}$；　(6) $(\boldsymbol{A} \vdots \boldsymbol{B})\begin{bmatrix}\boldsymbol{0} & \boldsymbol{0}\\ \boldsymbol{0} & \boldsymbol{I}\end{bmatrix}$.

2. 求矩阵的逆：

(1) $\boldsymbol{A}=\begin{bmatrix}2 & 1 & 0 & 0\\ 0 & 1 & 0 & 0\\ 0 & 0 & 1 & 0\\ 0 & 0 & 2 & 1\end{bmatrix}$；　(2) $\boldsymbol{B}=\begin{bmatrix}1 & 3 & 0 & 0\\ 2 & 7 & 0 & 0\\ 1 & 0 & 1 & 3\\ 0 & 1 & 2 & 1\end{bmatrix}$.

3. 设 $\boldsymbol{A},\boldsymbol{B}$ 为 n 阶可逆矩阵，证明：$\begin{bmatrix}\boldsymbol{0} & \boldsymbol{A}\\ \boldsymbol{B} & \boldsymbol{0}\end{bmatrix}^{-1}=\begin{bmatrix}\boldsymbol{0} & \boldsymbol{B}^{-1}\\ \boldsymbol{A}^{-1} & \boldsymbol{0}\end{bmatrix}$，并求

$$C=\begin{bmatrix} 0 & 1 & 0 & \cdots & 0 \\ 0 & 0 & 2 & \cdots & 0 \\ \vdots & \vdots & \vdots & & \vdots \\ 0 & 0 & \cdots & 0 & n-1 \\ n & 0 & \cdots & 0 & 0 \end{bmatrix}$$

的逆.

4. $\boldsymbol{A},\boldsymbol{B}$ 为 n 阶方阵,举例说明(用 $n=2$)

$$\begin{vmatrix} \boldsymbol{A} & \boldsymbol{B} \\ \boldsymbol{B} & \boldsymbol{A} \end{vmatrix} \neq |\boldsymbol{A}^2-\boldsymbol{B}^2|.$$

内容小结

主要概念

转置矩阵,对称矩阵,反对称矩阵,逆矩阵,伴随矩阵.

基本内容

1. 矩阵的加法、数乘、乘法运算

(1) 矩阵的加法、数乘的运算律与数的运算律相同.

(2) 矩阵乘法的结合律、分配律与数的运算律相同,但应注意下面相异的三点.

① 交换律一般不成立:即 $\boldsymbol{AB}\neq\boldsymbol{BA}$.

② 若 $\boldsymbol{AB}=\boldsymbol{0}$,不一定有 $\boldsymbol{A}=\boldsymbol{0}$ 或 $\boldsymbol{B}=\boldsymbol{0}$.

③ 消去律一般不成立:若 $\boldsymbol{AB}=\boldsymbol{AC}$,不一定有 $\boldsymbol{B}=\boldsymbol{C}$.

但若 $\boldsymbol{A}$ 可逆,且 $\boldsymbol{AB}=\boldsymbol{AC}$,则必有 $\boldsymbol{B}=\boldsymbol{C}$.

2. 矩阵转置及方阵行列式运算

(1) $(\boldsymbol{A}^{\mathrm{T}})^{\mathrm{T}}=\boldsymbol{A}$;$(\boldsymbol{A}+\boldsymbol{B})^{\mathrm{T}}=\boldsymbol{A}^{\mathrm{T}}+\boldsymbol{B}^{\mathrm{T}}$;$(k\boldsymbol{A})^{\mathrm{T}}=k\boldsymbol{A}^{\mathrm{T}}$;$(\boldsymbol{AB})^{\mathrm{T}}=\boldsymbol{B}^{\mathrm{T}}\boldsymbol{A}^{\mathrm{T}}$.

(2) $|\boldsymbol{A}^{\mathrm{T}}|=|\boldsymbol{A}|$;$|\boldsymbol{A}^{\mathrm{T}}+\boldsymbol{B}^{\mathrm{T}}|=|\boldsymbol{A}+\boldsymbol{B}|$;$|k\boldsymbol{A}|=k^n|\boldsymbol{A}|$;$|\boldsymbol{AB}|=|\boldsymbol{A}||\boldsymbol{B}|$.

其中 k 为数,$\boldsymbol{A},\boldsymbol{B}$ 为 n 阶方阵. 注意,$|\boldsymbol{A}+\boldsymbol{B}|\neq|\boldsymbol{A}|+|\boldsymbol{B}|$.

3. 矩阵的逆

(1) 运算性质.

① $(\boldsymbol{A}^{-1})^{-1}=\boldsymbol{A}$; ② $|\boldsymbol{A}^{-1}|=\dfrac{1}{|\boldsymbol{A}|}=|\boldsymbol{A}|^{-1}$;

③ $(k\boldsymbol{A})^{-1}=\dfrac{1}{k}\boldsymbol{A}^{-1}$; ④ $(\boldsymbol{A}^{\mathrm{T}})^{-1}=(\boldsymbol{A}^{-1})^{\mathrm{T}}$;

⑤ $(\boldsymbol{AB})^{-1}=\boldsymbol{B}^{-1}\boldsymbol{A}^{-1}$; ⑥ $\boldsymbol{AA}^*=\boldsymbol{A}^*\boldsymbol{A}=|\boldsymbol{A}|\boldsymbol{I}$.

注意$(\boldsymbol{A}+\boldsymbol{B})^{-1}\neq\boldsymbol{A}^{-1}+\boldsymbol{B}^{-1}$.

(2) 矩阵逆的求法.

① 公式法:$\boldsymbol{A}^{-1}=\dfrac{\boldsymbol{A}^*}{|\boldsymbol{A}|}$.

② 定义法:将已知关系式变形为 $\boldsymbol{AB}=\boldsymbol{I}$,则 $\boldsymbol{A}^{-1}=\boldsymbol{B}$.

(3) 矩阵可逆的判别.

n 阶方阵 $\boldsymbol{A}$ 可逆$\Leftrightarrow$存在 $\boldsymbol{B}_{n\times n}$,使 $\boldsymbol{AB}=\boldsymbol{I}\Leftrightarrow|\boldsymbol{A}|\neq 0$.

4. 分块对角矩阵的求逆及乘积

$$\begin{bmatrix}\boldsymbol{A}_1 & & & \\ & \boldsymbol{A}_2 & & \\ & & \ddots & \\ & & & \boldsymbol{A}_s\end{bmatrix}^{-1}=\begin{bmatrix}\boldsymbol{A}_1^{-1} & & & \\ & \boldsymbol{A}_2^{-1} & & \\ & & \ddots & \\ & & & \boldsymbol{A}_s^{-1}\end{bmatrix}.$$

$$\begin{bmatrix}\boldsymbol{A}_1 & & & \\ & \boldsymbol{A}_2 & & \\ & & \ddots & \\ & & & \boldsymbol{A}_s\end{bmatrix}\begin{bmatrix}\boldsymbol{B}_1 & & & \\ & \boldsymbol{B}_2 & & \\ & & \ddots & \\ & & & \boldsymbol{B}_s\end{bmatrix}=\begin{bmatrix}\boldsymbol{A}_1\boldsymbol{B}_1 & & & \\ & \boldsymbol{A}_2\boldsymbol{B}_2 & & \\ & & \ddots & \\ & & & \boldsymbol{A}_s\boldsymbol{B}_s\end{bmatrix},$$

其中 $\boldsymbol{A}_i$ 与 $\boldsymbol{B}_i$ 为同阶方子块.

综合练习 2

1. 填空题:

(1) $\boldsymbol{\alpha}=\begin{bmatrix}1\\0\\-1\end{bmatrix}$,$\boldsymbol{A}=\boldsymbol{\alpha\alpha}^{\mathrm{T}}$,则 $|2\boldsymbol{I}+\boldsymbol{A}^n|=$______.

(2) $\boldsymbol{A}$ 为三阶方阵,$\boldsymbol{A}_{3\times 3}=(\boldsymbol{\alpha}_1,\boldsymbol{\alpha}_2,\boldsymbol{\alpha}_3)$,$|\boldsymbol{A}|=5$,则 $|\boldsymbol{\alpha}_1+2\boldsymbol{\alpha}_2,\boldsymbol{\alpha}_2,2\boldsymbol{\alpha}_3|=$______.

(3) $\boldsymbol{A}$,$\boldsymbol{B}$ 为三阶方阵,$\boldsymbol{A}=(\boldsymbol{\alpha}_1,\boldsymbol{\alpha}_2,\boldsymbol{\alpha}_3)$,$\boldsymbol{B}=(\boldsymbol{\alpha}_1,\boldsymbol{\alpha}_2,\boldsymbol{\alpha}_4)$,且 $|\boldsymbol{A}|=2$,$|\boldsymbol{B}|=3$,其中 $\boldsymbol{\alpha}_1,\boldsymbol{\alpha}_2,\boldsymbol{\alpha}_3,\boldsymbol{\alpha}_4$ 为 3 维列向量,则 $|\boldsymbol{A}+\boldsymbol{B}|=$______.

(4) $\boldsymbol{A}=\begin{bmatrix}1 & 1\\0 & 2\end{bmatrix}$,则 $|3\boldsymbol{A}^{-1}\boldsymbol{A}^*|=$______.

(5) $\boldsymbol{A}=\begin{bmatrix}1 & 2 & 0 & 0\\-1 & 0 & 0 & 0\\0 & 0 & a & 1\\0 & 0 & 1 & a\end{bmatrix}$可逆,则 $a=$______,$\boldsymbol{A}^{-1}=$______.

2. 判断题:

(1) 两 n 阶对称矩阵之积仍为对称矩阵,两 n 阶反对称矩阵之积仍为反对称矩阵.

(2) $(k\boldsymbol{A})^*=k\boldsymbol{A}^*$.

(3) $\boldsymbol{A}$,$\boldsymbol{B}$ 为 n 阶矩阵,若 $\boldsymbol{AB}+\boldsymbol{B}=\boldsymbol{I}$,则 $\boldsymbol{BA}+\boldsymbol{B}=\boldsymbol{I}$.

(4) $\boldsymbol{A}$,$\boldsymbol{B}$,$\boldsymbol{C}$ 为 n 阶方阵,若 $\boldsymbol{ABC}=\boldsymbol{I}$,则 $\boldsymbol{BCA}=\boldsymbol{I}$.

(5) $\boldsymbol{A}$,$\boldsymbol{B}$,$\boldsymbol{C}$ 为 n 阶方阵,若 $\boldsymbol{ABC}=\boldsymbol{I}$,则 $\boldsymbol{ACB}=\boldsymbol{I}$.

(6) $\boldsymbol{A},\boldsymbol{B}$ 为 n 阶方阵，$\boldsymbol{A}$ 可逆，且 $\boldsymbol{AB}=\boldsymbol{BA}$，则 $\boldsymbol{A}^{-1}\boldsymbol{B}=\boldsymbol{BA}^{-1}$.

3. 计算题：

(1) $\boldsymbol{AB}+\boldsymbol{I}=\boldsymbol{A}^2+\boldsymbol{B},\boldsymbol{A}=\begin{bmatrix}1&0&1\\0&2&0\\-1&0&1\end{bmatrix}$，求 $\boldsymbol{B}$.

(2) 设 $\boldsymbol{A},\boldsymbol{B},\boldsymbol{C}$ 为 n 阶方阵，且满足 $(\boldsymbol{I}-\boldsymbol{C}^{-1}\boldsymbol{B}^{\mathrm{T}})^{\mathrm{T}}\boldsymbol{C}^{\mathrm{T}}\boldsymbol{A}=\boldsymbol{B}$，求矩阵 $\boldsymbol{B}$，其中

$$\boldsymbol{A}=\begin{bmatrix}0&1&1\\0&0&1\\0&0&0\end{bmatrix},\quad \boldsymbol{C}=\begin{bmatrix}1&0&0\\2&1&0\\1&2&1\end{bmatrix}.$$

(3) $\boldsymbol{A}=\begin{bmatrix}3&4&0&0\\4&-3&0&0\\0&0&1&2\\0&0&0&1\end{bmatrix}$，求 $|\boldsymbol{A}^n|,\boldsymbol{A}^{2n}$，$n$ 为正整数.

(4) $\boldsymbol{A}$ 为 n 阶方阵，$|\boldsymbol{A}|=2$，求 $\left|\dfrac{1}{2}\boldsymbol{A}^{-1}-3\boldsymbol{A}^*\right|$.

4. 证明题：

(1) 设 $\boldsymbol{A}$ 为 n 阶可逆矩阵，证明：

① $|\boldsymbol{A}^*|=|\boldsymbol{A}|^{n-1}$；

② $(\boldsymbol{A}^*)^{-1}=|\boldsymbol{A}|^{-1}\boldsymbol{A}$.

(2) n 阶可逆矩阵 $\boldsymbol{A}$ 的每一行元素之和为 $a(a\neq 0)$，证明 $\boldsymbol{A}^{-1}$ 的每一行元素之和为 a^{-1}.

(3) $\boldsymbol{A}$ 为 n 阶方阵，$\boldsymbol{A}^k=\boldsymbol{0}$，证明 $\boldsymbol{I}-\boldsymbol{A}$ 可逆，求 $(\boldsymbol{I}-\boldsymbol{A})^{-1}$.

(4) 设 $\boldsymbol{B}$ 及 $\boldsymbol{I}+\boldsymbol{B}$ 可逆，且 $(\boldsymbol{A}+\boldsymbol{I})^{\mathrm{T}}=(\boldsymbol{I}+\boldsymbol{B})^{-1}$，证明 $\boldsymbol{A}$ 可逆.

(5) 设 $\boldsymbol{A}^{\mathrm{T}}\boldsymbol{A}=\boldsymbol{I},|\boldsymbol{A}|<0$，证明 $|\boldsymbol{I}+\boldsymbol{A}|=0$.

(6) $\boldsymbol{\alpha}$ 为 n 维非零列向量，$\boldsymbol{A}=\boldsymbol{I}-\boldsymbol{\alpha\alpha}^{\mathrm{T}}$. 证明：

① $\boldsymbol{A}^2=\boldsymbol{A}$ 的充要条件是 $\boldsymbol{\alpha}^{\mathrm{T}}\boldsymbol{\alpha}=1$；

② 若 $\boldsymbol{\alpha}^{\mathrm{T}}\boldsymbol{\alpha}=1$，则 $\boldsymbol{A}$ 不可逆.

第3章　初等变换与线性方程组

本章讨论 n 个未知量 m 个方程的一般线性方程组 $\boldsymbol{A}_{m\times n}\boldsymbol{x}_{n\times 1}=\boldsymbol{b}_{m\times 1}$，要解决如下的问题.

(1) 如何判别线性方程组有解？

(2) 若有解，在何条件下解是唯一的，非唯一的？

(3) 如何求解？

为此先引入矩阵的初等变换和初等矩阵，建立矩阵的秩的概念，利用初等行变换解线性方程组.

3.1　初等变换化简矩阵

初等变换是从解线性方程的消元法得到启发的，先看一个具体例子.

例 3.1.1　求解下面线性方程组

$$\begin{cases} x_1+2x_2+\ x_3=3, \\ 3x_1-\ x_2-3x_3=-1, \\ 2x_1+3x_2+\ x_3=4. \end{cases}$$

解　为消去第1列中的 $3x_1,2x_1$，将第1个方程的 -3 倍加于第2个方程，第1个方程的 -2 倍加于第3个方程，得

$$\begin{cases} x_1+2x_2+\ x_3=3, \\ \quad -7x_2-6x_3=-10, \\ \quad -\ x_2-\ x_3=-2, \end{cases}$$

将第3个方程乘以 -1，再与第2个方程交换，得

$$\begin{cases} x_1+2x_2+\ x_3=3, \\ \qquad x_2+\ x_3=2, \\ \quad -7x_2-6x_3=-10, \end{cases}$$

将第2个方程的7倍加到第3个方程上，得

$$\begin{cases} x_1+2x_2+x_3=3, \\ \qquad x_2+x_3=2, \\ \qquad\qquad x_3=4. \end{cases}$$

这是一个阶梯形式的方程组，由回代法，解得

$$x_1=3,\quad x_2=-2,\quad x_3=4.$$

例 3.1.1 的解法可以推广到任意线性方程组上. 从解的过程可以看出, 对线性方程组实施了下述三种运算进行化简.

(1) 互换两个方程的位置.

(2) 用一个非零的数乘一个方程.

(3) 用数 k 乘一方程加到另一方程上.

称这三种运算为线性方程组的初等变换. 可以证明, 经初等变换得到的新的方程组与原方程组同解. 利用初等变换把原方程逐步化简为阶梯形方程组, 再用回代方法解出 $x_1, x_2, \cdots, x_n$, 这个过程叫**高斯(Gauss)消元法**.

稍加注意便可发现, 对例 3.1.1 的线性方程组实施初等变换的过程中, 未知量、加号及等号并没有直接参与运算, 因而可以把它们抽去, 把系数与常数列写成矩阵形式

$$\widetilde{\boldsymbol{A}}=\left[\begin{array}{ccc:c}1 & 2 & 1 & 3\\ 3 & -1 & -3 & -1\\ 2 & 3 & 1 & 4\end{array}\right],$$

称此矩阵为该方程组的**增广矩阵**. 这样, 例 3.1.1 的方程组可以用增广矩阵来刻画. 求解线性方程组就可转化为对 $\widetilde{\boldsymbol{A}}$ 的行做相应的变换, 称为对矩阵的初等行变换. 例 3.1.1 的各个方程组对应于矩阵的行变换为

$$\widetilde{\boldsymbol{A}}=\left[\begin{array}{ccc:c}1 & 2 & 1 & 3\\ 3 & -1 & -3 & -1\\ 2 & 3 & 1 & 4\end{array}\right]\Longrightarrow\left[\begin{array}{ccc:c}1 & 2 & 1 & 3\\ 0 & -7 & -6 & -10\\ 0 & -1 & -1 & -2\end{array}\right]$$

$$\Longrightarrow\left[\begin{array}{ccc:c}1 & 2 & 1 & 3\\ 0 & 1 & 1 & 2\\ 0 & -7 & -6 & -10\end{array}\right]\Longrightarrow\left[\begin{array}{ccc:c}1 & 2 & 1 & 3\\ 0 & 1 & 1 & 2\\ 0 & 0 & 1 & 4\end{array}\right].$$

定义 3.1 矩阵的初等行变换是指下列三种变换.

(1) **对换变换** 互换矩阵第 i 行与第 j 行的位置, 记为 $r_i \leftrightarrow r_j$.

(2) **数乘变换** 用一个非零常数 k 乘矩阵的第 i 行, 记为 kr_i.

(3) **倍加变换** 将矩阵的第 j 行元素的 k 倍加到 i 行上, 记为 r_i+kr_j.

若把定义 3.1 中的行换成列, 就成为矩阵的三种初等列变换, 相应记为 $c_i \leftrightarrow c_j$, kc_i 和 c_i+kc_j. 矩阵的初等行变换和初等列变换统称为**矩阵的初等变换**.

利用初等变换把矩阵 $\boldsymbol{A}$ 化为形状简单的矩阵 $\boldsymbol{B}$, 通过 $\boldsymbol{B}$ 探讨或解决与 $\boldsymbol{A}$ 有关的问题和性质, 例如求矩阵的逆和矩阵的秩, 解线性方程组, 判别向量组的线性相关性等. 初等变换是线性代数运算中最常用的方法.

下面研究矩阵用初等变换化为较简单的矩阵的三种形式: **行阶梯形, 简化行阶梯形和标准形**.

下面两个形如阶梯形状的矩阵

$$\begin{bmatrix}1&3&2&1\\0&2&1&4\\0&0&0&1\\0&0&0&0\end{bmatrix},\quad\begin{bmatrix}0&1&3&2&1\\0&0&4&1&2\\0&0&0&2&3\\0&0&0&0&1\end{bmatrix}$$

叫**行阶梯矩阵**.一般行阶梯形有如下形状：

$$\left.\begin{bmatrix}b_1&*&*&*&*&*&\cdots&*&*&\cdots&\cdots&*\\ &&&0&b_2&*&*&\cdots&*&*&\cdots&\cdots&*\\ &&&&&0&b_3&\cdots&\cdots&\cdots&\cdots&\cdots&\cdots\\ &&&&&&&\cdots&\cdots&\cdots&\cdots&\cdots&\cdots\\ &&\mathbf{0}&&&&&\ddots&0&b_r&*&\cdots&*\\ &&&&&&&&&0&0&\cdots&0\\ &&&&&&&&&\vdots&\vdots&&\vdots\\ &&&&&&&&&0&0&\cdots&0\end{bmatrix}\right.\quad(\text{前 } r \text{ 行}),\qquad(3.1.1)$$

其中 $b_i\neq0,i=1,2,\cdots,r$.所谓行阶梯形是指满足下列两个条件的形如阶梯的矩阵.

① 若有零行,则零行全部在矩阵的下方；

② 从第 1 行起,每行第 1 个非零元前面零的个数逐行增加.

定理 3.1　$\boldsymbol{A}$ 为 $m\times n$ 矩阵,通过初等行变换可以把 $\boldsymbol{A}$ 化为行阶梯形.

例 3.1.2　用初等行变换化下面矩阵为阶梯形

$$\boldsymbol{A}=\begin{bmatrix}2&-1&8&1\\1&2&-1&3\\1&1&1&2\end{bmatrix}.$$

解　先将 $\boldsymbol{A}$ 的 1,3 行对换,然后再用倍加变换消第 1 列的两元素为 0,

$$\boldsymbol{A}\xrightarrow{r_1\leftrightarrow r_3}\begin{bmatrix}1&1&1&2\\1&2&-1&3\\2&-1&8&1\end{bmatrix}\xrightarrow[r_3+(-2)r_1]{r_2+(-1)r_1}\begin{bmatrix}1&1&1&2\\0&1&-2&1\\0&-3&6&-3\end{bmatrix}\xrightarrow{r_3+3r_2}\begin{bmatrix}1&1&1&2\\0&1&-2&1\\0&0&0&0\end{bmatrix}.$$

用初等行变换还可把矩阵化为如下**简化行阶梯形**(或称为**最简行阶梯形**)

$$\begin{bmatrix}1&*&0&*\cdots&*&0&*\cdots&*&0&*&\cdots&*\\ &&1&*\cdots&*&0&*\cdots&&0&*&\cdots&*\\ &&&&&1&*\cdots&*&\vdots&*&\cdots&*\\ &&&&&&&&&*&\cdots&*\\ &&&&&&&&0&*&\cdots&*\\ &&\mathbf{0}&&&&&&1&*&\cdots&*\\ &&&&&&&&0&0&\cdots&0\\ &&&&&&&&\vdots&\vdots&&\vdots\\ &&&&&&&&0&0&\cdots&0\end{bmatrix}\quad(\text{前 } r \text{ 行}),\qquad(3.1.2)$$

即阶梯形中非零行第 1 个非零元素为 1,且其对应的列的其他元素为零,例如

$$\begin{bmatrix} 1 & 3 & 0 & -1 & 0 \\ 0 & 0 & 1 & 2 & 0 \\ 0 & 0 & 0 & 0 & 1 \\ 0 & 0 & 0 & 0 & 0 \end{bmatrix}.$$

例 3.1.3　用初等行变换把下面矩阵化为阶梯形或简化行阶梯形

$$\boldsymbol{A}=\begin{bmatrix} 1 & -1 & -1 & 1 & 0 \\ 0 & 1 & 2 & -4 & 1 \\ 2 & -2 & -4 & 6 & -1 \\ 3 & -3 & -5 & 7 & -1 \end{bmatrix}.$$

解　$$\boldsymbol{A}=\begin{bmatrix} 1 & -1 & -1 & 1 & 0 \\ 0 & 1 & 2 & -4 & 1 \\ 2 & -2 & -4 & 6 & -1 \\ 3 & -3 & -5 & 7 & -1 \end{bmatrix} \xrightarrow[r_4-3r_1]{r_3-2r_1} \begin{bmatrix} 1 & -1 & -1 & 1 & 0 \\ 0 & 1 & 2 & -4 & 1 \\ 0 & 0 & -2 & 4 & -1 \\ 0 & 0 & -2 & 4 & -1 \end{bmatrix}$$

$$\xrightarrow[r_4-r_3]{r_2+r_3} \begin{bmatrix} 1 & -1 & -1 & 1 & 0 \\ 0 & 1 & 0 & 0 & 0 \\ 0 & 0 & -2 & 4 & -1 \\ 0 & 0 & 0 & 0 & 0 \end{bmatrix}.$$

这是阶梯形. 进一步用初等行变换化为

$$\xrightarrow[r_1+r_3]{\left(-\frac{1}{2}\right)r_3} \begin{bmatrix} 1 & -1 & 0 & -1 & \frac{1}{2} \\ 0 & 1 & 0 & 0 & 0 \\ 0 & 0 & 1 & -2 & \frac{1}{2} \\ 0 & 0 & 0 & 0 & 0 \end{bmatrix} \xrightarrow{r_1+r_2} \begin{bmatrix} 1 & 0 & 0 & -1 & \frac{1}{2} \\ 0 & 1 & 0 & 0 & 0 \\ 0 & 0 & 1 & -2 & \frac{1}{2} \\ 0 & 0 & 0 & 0 & 0 \end{bmatrix}.$$

再进一步,通过初等行变换和初等列变换,可以把矩阵 **A** 化为最简形式

$$\boldsymbol{A} \Longrightarrow \begin{bmatrix} 1 & & & & & \\ & \ddots & & & & \\ & & 1 & & & \\ & & & 0 & & \\ & & & & \ddots & \\ & & & & & 0 \end{bmatrix} = \left[\begin{array}{c|c} \boldsymbol{I}_r & \boldsymbol{0} \\ \hline \boldsymbol{0} & \boldsymbol{0} \end{array}\right], \tag{3.1.3}$$

称 **A** 化为**标准形**.

例 3.1.4　用初等行、列变换把 **A** 化为标准形:

$$\boldsymbol{A}=\begin{bmatrix} 0 & 0 & 3 & 2 \\ 2 & 6 & -4 & 5 \\ 1 & 3 & -2 & 2 \\ -1 & -3 & 4 & 0 \end{bmatrix}.$$

解　$A \xrightarrow{r_1 \leftrightarrow r_3} \begin{bmatrix} 1 & 3 & -2 & 2 \\ 2 & 6 & -4 & 5 \\ 0 & 0 & 3 & 2 \\ -1 & -3 & 4 & 0 \end{bmatrix} \xrightarrow[r_4+r_1]{r_2-2r_1} \begin{bmatrix} 1 & 3 & -2 & 2 \\ 0 & 0 & 0 & 1 \\ 0 & 0 & 3 & 2 \\ 0 & 0 & 2 & 2 \end{bmatrix} \xrightarrow[r_4-2r_2]{r_3-2r_2} \begin{bmatrix} 1 & 3 & -2 & 2 \\ 0 & 0 & 0 & 1 \\ 0 & 0 & 3 & 0 \\ 0 & 0 & 2 & 0 \end{bmatrix}$

$$\xrightarrow[\substack{\frac{1}{3}r_3 \\ r_2 \leftrightarrow r_3}]{r_4-2/3r_3} \begin{bmatrix} 1 & 3 & -2 & 2 \\ 0 & 0 & 1 & 0 \\ 0 & 0 & 0 & 1 \\ 0 & 0 & 0 & 0 \end{bmatrix} \xrightarrow{\substack{c_2-3c_1 \\ c_3+2c_1 \\ c_4-2c_1}} \begin{bmatrix} 1 & 0 & 0 & 0 \\ 0 & 0 & 1 & 0 \\ 0 & 0 & 0 & 1 \\ 0 & 0 & 0 & 0 \end{bmatrix} \xrightarrow[c_3 \leftrightarrow c_4]{c_2 \leftrightarrow c_3} \begin{bmatrix} 1 & 0 & 0 & 0 \\ 0 & 1 & 0 & 0 \\ 0 & 0 & 1 & 0 \\ 0 & 0 & 0 & 0 \end{bmatrix}.$$

可见,用初等行变换可以把 A 化为阶梯形或简化行阶梯形,但若要把矩阵化为标准形,一般必须经初等行变换和初等列变换才能完成.

练习 3.1

1. 用初等行变换把下列矩阵化为阶梯形:

(1) $\begin{bmatrix} 2 & 5 & 3 & 3 \\ 1 & 2 & 1 & 1 \\ 1 & 2 & 1 & 2 \end{bmatrix}$;　(2) $\begin{bmatrix} 1 & 1 & 2 & 2 \\ 2 & 0 & -1 & 2 \\ 1 & 3 & 0 & 4 \\ 2 & 1 & 1 & 3 \end{bmatrix}$.

2. 用初等变换化下列矩阵为标准形:

(1) $\begin{bmatrix} 1 & 0 & 0 & 1 \\ 2 & 1 & 1 & 2 \\ 3 & -1 & 0 & 1 \\ -1 & 1 & 1 & 0 \end{bmatrix}$;　(2) $\begin{bmatrix} 3 & 3 & 3 & 4 \\ 1 & -2 & -1 & 2 \\ 2 & -1 & 0 & 3 \end{bmatrix}$.

3. 判断题:

(1) 初等变换不改变矩阵的可逆性.

(2) 初等变换不改变行列式的值.

(3) 初等行变换必可把矩阵化为标准形.

3.2 初等矩阵

3.2.1 初等矩阵

初等变换可以用一些特殊的矩阵来表示,这些矩阵是通过单位矩阵经过一次初等变换得来的,称为初等矩阵.下面会看到,对矩阵 A 的初等变换可以转化为初等矩阵与 A 的乘积来表示.

例如,把三阶单位矩阵的第 1 行的 k 倍加到第 3 行上得到的矩阵记为

$$\boldsymbol{E}_{(3+1(k))}=\begin{bmatrix}1&0&0\\0&1&0\\k&0&1\end{bmatrix}.$$

$\boldsymbol{E}_{(3+1(k))}$左乘$\boldsymbol{A}_{3\times 2}$，得

$$\begin{bmatrix}1&0&0\\0&1&0\\k&0&1\end{bmatrix}\cdot\begin{bmatrix}a_{11}&a_{12}\\a_{21}&a_{22}\\a_{31}&a_{32}\end{bmatrix}=\begin{bmatrix}a_{11}&a_{12}\\a_{21}&a_{22}\\ka_{11}+a_{31}&ka_{12}+a_{32}\end{bmatrix}.$$

等式右边的矩阵是$\boldsymbol{A}$的第1行的k倍加到第3行得到的.这表明对$\boldsymbol{A}$做第3种初等行变换，相当于用矩阵$\boldsymbol{E}_{(3+1(k))}$左乘$\boldsymbol{A}$.

若把三阶单位矩阵的第1、3列互换得到的矩阵记为

$$\boldsymbol{E}_{13}=\begin{bmatrix}0&0&1\\0&1&0\\1&0&0\end{bmatrix}.$$

用$\boldsymbol{E}_{13}$右乘$\boldsymbol{A}_{2\times 3}$，得

$$\begin{bmatrix}a_{11}&a_{12}&a_{13}\\a_{21}&a_{22}&a_{23}\end{bmatrix}\begin{bmatrix}0&0&1\\0&1&0\\1&0&0\end{bmatrix}=\begin{bmatrix}a_{13}&a_{12}&a_{11}\\a_{23}&a_{22}&a_{21}\end{bmatrix}.$$

等式右边的矩阵是把$\boldsymbol{A}$的第1列与第3列互换得到的.这表明对$\boldsymbol{A}$做第一种初等列变换，相当于用矩阵$\boldsymbol{E}_{13}$右乘$\boldsymbol{A}$.矩阵$\boldsymbol{E}_{(3+1(k))}$、$\boldsymbol{E}_{13}$所起的作用具有普遍性，由此引入初等矩阵的概念.

定义 3.2　单位矩阵$\boldsymbol{I}$经过一次初等变换所得到的矩阵称为**初等矩阵**.三种初等变换对应的三种初等矩阵为

(1) **对换矩阵**　由单位矩阵$\boldsymbol{I}$交换i行(列)与j行(列)得到，记为

$$\boldsymbol{E}_{ij}=\begin{array}{c}\begin{matrix}\quad&\quad&i&\quad&j&\quad&\quad\end{matrix}\\\begin{bmatrix}1&&&&&&\\&\ddots&&&&&\\&&0&&1&&\\&&&\ddots&&&\\&&1&&0&&\\&&&&&\ddots&\\&&&&&&1\end{bmatrix}\end{array}\begin{matrix}\\\\\\i\\\\j\\\\\\\end{matrix}.\tag{3.2.1}$$

(2) **数乘矩阵**　由单位矩阵$\boldsymbol{I}$的第i行(列)乘以非零数k得到，记为

$$\boldsymbol{E}_{i(k)}=\begin{array}{c}\begin{matrix}\quad&\quad&i&\quad&\quad\end{matrix}\\\begin{bmatrix}1&&&&\\&\ddots&&&\\&&k&&\\&&&\ddots&\\&&&&1\end{bmatrix}\end{array}\begin{matrix}\\\\\\i\\\\\\end{matrix}.\tag{3.2.2}$$

（3）**倍加矩阵**　由单位矩阵 $\boldsymbol{I}$ 的第 j 行的 k 倍加到第 i 行上得到，记为

$$\boldsymbol{E}_{(i+j(k))}=\begin{bmatrix}1 &&&&&& \\ &\ddots&&&&& \\ \cdots & \cdots & 1 & \cdots & k & \cdots & \cdots \\ &&&\ddots&&& \\ \cdots&\cdots&0&\cdots&1&\cdots&\cdots \\ &&&&&\ddots& \\ &&&&&&1 \end{bmatrix}\begin{matrix} \\ \\ i \\ \\ j \\ \\ \\ \end{matrix}. \tag{3.2.3}$$

由单位矩阵 $\boldsymbol{I}$ 的第 j 列的 k 倍加到第 i 列上得到的矩阵则为 $\boldsymbol{E}_{(i+j(k))}^{\mathrm{T}}$，即为行倍加矩阵的转置.

因为

$$\boldsymbol{E}_{ij}\boldsymbol{E}_{ij}=\boldsymbol{I},\quad \boldsymbol{E}_{i(k)}\cdot\boldsymbol{E}_{i\left(\frac{1}{k}\right)}=\boldsymbol{I},\quad \boldsymbol{E}_{(i+j(k))}\cdot\boldsymbol{E}_{(i+j(-k))}=\boldsymbol{I},$$

所以初等矩阵都是可逆矩阵，初等矩阵的逆矩阵是初等矩阵，且为

$$\boldsymbol{E}_{ij}^{-1}=\boldsymbol{E}_{ij},\quad \boldsymbol{E}_{i(k)}^{-1}=\boldsymbol{E}_{i\left(\frac{1}{k}\right)},\quad \boldsymbol{E}_{(i+j(k))}^{-1}=\boldsymbol{E}_{(i+j(-k))}.$$

由上面举的两个例子可以得如下一般性结论.

定理 3.2　对 $m\times n$ 矩阵 $\boldsymbol{A}$ 实施一次初等**行**变换，相当于用相应的 m 阶初等矩阵**左**乘 $\boldsymbol{A}$；对矩阵 $\boldsymbol{A}$ 实施一次初等**列**变换，相当于用相应的 n 阶初等矩阵**右**乘矩阵 $\boldsymbol{A}$.

定理 3.2 可以简单叙述为：用初等矩阵左乘 $\boldsymbol{A}$，则对 $\boldsymbol{A}$ 做行变换；右乘矩阵 $\boldsymbol{A}$，则对 $\boldsymbol{A}$ 做列变换.具体如下所述.

① $\boldsymbol{E}_{ij}\boldsymbol{A}$——将 $\boldsymbol{A}$ 的 i 行与 j 行互换.

② $\boldsymbol{E}_{i(k)}\boldsymbol{A}$——将 $\boldsymbol{A}$ 的 i 行乘非零数 k.

③ $\boldsymbol{E}_{(i+j(k))}\boldsymbol{A}$——将 $\boldsymbol{A}$ 的 j 行的 k 倍加到 i 行上.

④ $\boldsymbol{A}\boldsymbol{E}_{ij}$——将 $\boldsymbol{A}$ 的 i 列与 j 列互换.

⑤ $\boldsymbol{A}\boldsymbol{E}_{i(k)}$——将 $\boldsymbol{A}$ 的 i 列乘非零数 k.

⑥ $\boldsymbol{A}\boldsymbol{E}_{(i+j(k))}^{\mathrm{T}}$——将 $\boldsymbol{A}$ 的 j 列的 k 倍加到 i 列上.

例 3.2.1　用初等矩阵把 $\boldsymbol{A}=\begin{bmatrix}1&2&3\\0&1&2\\7&8&9\end{bmatrix}$ 化为标准形.

解　将 $\boldsymbol{A}$ 的第 1 行的 -7 倍加到第 3 行上，

$$\boldsymbol{A}\xrightarrow{r_3-7r_1}\begin{bmatrix}1&2&3\\0&1&2\\0&-6&-12\end{bmatrix},$$

然后把上式右端矩阵的第 2 行的 6 倍加到第 3 行上，得

$$\begin{bmatrix}1&2&3\\0&1&2\\0&-6&-12\end{bmatrix}\xrightarrow{r_3+6r_2}\begin{bmatrix}1&2&3\\0&1&2\\0&0&0\end{bmatrix}.$$

这些变换用初等矩阵来表示，即为

$$\begin{bmatrix}1&0&0\\0&1&0\\0&6&1\end{bmatrix}\begin{bmatrix}1&0&0\\0&1&0\\-7&0&1\end{bmatrix}\begin{bmatrix}1&2&3\\0&1&2\\7&8&9\end{bmatrix}=\begin{bmatrix}1&2&3\\0&1&2\\0&0&0\end{bmatrix}.$$

最后依次用初等列变换把上式等号右端的矩阵化为标准形

$$\begin{bmatrix}1&2&3\\0&1&2\\0&0&0\end{bmatrix}\begin{bmatrix}1&-2&0\\0&1&0\\0&0&1\end{bmatrix}\begin{bmatrix}1&0&-3\\0&1&0\\0&0&1\end{bmatrix}\begin{bmatrix}1&0&0\\0&1&-2\\0&0&1\end{bmatrix}=\begin{bmatrix}1&0&0\\0&1&0\\0&0&0\end{bmatrix}.$$

既然矩阵 $\boldsymbol{A}_{m\times n}$ 可以经过若干初等行、列变换化为标准形，那么由定理 3.2 和上面例题知，这相当于对矩阵 $\boldsymbol{A}$ 左(右)乘有限个初等矩阵，分别记行变换对应的 m 阶初等矩阵和列变换对应的 n 阶初等矩阵为

$$\boldsymbol{P}_1,\boldsymbol{P}_2,\cdots,\boldsymbol{P}_t \quad 及 \quad \boldsymbol{Q}_1,\boldsymbol{Q}_2,\cdots,\boldsymbol{Q}_s,$$

则有

$$\boldsymbol{P}_t\boldsymbol{P}_{t-1}\cdots\boldsymbol{P}_2\boldsymbol{P}_1\boldsymbol{A}\boldsymbol{Q}_1\boldsymbol{Q}_2\cdots\boldsymbol{Q}_s=\begin{bmatrix}\boldsymbol{I}_r&\boldsymbol{0}\\\boldsymbol{0}&\boldsymbol{0}\end{bmatrix}.$$

令

$$\boldsymbol{P}=\boldsymbol{P}_t\boldsymbol{P}_{t-1}\cdots\boldsymbol{P}_2\boldsymbol{P}_1,\quad \boldsymbol{Q}=\boldsymbol{Q}_1\boldsymbol{Q}_2\cdots\boldsymbol{Q}_s,$$

由初等矩阵的可逆性知，m 阶矩阵 $\boldsymbol{P}$ 和 n 阶矩阵 $\boldsymbol{Q}$ 也都是可逆矩阵. 于是上式可写为

$$\boldsymbol{PAQ}=\begin{bmatrix}\boldsymbol{I}_r&\boldsymbol{0}\\\boldsymbol{0}&\boldsymbol{0}\end{bmatrix}. \tag{3.2.4}$$

定理 3.3 设 $\boldsymbol{A}$ 为 $m\times n$ 矩阵，必存在 m 阶可逆矩阵 $\boldsymbol{P}$ 和 n 阶可逆矩阵 $\boldsymbol{Q}$，使 $\boldsymbol{PAQ}$ 为如式(3.2.4)的标准形.

若 $\boldsymbol{A}$ 是一个可逆的 n 阶方阵，则存在可逆矩阵 $\boldsymbol{P}$ 和 $\boldsymbol{Q}$ 使得

$$\boldsymbol{PAQ}=\boldsymbol{I}_n.$$

这是因为若式(3.2.4)中 $r\neq n$，将式(3.2.4)两边取行列式

$$|\boldsymbol{PAQ}|=\begin{vmatrix}\boldsymbol{I}_r&\boldsymbol{0}\\\boldsymbol{0}&\boldsymbol{0}\end{vmatrix}=0,$$

但 $|\boldsymbol{P}|\neq0$，$|\boldsymbol{Q}|\neq0$，$|\boldsymbol{A}|\neq0$，从而 $|\boldsymbol{PAQ}|=|\boldsymbol{P}||\boldsymbol{A}||\boldsymbol{Q}|\neq0$ 与上式矛盾，故 $r=n$，于是有

$$\boldsymbol{P}_t\boldsymbol{P}_{t-1}\cdots\boldsymbol{P}_2\boldsymbol{P}_1\boldsymbol{A}\boldsymbol{Q}_1\boldsymbol{Q}_2\cdots\boldsymbol{Q}_s=\boldsymbol{I}_n,$$

$$\boldsymbol{A}=\boldsymbol{P}_1^{-1}\boldsymbol{P}_2^{-1}\cdots\boldsymbol{P}_t^{-1}\boldsymbol{I}\boldsymbol{Q}_s^{-1}\cdots\boldsymbol{Q}_2^{-1}\boldsymbol{Q}_1^{-1}.$$

令上式的初等矩阵为 $\boldsymbol{E}_1,\boldsymbol{E}_2,\cdots,\boldsymbol{E}_m$，$m=s+t$，则

$$\boldsymbol{A}=\boldsymbol{E}_1\boldsymbol{E}_2\cdots\boldsymbol{E}_m.$$

定理 3.4 可逆矩阵可表为有限个初等矩阵的乘积.

3.2.2 初等变换求 A 的逆矩阵

从定理 3.4 可以得到矩阵求逆的一个简便有效的方法——初等变换求逆法. 若 $\boldsymbol{A}$ 可逆，则 $\boldsymbol{A}^{-1}$ 可写成有限个初等矩阵的乘积，即 $\boldsymbol{A}^{-1}=\boldsymbol{P}_1\boldsymbol{P}_2\cdots\boldsymbol{P}_m$，由 $\boldsymbol{A}^{-1}\boldsymbol{A}=\boldsymbol{I}$，就有

$$\begin{cases}(\boldsymbol{P}_1\boldsymbol{P}_2\cdots\boldsymbol{P}_m)\boldsymbol{A}=\boldsymbol{I},\\(\boldsymbol{P}_1\boldsymbol{P}_2\cdots\boldsymbol{P}_m)\boldsymbol{I}=\boldsymbol{A}^{-1}.\end{cases}$$

上面第 1 式表示 $\boldsymbol{A}$ 经有限次初等**行**变换化为单位矩阵 $\boldsymbol{I}$，第 2 式表示 $\boldsymbol{I}$ 经过这些初等变换变为 $\boldsymbol{A}^{-1}$，用分块矩阵形式把上面两式写成

$$(\boldsymbol{P}_1\boldsymbol{P}_2\cdots\boldsymbol{P}_m)(\boldsymbol{A}\ \vdots\ \boldsymbol{I})=(\boldsymbol{I}\ \vdots\ \boldsymbol{A}^{-1}),\tag{3.2.5}$$

或

$$(\boldsymbol{A}\ \vdots\ \boldsymbol{I})\xrightarrow{\text{初等行变换}}(\boldsymbol{I}\ \vdots\ \boldsymbol{A}^{-1}).$$

例 3.2.2　用初等行变换求下列矩阵的逆：

(1) $\boldsymbol{A}=\begin{bmatrix}1&0&0\\2&1&0\\3&2&1\end{bmatrix}$；(2) $\boldsymbol{A}=\begin{bmatrix}1&-1&1\\2&-4&1\\1&-5&3\end{bmatrix}$.

解　(1)

$$(\boldsymbol{A}\ \vdots\ \boldsymbol{I})=\left[\begin{array}{ccc:ccc}1&0&0&1&0&0\\2&1&0&0&1&0\\3&2&1&0&0&1\end{array}\right]\xrightarrow[r_3-3r_1]{r_2-2r_1}\left[\begin{array}{ccc:ccc}1&0&0&1&0&0\\0&1&0&-2&1&0\\0&2&1&-3&0&1\end{array}\right]$$

$$\xrightarrow{r_3-2r_2}\left[\begin{array}{ccc:ccc}1&0&0&1&0&0\\0&1&0&-2&1&0\\0&0&1&1&-2&1\end{array}\right].$$

从而 $\boldsymbol{A}$ 的逆为

$$\boldsymbol{A}^{-1}=\begin{bmatrix}1&0&0\\-2&1&0\\1&-2&1\end{bmatrix}.$$

(2)

$$(\boldsymbol{A}\ \vdots\ \boldsymbol{I})=\left[\begin{array}{ccc:ccc}1&-1&1&1&0&0\\2&-4&1&0&1&0\\1&-5&3&0&0&1\end{array}\right]\xrightarrow[r_3-r_1]{r_2-2r_1}\left[\begin{array}{ccc:ccc}1&-1&1&1&0&0\\0&-2&-1&-2&1&0\\0&-4&2&-1&0&1\end{array}\right]$$

$$\xrightarrow{r_3-2r_2}\left[\begin{array}{ccc:ccc}1&-1&1&1&0&0\\0&-2&-1&-2&1&0\\0&0&4&3&-2&1\end{array}\right]$$

$$\xrightarrow[\frac{1}{4}r_3]{\frac{-1}{2}r_2}\left[\begin{array}{ccc:ccc}1&-1&1&1&0&0\\0&1&\frac{1}{2}&1&-1/2&0\\0&0&1&3/4&-1/2&\frac{1}{4}\end{array}\right]$$

$$\xrightarrow[r_1-r_3]{r_2-\frac{1}{2}r_3}\left[\begin{array}{ccc:ccc}1&-1&0&1/4&1/2&-1/4\\0&1&0&5/8&-1/4&-1/8\\0&0&1&3/4&-1/2&1/4\end{array}\right]$$

$$\xrightarrow{r_1+r_2}\left[\begin{array}{ccc:ccc}1&0&0&7/8&1/4&-3/8\\0&1&0&5/8&-1/4&-1/8\\0&0&1&3/4&-1/2&1/4\end{array}\right].$$

从而 $\boldsymbol{A}$ 的逆为
$$\boldsymbol{A}^{-1}=\frac{1}{8}\begin{bmatrix}7 & 2 & -3\\5 & -2 & -1\\6 & -4 & 2\end{bmatrix}.$$

练习 3.2

1. 用初等变换求下列矩阵的逆：

(1) $\begin{bmatrix}1 & 1 & 1\\0 & 1 & 1\\0 & 0 & 1\end{bmatrix}$；(2) $\begin{bmatrix}1 & 0 & 0\\1 & 1 & -1\\1 & 3 & -2\end{bmatrix}$；

(3) $\begin{bmatrix}1 & 4 & 3\\-1 & -2 & 0\\2 & 2 & 3\end{bmatrix}$；(4) $\begin{bmatrix}3 & -3 & 4\\2 & -3 & 4\\0 & -1 & 1\end{bmatrix}$.

2. 设 $\boldsymbol{A}$ 是 n 阶可逆方阵，将 $\boldsymbol{A}$ 的第 i 行和第 j 行对换后得到的矩阵为 $\boldsymbol{B}$.(1) 用初等矩阵表示这个变换，并证明 $\boldsymbol{B}$ 可逆；(2) 求 $\boldsymbol{AB}^{-1}$.

3. 可逆矩阵 $\boldsymbol{A}$ 的第 1 行与第 2 行交换变为 $\boldsymbol{B}$，则 $\boldsymbol{B}^{-1}$ 与 $\boldsymbol{A}^{-1}$ 的关系如何？

3.3 矩阵的秩

3.3.1 矩阵的秩的概念

矩阵的秩是线性代数中的一个重要概念，它是描述矩阵的一个数值特征.要讲清楚矩阵的秩，需先引入 k 阶子式的概念.

定义 3.3 设 $\boldsymbol{A}$ 为 $m\times n$ 矩阵，在 $\boldsymbol{A}$ 中选取 k 行 $(i_1<i_2<\cdots<i_k)$，k 列 $(j_1<j_2<\cdots<j_k)$，位于这些行和列相交处的元素构成的 k 阶行列式
$$\begin{vmatrix}a_{i_1j_1} & a_{i_1j_2} & \cdots & a_{i_1j_k}\\a_{i_2j_1} & a_{i_2j_2} & \cdots & a_{i_2j_k}\\\vdots & \vdots & & \vdots\\a_{i_kj_1} & a_{i_kj_2} & \cdots & a_{i_kj_k}\end{vmatrix}$$
叫做 $\boldsymbol{A}$ 的一个 k **阶子式**.例如
$$\boldsymbol{A}=\begin{bmatrix}3 & 1 & 2 & 0\\1 & 0 & 0 & -1\\5 & 4 & 0 & 1\end{bmatrix},$$
取第 1、3 行和 2、4 列的二阶子式为
$$\begin{vmatrix}1 & 0\\4 & 1\end{vmatrix}=1,$$
取第 2、3 行和 2、3 列的二阶子式为

$$\begin{vmatrix} 0 & 0 \\ 4 & 0 \end{vmatrix}=0.$$

显然一个 $m\times n$ 矩阵共有 $C_m^k\cdot C_n^k$ 个 k 阶子式.

定义 3.4　矩阵 $\boldsymbol{A}$ 中不等于零的子式的最高阶数,称为矩阵 $\boldsymbol{A}$ 的**秩**,记为 $r(\boldsymbol{A})$ 或秩$(\boldsymbol{A})$. 规定零矩阵的秩为 0.

用定义 3.4 求 $\boldsymbol{A}$ 的秩,首先看一看,若 $\boldsymbol{A}\neq\boldsymbol{0}$,则有一阶子式不为零,然后考察二阶子式,若找到一个非零二阶子式,就继续考察 $\boldsymbol{A}$ 的三阶子式,如此进行,总能找到一个阶数最高的非零子式,从而求出 $\boldsymbol{A}$ 的秩.

例 3.3.1　求下列矩阵的秩:

(1) $\boldsymbol{A}=\begin{bmatrix} 1 & 2 & 3 & 7 & 4 \\ 0 & 1 & 8 & 1 & 6 \\ 0 & 0 & 0 & 2 & 3 \\ 0 & 0 & 0 & 0 & 0 \end{bmatrix}$;　(2) $\boldsymbol{B}=\begin{bmatrix} 1 & 3 & -9 & 3 \\ 0 & 1 & -3 & 4 \\ -2 & -3 & 9 & 6 \end{bmatrix}$.

解　(1) $\boldsymbol{A}$ 是一个阶梯形,显然二阶子式 $\begin{vmatrix} 1 & 2 \\ 0 & 1 \end{vmatrix}\neq0$, $r(\boldsymbol{A})\geqslant2$,再取 1、2、3 行及 1、2、4 列组成的三阶子式

$$\begin{vmatrix} 1 & 2 & 7 \\ 0 & 1 & 1 \\ 0 & 0 & 2 \end{vmatrix}=2\neq0,$$

而所有四阶子式都含有零行,皆为零,$\boldsymbol{A}$ 的非零最高阶子式的阶数为 3,故 $r(\boldsymbol{A})=3$.

(2) $\boldsymbol{B}$ 中有二阶子式 $\begin{vmatrix} 1 & 3 \\ 0 & 1 \end{vmatrix}\neq0$,则 $r(\boldsymbol{A})\geqslant2$. $\boldsymbol{B}$ 中最高阶子式为三阶,共有 4 个:

$$\begin{vmatrix} 1 & 3 & -9 \\ 0 & 1 & -3 \\ -2 & -3 & 9 \end{vmatrix}=0,\quad \begin{vmatrix} 1 & 3 & 3 \\ 0 & 1 & 4 \\ -2 & -3 & 6 \end{vmatrix}=0,$$

$$\begin{vmatrix} 1 & -9 & 3 \\ 0 & -3 & 4 \\ -2 & 9 & 6 \end{vmatrix}=0,\quad \begin{vmatrix} 3 & -9 & 3 \\ 1 & -3 & 4 \\ -3 & 9 & 6 \end{vmatrix}=0,$$

故 $r(\boldsymbol{B})=2$.

从本例可见,用定义求一般矩阵的秩并非易事,但若矩阵是阶梯形,则求矩阵的秩就轻而易举了.

从矩阵秩的定义可以看出:

(1) 若 $\boldsymbol{A}$ 为 $m\times n$ 矩阵,则 $\boldsymbol{A}$ 的秩不会大于矩阵的行数或列数,即

$$r(\boldsymbol{A})\leqslant\min\{m,n\}.$$

(2) $r(\boldsymbol{A}^{\mathrm{T}})=r(\boldsymbol{A})$, $r(k\boldsymbol{A})=r(\boldsymbol{A})$, k 为非零数.

(3) 对 n 阶方阵 $\boldsymbol{A}$,若 $\boldsymbol{A}$ 不可逆,即 $|\boldsymbol{A}|=0$,则 $r(\boldsymbol{A})<n$;若 $\boldsymbol{A}$ 可逆,即 $|\boldsymbol{A}|\neq0$,则

$r(\boldsymbol{A})=n$.

(4) 若矩阵 $\boldsymbol{A}$ 至少有一个 r 阶子式不为零而所有 $r+1$ 阶子式全为零,则 $r(\boldsymbol{A})=r$.

3.3.2 用初等变换求矩阵的秩

对于一般较高阶的矩阵,直接用定义求矩阵的秩,需要计算许多行列式,这种做法往往是十分烦冗的. 例 3.3.1 的矩阵 $\boldsymbol{A}$ 的求秩过程可以给出一种提示:若能找到一种简单的变换把矩阵化简(如阶梯形等),而这种变换又不改变矩阵的秩,则可由化简的矩阵易求得原矩阵的秩. 自然地,想到了初等变换这个工具,因初等变换能把矩阵化为阶梯形或标准形,且由阶梯形易求出其秩. 但是初等变换是否能保持矩阵的秩的不变性呢? 回答是肯定的.

定理 3.5　初等变换不改变矩阵的秩.

证　仅对初等行变换加以证明.

(1) 将矩阵 $\boldsymbol{A}$ 的两行互换后得到 $\boldsymbol{B}$,则 $\boldsymbol{B}$ 与 $\boldsymbol{A}$ 相应的子式或相等,或只差一个符号,故有 $r(\boldsymbol{A})=r(\boldsymbol{B})$.

(2) 将矩阵 $\boldsymbol{A}$ 的一行乘非零常数 k 得矩阵 $\boldsymbol{B}$,则由行列式数乘性质知,矩阵 $\boldsymbol{B}$ 的子式或是矩阵 $\boldsymbol{A}$ 的相应子式的 k 倍,或是相等,故有 $r(\boldsymbol{A})=r(\boldsymbol{B})$.

(3) 将矩阵 $\boldsymbol{A}$ 的第 j 行的 k 倍加到第 i 行上得到矩阵 $\boldsymbol{B}$.

$$\boldsymbol{A}=\begin{bmatrix} a_{11} & \cdots & a_{1n} \\ \vdots & & \vdots \\ a_{i1} & \cdots & a_{in} \\ \vdots & & \vdots \\ a_{j1} & \cdots & a_{jn} \\ \vdots & & \vdots \\ a_{m1} & \cdots & a_{mn} \end{bmatrix} \Longrightarrow \boldsymbol{B}=\begin{bmatrix} a_{11} & \cdots & a_{1n} \\ \vdots & & \vdots \\ a_{i1}+ka_{j1} & \cdots & a_{in}+ka_{jn} \\ \vdots & & \vdots \\ a_{j1} & \cdots & a_{jn} \\ \vdots & & \vdots \\ a_{m1} & \cdots & a_{mn} \end{bmatrix}.$$

设 $r(\boldsymbol{A})=r$,要证 $r(\boldsymbol{B})=r(\boldsymbol{A})=r$,等价于证 $r(\boldsymbol{B})\leqslant r(\boldsymbol{A})$ 及 $r(\boldsymbol{A})\leqslant r(\boldsymbol{B})$.

先证 $r(\boldsymbol{B})\leqslant r(\boldsymbol{A})$. 为此任取 $\boldsymbol{B}$ 的 $r+1$ 阶子式 D_{r+1},分三种情况讨论.

① D_{r+1} 不含 i 行元素,这时 D_{r+1} 也是 $\boldsymbol{A}$ 的 $r+1$ 阶子式:$D_{r+1}=0$;

② D_{r+1} 含 i、j 两行的元素,则 $D_{r+1}=0$;

③ D_{r+1} 含 i 行元素而不含 j 行元素,即

$$D_{r+1}=\begin{vmatrix} \cdots & \cdots & \cdots & \cdots \\ a_{is_1}+ka_{js_1} & a_{is_2}+ka_{js_2} & \cdots & a_{is_{r+1}}+ka_{js_{r+1}} \\ \cdots & \cdots & \cdots & \cdots \end{vmatrix} i\text{ 行}$$

$$=\begin{vmatrix} \cdots & \cdots & \cdots \\ a_{is_1} & \cdots & a_{is_{r+1}} \\ \cdots & \cdots & \cdots \end{vmatrix}+k\begin{vmatrix} \cdots & \cdots & \cdots \\ a_{js_1} & \cdots & a_{js_{r+1}} \\ \cdots & \cdots & \cdots \end{vmatrix} i\text{ 行}=D_{r+1}^{(1)}+kD_{r+1}^{(2)},$$

其中 $D_{r+1}^{(1)}$ 就是矩阵 $\boldsymbol{A}$ 的一个 $r+1$ 阶子式,故 $D_{r+1}^{(1)}=0$. 而 $D_{r+1}^{(2)}$ 是 $\boldsymbol{A}$ 的一个含第 i 行

元素的 $r+1$ 阶子式经过行对换得到的行列式,故 $D_{r+1}^{(2)}=0$,从而 $D_{r+1}=0$.

以上证明了矩阵 $\boldsymbol{B}$ 所有 $r+1$ 阶子式都等于零,所以 $r(\boldsymbol{B})\leqslant r=r(\boldsymbol{A})$.

同理对矩阵 $\boldsymbol{B}$ 做第三种初等行变换得 $\boldsymbol{A}$,也有 $r(\boldsymbol{A})\leqslant r(\boldsymbol{B})$. 综上所述,即证明了 $r(\boldsymbol{A})=r(\boldsymbol{B})$.

对于任一个 $m\times n$ 矩阵 $\boldsymbol{A}$,总可以经过一系列的初等变换化为阶梯形,由于初等变换不改变矩阵的秩,所以 **$\boldsymbol{A}$ 的秩就等于阶梯形中非零行的行数**.

例 3.3.2 用初等变换求下列矩阵的秩:

(1) $\boldsymbol{A}=\begin{bmatrix}1 & 3 & -9 & 3\\ 0 & 1 & -3 & 4\\ -2 & -3 & 9 & 6\end{bmatrix}$;　　(2) $\boldsymbol{B}=\begin{bmatrix}1 & 0 & 2 & 1 & 0\\ 7 & 1 & 14 & 7 & 1\\ 0 & 5 & 1 & 4 & 6\\ 2 & 1 & 1 & -10 & -2\end{bmatrix}$.

解 (1) 用初等变换将 $\boldsymbol{A}$ 化为阶梯形

$$\boldsymbol{A}=\begin{bmatrix}1 & 3 & -9 & 3\\ 0 & 1 & -3 & 4\\ -2 & -3 & 9 & 6\end{bmatrix}\xRightarrow{r_3+2r_1}\begin{bmatrix}1 & 3 & -9 & 3\\ 0 & 1 & -3 & 4\\ 0 & 3 & -9 & 12\end{bmatrix}\xRightarrow{r_3-3r_2}\begin{bmatrix}1 & 3 & -9 & 3\\ 0 & 1 & -3 & 4\\ 0 & 0 & 0 & 0\end{bmatrix}.$$

因阶梯形有二阶子式非零,而所有三阶子式皆为 0,故 $r(\boldsymbol{A})=2$.

(2) 用初等变换将 $\boldsymbol{B}$ 化为阶梯形

$$\boldsymbol{B}=\begin{bmatrix}1 & 0 & 2 & 1 & 0\\ 7 & 1 & 14 & 7 & 1\\ 0 & 5 & 1 & 4 & 6\\ 2 & 1 & 1 & -10 & -2\end{bmatrix}\xRightarrow[r_4-2r_1]{r_2-7r_1}\begin{bmatrix}1 & 0 & 2 & 1 & 0\\ 0 & 1 & 0 & 0 & 1\\ 0 & 5 & 1 & 4 & 6\\ 0 & 1 & -3 & -12 & -2\end{bmatrix}$$

$$\xRightarrow[r_4-r_2]{r_3-5r_2}\begin{bmatrix}1 & 0 & 2 & 1 & 0\\ 0 & 1 & 0 & 0 & 1\\ 0 & 0 & 1 & 4 & 1\\ 0 & 0 & -3 & -12 & -3\end{bmatrix}\xRightarrow[r_4+3r_3]{}\begin{bmatrix}1 & 0 & 2 & 1 & 0\\ 0 & 1 & 0 & 0 & 1\\ 0 & 0 & 1 & 4 & 1\\ 0 & 0 & 0 & 0 & 0\end{bmatrix},$$

易得 $r(\boldsymbol{B})=3$.

定理 3.6 可逆矩阵左乘或右乘 $m\times n$ 矩阵 $\boldsymbol{A}$,则 $\boldsymbol{A}$ 的秩不变. 即设 $\boldsymbol{P},\boldsymbol{Q}$ 分别为 m 阶,n 阶可逆矩阵,则

$$r(\boldsymbol{A})=r(\boldsymbol{PAQ}).\tag{3.3.1}$$

证 设 $\boldsymbol{PAQ}=\boldsymbol{B}$,因 $\boldsymbol{P},\boldsymbol{Q}$ 皆可逆,由定理 3.4 知,$\boldsymbol{P}$、$\boldsymbol{Q}$ 皆可表为有限个初等矩阵的乘积:

$$\boldsymbol{P}=\boldsymbol{P}_t\boldsymbol{P}_{t-1}\cdots\boldsymbol{P}_2\boldsymbol{P}_1,\quad \boldsymbol{Q}=\boldsymbol{Q}_1\boldsymbol{Q}_2\cdots\boldsymbol{Q}_s,$$

于是

$$\boldsymbol{P}_t\boldsymbol{P}_{t-1}\cdots\boldsymbol{P}_2\boldsymbol{P}_1\boldsymbol{A}\boldsymbol{Q}_1\boldsymbol{Q}_2\cdots\boldsymbol{Q}_s=\boldsymbol{B}.$$

而这些初等矩阵 $\boldsymbol{P}_i,\boldsymbol{Q}_i$ 都分别对应于初等行变换和初等列变换,由初等变换不改变矩阵的秩,得

$$r(\boldsymbol{B})=r(\boldsymbol{PAQ})=r(\boldsymbol{A}).$$

3.2 节的定理 3.3 用秩来描述，如下所述.

定理 3.7 若 $\boldsymbol{A}$ 的秩为 r，则必存在可逆矩阵 $\boldsymbol{P}$、$\boldsymbol{Q}$ 使

$$\boldsymbol{PAQ}=\begin{bmatrix}\boldsymbol{I}_r & \boldsymbol{0}\\ \boldsymbol{0} & \boldsymbol{0}\end{bmatrix}. \tag{3.3.2}$$

定义 3.5 矩阵 $\boldsymbol{A}$ 通过初等变换化为矩阵 $\boldsymbol{B}$，称矩阵 $\boldsymbol{A}$ 与 $\boldsymbol{B}$ **等价**. 或者说对于矩阵 $\boldsymbol{A}$ 和 $\boldsymbol{B}$，若存在可逆矩阵 $\boldsymbol{P}$ 和 $\boldsymbol{Q}$，使 $\boldsymbol{PAQ}=\boldsymbol{B}$，则称 $\boldsymbol{A}$ 与 $\boldsymbol{B}$ 等价. 若

$$\boldsymbol{PAQ}=\begin{bmatrix}\boldsymbol{I}_r & \boldsymbol{0}\\ \boldsymbol{0} & \boldsymbol{0}\end{bmatrix},$$

则称**矩阵 $\boldsymbol{A}$ 等价于标准形.**

顺便指出，矩阵的积与和有如下秩的不等式.

① $r(\boldsymbol{AB})\leqslant\min\{r(\boldsymbol{A}),r(\boldsymbol{B})\}$；

② 若 $\boldsymbol{A}_{m\times n}\boldsymbol{B}_{n\times k}=\boldsymbol{0}$，则 $r(\boldsymbol{A})+r(\boldsymbol{B})\leqslant n$； (3.3.3)

③ $r(\boldsymbol{A}+\boldsymbol{B})\leqslant r(\boldsymbol{A})+r(\boldsymbol{B})$.

练习 3.3

1. 求下面矩阵的秩：

(1) $\begin{bmatrix}3 & 1 & 2 & 1\\ 1 & -3 & 2 & 2\\ 4 & -2 & 4 & 3\end{bmatrix}$； (2) $\begin{bmatrix}1 & 2 & -1 & 3\\ 2 & -1 & 8 & 1\\ 2 & 2 & 2 & 4\\ 0 & 1 & 1 & 1\end{bmatrix}$.

2. 求一个秩为 4 的五阶方阵 $\boldsymbol{A}$，使得 $\boldsymbol{A}$ 的第 1、2 行为 $\boldsymbol{A}_1=(1,0,1,0,0)$，$\boldsymbol{A}_2=(0,1,1,0,0)$.

3. 证明 $r\left(\begin{bmatrix}\boldsymbol{A} & \boldsymbol{0}\\ \boldsymbol{0} & \boldsymbol{B}\end{bmatrix}\right)=r(\boldsymbol{A})+r(\boldsymbol{B})$.

4. 判断题：

(1) 若 $r(\boldsymbol{A})=r$，则 $\boldsymbol{A}$ 的所有 r 阶子式不等于零.

(2) 若 $r(\boldsymbol{A})=r$，则 $\boldsymbol{A}$ 的所有 $r-1$ 阶子式不等于零.

(3) 若 $\boldsymbol{A}_{m\times n}$ 有一个 r 阶子式不等于零，则 $r(\boldsymbol{A})\geqslant r$.

(4) 划去矩阵 $\boldsymbol{A}$ 的一行得到矩阵 $\boldsymbol{B}$，则 $r(\boldsymbol{B})=r(\boldsymbol{A})-1$.

(5) 矩阵 $\boldsymbol{A}$ 增加一列得到矩阵 $\boldsymbol{C}$，则 $r(\boldsymbol{C})=r(\boldsymbol{A})$，或 $r(\boldsymbol{C})=r(\boldsymbol{A})+1$.

(6) $\boldsymbol{A}$ 为 n 阶可逆矩阵，则 $r(\boldsymbol{A}^2)=n$.

3.4 线性方程组

3.4.1 n 维向量的概念

在解析几何中，平面上的一个向量 $\boldsymbol{\alpha}$，可以用一条有向线段来表示，如果把它移

入直角坐标系 Oxy 中，使向量 $\boldsymbol{\alpha}$ 的起点与原点重合，终点就与平面的一点对应，则 $\boldsymbol{\alpha}$ 就可用点的坐标来表示为 $\boldsymbol{\alpha}=(x,y)$，称 $\boldsymbol{\alpha}$ 为二维向量. 设平面上两个向量为 $\boldsymbol{\alpha}_1=(x_1,y_1)$，$\boldsymbol{\alpha}_2=(x_2,y_2)$，则两向量相加及数与向量相乘为

$$\boldsymbol{\alpha}_1+\boldsymbol{\alpha}_2=(x_1+x_2,y_1+y_2),$$
$$k\boldsymbol{\alpha}=k(x,y)=(kx,ky).$$

同样三维几何空间的向量 $\boldsymbol{\alpha}$ 也对应着空间的一个点，其坐标表示为 $\boldsymbol{\alpha}=(x,y,z)$，它是由三个有序数组成的，称为三维向量. 二、三维向量在数学、物理、力学和电磁理论等方面都有重要应用，为获得更广泛的应用，把二、三维向量推广到 n 维的情况上.

定义 3.6　n 个有序的数 $a_1,a_2,\cdots,a_n$ 组成的数组，把它们排成一行

$$(a_1,a_2,\cdots,a_n),$$

称为 n **维行向量**. 把它们排成一列

$$\begin{bmatrix}a_1\\a_2\\\vdots\\a_n\end{bmatrix},\quad \text{或记为}(a_1,a_2,\cdots,a_n)^{\mathrm{T}},$$

称为 n **维列向量**，两者统称为 n **维向量**，a_i 称为向量的第 i 个**分量**. 分量为实(复)数的向量称为**实(复)向量**. 如无特别声明，所讨论的向量都指 n 维列实向量.

分量全为零的向量 $\mathbf{0}=(0,0,\cdots,0)^{\mathrm{T}}$ 称为**零向量**.

因为 n 维列向量是 $n\times 1$ 矩阵，n 维行向量是 $1\times n$ 矩阵，所以第 2 章讨论的矩阵加法和数乘运算及运算规律，都适合于 n 维向量的运算. 设两个 n 维列向量为

$$\boldsymbol{\alpha}=(a_1,a_2,\cdots,a_n)^{\mathrm{T}},\quad \boldsymbol{\beta}=(b_1,b_2,\cdots,b_n)^{\mathrm{T}},$$

则两个向量的加法为

$$\boldsymbol{\alpha}+\boldsymbol{\beta}=(a_1+b_1,a_2+b_2,\cdots,a_n+b_n)^{\mathrm{T}},$$

数与向量相乘为

$$k\boldsymbol{\alpha}=(ka_1,ka_2,\cdots,ka_n)^{\mathrm{T}},\quad k\text{ 为数}.$$

n 维向量的加法和数乘向量运算满足下面八条运算规律.

(1) $\boldsymbol{\alpha}+\boldsymbol{\beta}=\boldsymbol{\beta}+\boldsymbol{\alpha}$；

(2) $(\boldsymbol{\alpha}+\boldsymbol{\beta})+\boldsymbol{\gamma}=\boldsymbol{\alpha}+(\boldsymbol{\beta}+\boldsymbol{\gamma})$；

(3) $\boldsymbol{\alpha}+\mathbf{0}=\boldsymbol{\alpha}$；

(4) $\boldsymbol{\alpha}+(-\boldsymbol{\alpha})=\mathbf{0}$；

(5) $1\boldsymbol{\alpha}=\boldsymbol{\alpha}$；

(6) $(kl)\boldsymbol{\alpha}=k(l\boldsymbol{\alpha})$，$k,l$ 为数；

(7) $(k+l)\boldsymbol{\alpha}=k\boldsymbol{\alpha}+l\boldsymbol{\alpha}$；

(8) $k(\boldsymbol{\alpha}+\boldsymbol{\beta})=k\boldsymbol{\alpha}+k\boldsymbol{\beta}$.

实数域 $\mathbf{R}$ 的所有 n 维向量的集合记为

$$\mathbf{R}^n=\{\boldsymbol{\alpha}=(x_1,x_2,\cdots,x_n)^{\mathrm{T}}\}$$

在定义了加法和数乘两种运算下满足上述八条运算性质，称 $\mathbf{R}^n$ 为 n 维向量空间.

例 3.4.1　设向量 $\boldsymbol{\alpha}=(1,0,2,3)^{\mathrm{T}}$，$\boldsymbol{\beta}=(-2,1,-2,0)^{\mathrm{T}}$，求满足 $\boldsymbol{\alpha}+2\boldsymbol{\beta}-3\boldsymbol{\gamma}=\mathbf{0}$ 的向量 $\boldsymbol{\gamma}$.

解　由 $\boldsymbol{\alpha}+2\boldsymbol{\beta}-3\boldsymbol{\gamma}=\mathbf{0}$ 得

$$\begin{aligned}\boldsymbol{\gamma}&=\frac{1}{3}(\boldsymbol{\alpha}+2\boldsymbol{\beta})=\frac{1}{3}[(1,0,2,3)^{\mathrm{T}}+2(-2,1,-2,0)^{\mathrm{T}}]\\&=\frac{1}{3}[(1,0,2,3)^{\mathrm{T}}+(-4,2,-4,0)^{\mathrm{T}}]=\left[-1,\frac{2}{3},\frac{-2}{3},1\right]^{\mathrm{T}}.\end{aligned}$$

3.4.2　非齐次线性方程组

n 个未知量 m 个方程的线性方程组一般形式为

$$\begin{cases}a_{11}x_1+a_{12}x_2+\cdots+a_{1n}x_n=b_1,\\a_{21}x_1+a_{22}x_2+\cdots+a_{2n}x_n=b_2,\\\qquad\qquad\vdots\\a_{m1}x_1+a_{m2}x_2+\cdots+a_{mn}x_n=b_m.\end{cases}\tag{3.4.1}$$

若存在一组数 $x^\circ_1,x^\circ_2,\cdots,x^\circ_n$，将其代入方程组(3.4.1)的左边，结果等于右边，则这一组数称为方程组的解，称$(x^\circ_1,x^\circ_2,\cdots,x^\circ_n)^{\mathrm{T}}$ 为方程组的解向量，方程组所有解的一般表达式称为方程组的通解或一般解. 式(3.4.1)写成矩阵形式为

$$\boldsymbol{Ax}=\boldsymbol{b},$$

其中 $\boldsymbol{A}=(a_{ij})_{m\times n}$ 为方程组(3.4.1)的系数矩阵，$\boldsymbol{x}=(x_1,x_2,\cdots,x_n)^{\mathrm{T}}$，$\boldsymbol{b}=(b_1,b_2,\cdots,b_m)^{\mathrm{T}}$ 为一列向量(即一列矩阵).

关于线性方程组，主要讨论如下几个问题.

① 判别线性方程是否有解？在何条件下有解？

② 在何条件下线性方程组有唯一解？无穷多组解？

③ 当方程组有解时，如何求解？

由 3.1 节的例 3.1.1 求解线性方程组的过程可知，一般线性方程组的解只与系数矩阵 $\boldsymbol{A}_{m\times n}$ 和右端常数列向量 $\boldsymbol{b}$ 有关，而与未知数及运算等号无关，因此把系数矩阵 $\boldsymbol{A}$ 和常数列 $\boldsymbol{b}$ 排成一个 $m\times(n+1)$矩阵

$$(\boldsymbol{A}\ \vdots\ \boldsymbol{b})=\left[\begin{array}{cccc:c}a_{11}&a_{12}&\cdots&a_{1n}&b_1\\a_{21}&a_{22}&\cdots&a_{2n}&b_2\\\vdots&\vdots&&\vdots&\vdots\\a_{m1}&a_{m2}&\cdots&a_{mn}&b_m\end{array}\right],$$

该矩阵称为方程组(3.4.1)的增广矩阵. 因方程组(3.4.1)与增广矩阵一一对应，故考察方程组(3.4.1)相当于研究增广矩阵$(\boldsymbol{A}\ \vdots\ \boldsymbol{b})$. 对方程组(3.4.1)的三种化简变换相当于对$(\boldsymbol{A}\ \vdots\ \boldsymbol{b})$做初等行变换.

假定 $r(\boldsymbol{A})=r$，为简单起见，设 $r(\boldsymbol{A})$ 的左上角的 r 阶子式不等于零，且 $a_{11}\neq 0$. 对方程组(3.4.1)的增广矩阵$(\boldsymbol{A} \vdots \boldsymbol{b})$实施初等行变换化为阶梯形的形式. 首先把$(\boldsymbol{A} \vdots \boldsymbol{b})$的第 1 列中 a_{11} 下方元素化为零，这只要将第 1 行乘$\left(-\dfrac{a_{i1}}{a_{11}}\right)$加到第 $i(i=2,3,\cdots,m)$行上，得

$$(\boldsymbol{A} \vdots \boldsymbol{b}) \Longrightarrow \left[\begin{array}{cccc:c} a_{11} & a_{12} & \cdots & a_{1n} & b_1 \\ 0 & a'_{22} & \cdots & a'_{2n} & b'_2 \\ \vdots & \vdots & & \vdots & \vdots \\ 0 & a'_{m2} & \cdots & a'_{mn} & b'_m \end{array}\right].$$

设 $a'_{22}\neq 0$，同样把上面矩阵 a'_{22} 下方元素化为零，继续这一步骤，最后把$(\boldsymbol{A} \vdots \boldsymbol{b})$化为如下的阶梯形

$$(\boldsymbol{A} \vdots \boldsymbol{b}) \Longrightarrow \left[\begin{array}{ccccccc:c} c_{11} & c_{12} & \cdots & c_{1r} & c_{1\,r+1} & \cdots & c_{1n} & d_1 \\ & c_{22} & \cdots & \cdots & \cdots & \cdots & c_{2n} & d_2 \\ & & & \vdots & \vdots & \vdots & \vdots & \vdots \\ & & & c_{rr} & c_{r\,r+1} & \cdots & c_{rn} & d_r \\ & \boldsymbol{0} & & 0 & 0 & \cdots & 0 & d_{r+1} \\ & & & \vdots & \vdots & & \vdots & 0 \\ & & & & & & & \vdots \\ & & & 0 & 0 & \cdots & 0 & 0 \end{array}\right] \begin{array}{l} \left.\begin{array}{c} \\ \\ \\ \\ \end{array}\right\} r \\ \\ \\ \\ \\ \end{array}.$$

不失一般性，假定 $c_{11},c_{22},\cdots,c_{rr}$ 不为零，则可化为简化的阶梯形

$$\left[\begin{array}{ccccccc:c} 1 & 0 & \cdots & 0 & -t_{1\,r+1} & \cdots & -t_{1n} & e_1 \\ & 1 & \cdots & 0 & -t_{2\,r+1} & \cdots & -t_{2n} & e_2 \\ & & & \vdots & \vdots & \vdots & \vdots & \vdots \\ & \boldsymbol{0} & & 1 & -t_{r\,r+1} & \cdots & -t_{rn} & e_r \\ & & & 0 & 0 & \cdots & 0 & e_{r+1} \\ & & & \vdots & \vdots & \vdots & \vdots & 0 \\ & & & & & & & \vdots \\ & & & 0 & 0 & \cdots & 0 & 0 \end{array}\right]. \tag{3.4.2}$$

上面矩阵对应于线性方程组

$$\begin{cases} x_1-t_{1\,r+1}x_{r+1}-\cdots-t_{1n}x_n=e_1, \\ x_2-t_{2\,r+1}x_{r+1}-\cdots-t_{2n}x_n=e_2, \\ \qquad\qquad\qquad\vdots \\ x_r-t_{r\,r+1}x_{r+1}-\cdots-t_{rn}x_n=e_r, \\ \qquad\qquad\qquad\qquad 0=e_{r+1}. \end{cases} \tag{3.4.3}$$

这个方程组与原方程组(3.4.1)同解，以此可见，

① 若 $e_{r+1}\neq 0$，方程组(3.4.3)是矛盾方程组，故原方程组无解. 用矩阵的秩来表

述,即当 $r(\boldsymbol{A})\neq r(\boldsymbol{A}\ \vdots\ \boldsymbol{b})$时,方程组(3.4.1)无解.

② 若 $e_{r+1}=0$,即 $r(\boldsymbol{A})=r(\boldsymbol{A}\ \vdots\ \boldsymbol{b})$,方程组(3.4.3)有解,则原方程组(3.4.1)有解,若未知量个数 n 大于 $r(\boldsymbol{A})=r$,方程组(3.4.3)中独立方程个数比未知量个数少,把 $x_{r+1},x_{r+2},\cdots,x_n$ 看做 $n-r$ 个自由取值的量,把它们对应项移到等式右边,解得

$$\begin{cases} x_1=t_{1\,r+1}x_{r+1}+\cdots+t_{1n}x_n+e_1, \\ x_2=t_{2\,r+1}x_{r+1}+\cdots+t_{2n}x_n+e_2, \\ \quad\vdots \\ x_r=t_{r\,r+1}x_{r+1}+\cdots+t_{rn}x_n+e_r, \\ x_{r+1}=x_{r+1}, \\ \quad\vdots \\ x_n=x_n. \end{cases}$$

写成向量的组合形式

$$\boldsymbol{x}=\begin{bmatrix} x_1 \\ x_2 \\ \vdots \\ x_n \end{bmatrix}=x_{r+1}\begin{bmatrix} t_{1\,r+1} \\ \vdots \\ t_{r\,r+1} \\ 1 \\ 0 \\ \vdots \\ 0 \end{bmatrix}+\cdots+x_n\begin{bmatrix} t_{1n} \\ \vdots \\ t_{rn} \\ 0 \\ \vdots \\ 0 \\ 1 \end{bmatrix}+\begin{bmatrix} e_1 \\ \vdots \\ e_r \\ 0 \\ \vdots \\ 0 \end{bmatrix}, \tag{3.4.4}$$

故当 $r<n$ 时,任取一组值 $x_{r+1},\cdots,x_n$,代入式(3.4.4),就可得到一组解,从而可知方程组(3.4.1)有无穷多解;当 $r=n$ 时,无自由取值的量,故只有唯一的解

$$x_1=e_1,\quad x_2=e_2,\quad \cdots,\quad x_n=e_n.$$

于是有如下重要结论.

定理 3.8 设非齐次线性方程组 $\boldsymbol{A}\boldsymbol{x}=\boldsymbol{b}$,其中 $\boldsymbol{A}$ 为 $m\times n$ 矩阵,则

(1) 若 $r(\boldsymbol{A})\neq r(\boldsymbol{A}\ \vdots\ \boldsymbol{b})$,则方程组无解.

(2) 若 $r(\boldsymbol{A})=r(\boldsymbol{A}\ \vdots\ \boldsymbol{b})$,方程组有解.若 $r(\boldsymbol{A})=n$,方程组有唯一解;若 $r(\boldsymbol{A})<n$,方程组有无穷多解.

例 3.4.2 解线性方程组

$$\begin{cases} x_1+x_2+x_3+x_4=1, \\ 2x_1+3x_2+x_3=4, \\ x_1-x_2+4x_3=3, \\ 3x_2-4x_3-x_4=1. \end{cases}$$

解 对增广矩阵$(\boldsymbol{A}\ \vdots\ \boldsymbol{b})$施以初等行变换化为阶梯形

$$(\boldsymbol{A}\ \vdots\ \boldsymbol{b})=\left[\begin{array}{cccc:c} 1 & 1 & 1 & 1 & 1 \\ 2 & 3 & 1 & 0 & 4 \\ 1 & -1 & 4 & 0 & 3 \\ 0 & 3 & -4 & -1 & 1 \end{array}\right]\xrightarrow[r_3-r_1]{r_2-2r_1}\left[\begin{array}{cccc:c} 1 & 1 & 1 & 1 & 1 \\ 0 & 1 & -1 & -2 & 2 \\ 0 & -2 & 3 & -1 & 2 \\ 0 & 3 & -4 & -1 & 1 \end{array}\right]$$

$$\xrightarrow[r_4-3r_2]{r_3+2r_2}\left[\begin{array}{cccc:c}1&1&1&1&1\\0&1&-1&-2&2\\0&0&1&-5&6\\0&0&-1&5&-5\end{array}\right]\xrightarrow{r_4+r_3}\left[\begin{array}{cccc:c}1&1&1&1&1\\0&1&-1&-2&2\\0&0&1&-5&6\\0&0&0&0&1\end{array}\right].$$

因 $r(\boldsymbol{A})=3$，$r(\boldsymbol{A}\,\vdots\,\boldsymbol{b})=4$，$r(\boldsymbol{A})\neq r(\boldsymbol{A}\,\vdots\,\boldsymbol{b})$，故方程组无解.

例 3.4.3 解线性方程组

$$\begin{cases}x_1-2x_2+3x_3-4x_4=4,\\x_1+3x_2\qquad\;\;-3x_4=1,\\\qquad x_2-x_3+x_4=-3,\\\qquad 7x_2-3x_3-x_4=3.\end{cases}$$

解 对增广矩阵$(\boldsymbol{A}\,\vdots\,\boldsymbol{b})$施以初等行变换化为阶梯形

$$(\boldsymbol{A}\,\vdots\,\boldsymbol{b})=\left[\begin{array}{cccc:c}1&-2&3&-4&4\\1&3&0&-3&1\\0&1&-1&1&-3\\0&7&-3&-1&3\end{array}\right]\xrightarrow{r_2-r_1}\left[\begin{array}{cccc:c}1&-2&3&-4&4\\0&5&-3&1&-3\\0&1&-1&1&-3\\0&7&-3&-1&3\end{array}\right]$$

$$\xrightarrow[r_4-7r_3]{r_2-5r_3}\left[\begin{array}{cccc:c}1&-2&3&-4&4\\0&0&2&-4&12\\0&1&-1&1&-3\\0&0&4&-8&24\end{array}\right]\xrightarrow[\substack{\frac{1}{2}r_2\\ r_2\leftrightarrow r_3}]{r_4-2r_2}\left[\begin{array}{cccc:c}1&-2&3&-4&4\\0&1&-1&1&-3\\0&0&1&-2&6\\0&0&0&0&0\end{array}\right]$$

$$\xrightarrow[\substack{r_1-3r_3\\ r_1+2r_2}]{r_2+r_3}\left[\begin{array}{cccc:c}1&0&0&0&-8\\0&1&0&-1&3\\0&0&1&-2&6\\0&0&0&0&0\end{array}\right].$$

对应的方程组为

$$\begin{cases}x_1=-8,\\x_2-x_4=3,\\x_3-2x_4=6,\end{cases}$$

因 $r(\boldsymbol{A})=3$，取 x_4 为自由量，解得

$$\begin{cases}x_1=-8,\\x_2=x_4+3,\\x_3=2x_4+6,\\x_4=x_4,\end{cases}\quad\text{即}\quad \boldsymbol{x}=x_4\begin{bmatrix}0\\1\\2\\1\end{bmatrix}+\begin{bmatrix}-8\\3\\6\\0\end{bmatrix}.$$

3.4.3 齐次线性方程组

设齐次线性方程组为

$$\boldsymbol{Ax}=\boldsymbol{0},\tag{3.4.5}$$

方程组(3.4.5)总有解，$x_1=x_2=\cdots=x_n=0$ 就是一组解，称为零解. 与求解非齐次方程组相类似，用初等行变换把 $\boldsymbol{A}$ 化简为阶梯形或简化的阶梯形(类似于式(3.4.2)). 设 $r(\boldsymbol{A})=r$，解得

$$\boldsymbol{x}=\begin{bmatrix}x_1\\x_2\\\vdots\\x_n\end{bmatrix}=x_{r+1}\begin{bmatrix}t_{1\,r+1}\\\vdots\\t_{r\,r+1}\\1\\0\\\vdots\\0\end{bmatrix}+x_{r+2}\begin{bmatrix}t_{1\,r+2}\\\vdots\\t_{r\,r+2}\\0\\1\\0\\\vdots\\0\end{bmatrix}+\cdots+x_n\begin{bmatrix}t_{1n}\\\vdots\\t_{rn}\\0\\\vdots\\0\\1\end{bmatrix},\qquad(3.4.6)$$

其中 $x_{r+1},x_{r+2},\cdots,x_n$ 为 $n-r$ 个自由取值的量.

定理 3.9　设齐次线性方程组 $\boldsymbol{Ax}=\boldsymbol{0}$ 的系数矩阵 $\boldsymbol{A}$ 的秩为 r，当 $r=n$ 时，齐次线性方程组有唯一零解；当 $r<n$ 时，则有无穷多解(非零解).

推论 1　若齐次线性方程组 $\boldsymbol{Ax}=\boldsymbol{0}$ 中方程个数 m 少于未知量个数 n，则该方程组必有非零解(无穷多解).

这是因为 $r(\boldsymbol{A})\leqslant m<n$，由定理 3.9 知，该齐次方程组有非零解.

推论 2　设 n 元 n 个方程的齐次方程组 $\boldsymbol{Ax}=\boldsymbol{0}$，若 $|\boldsymbol{A}|=0$，则该齐次方程组有非零解.

因为 $|\boldsymbol{A}|=0$，即 $r(\boldsymbol{A})<n$，故该方程组有非零解. 又由第 1 章 1.4 节定理 1.4 知，齐次方程组有非零解，则有 $|\boldsymbol{A}|=0$，由此得到结论：

n 元 n 个方程的齐次线性方程组 $\boldsymbol{Ax}=\boldsymbol{0}$ 有非零解的充分必要条件是 $|\boldsymbol{A}|=0$.

例 3.4.4　解线性方程组

$$\begin{cases}x_1+3x_2-4x_3+2x_4=0,\\x_1-3x_2+\qquad 2x_4=0,\\x_1+3x_2-2x_3+3x_4=0.\end{cases}$$

解　对系数矩阵 $\boldsymbol{A}$ 做初等行变换

$$\boldsymbol{A}=\begin{bmatrix}1&3&-4&2\\1&-3&0&2\\1&3&-2&3\end{bmatrix}\Longrightarrow\begin{bmatrix}1&3&-4&2\\0&-6&4&0\\0&0&2&1\end{bmatrix}\Longrightarrow\begin{bmatrix}1&3&-4&2\\0&1&-\dfrac{2}{3}&0\\0&0&1&\dfrac{1}{2}\end{bmatrix}$$

$$\Longrightarrow\begin{bmatrix}1&3&0&4\\0&1&0&\dfrac{1}{3}\\0&0&1&\dfrac{1}{2}\end{bmatrix}\Longrightarrow\begin{bmatrix}1&0&0&3\\0&1&0&\dfrac{1}{3}\\0&0&1&\dfrac{1}{2}\end{bmatrix}.$$

$r(\boldsymbol{A})=3<4$，取自由量为 x_4，解上面矩阵对应的方程组，得一般解为

$$\begin{cases} x_1=-3x_4, \\ x_2=-\dfrac{1}{3}x_4, \\ x_3=-\dfrac{1}{2}x_4, \\ x_4=x_4. \end{cases} \quad 令\ k=x_4，即 \quad \boldsymbol{x}=k\begin{bmatrix} -3 \\ -\dfrac{1}{3} \\ -\dfrac{1}{2} \\ 1 \end{bmatrix}.$$

例 3.4.5　设线性方程组

$$\begin{cases} (1+\lambda)x_1+x_2+x_3=0, \\ x_1+(1+\lambda)x_2+x_3=3, \\ x_1+x_2+(1+\lambda)x_3=\lambda, \end{cases}$$

问 λ 取何值，方程组有唯一解？无解？有无穷多解？求出有无穷多解的一般解.

解　求系数矩阵的行列式

$$|\boldsymbol{A}|=\begin{vmatrix} 1+\lambda & 1 & 1 \\ 1 & 1+\lambda & 1 \\ 1 & 1 & 1+\lambda \end{vmatrix}=(\lambda+3)\begin{vmatrix} 1 & 1 & 1 \\ 1 & 1+\lambda & 1 \\ 1 & 1 & 1+\lambda \end{vmatrix}$$

$$=(\lambda+3)\begin{vmatrix} 1 & 1 & 1 \\ 0 & \lambda & 0 \\ 0 & 0 & \lambda \end{vmatrix}=\lambda^2(\lambda+3).$$

① 当 $\lambda\neq 0$，且 $\lambda\neq -3$ 时，$r(\boldsymbol{A})=3$，方程组有唯一解.

② 当 $\lambda=0$ 时，$(\boldsymbol{A}\ \vdots\ \boldsymbol{b})=\begin{bmatrix} 1 & 1 & 1 & \vdots & 0 \\ 1 & 1 & 1 & \vdots & 3 \\ 1 & 1 & 1 & \vdots & 0 \end{bmatrix}$，$r(\boldsymbol{A})\neq r(\boldsymbol{A}\ \vdots\ \boldsymbol{b})$，方程组无解.

③ 当 $\lambda=-3$ 时，

$$(\boldsymbol{A}\ \vdots\ \boldsymbol{b})=\begin{bmatrix} -2 & 1 & 1 & \vdots & 0 \\ 1 & -2 & 1 & \vdots & 3 \\ 1 & 1 & -2 & \vdots & -3 \end{bmatrix}\Longrightarrow\begin{bmatrix} 1 & 1 & -2 & \vdots & -3 \\ 0 & 1 & -1 & \vdots & -2 \\ 0 & 0 & 0 & \vdots & 0 \end{bmatrix}\Longrightarrow\begin{bmatrix} 1 & 0 & -1 & \vdots & -1 \\ 0 & 1 & -1 & \vdots & -2 \\ 0 & 0 & 0 & \vdots & 0 \end{bmatrix}.$$

$r(\boldsymbol{A})=r(\boldsymbol{A}\ \vdots\ \boldsymbol{b})=2<3$，方程组有无穷多解，上矩阵对应的方程组的解为

$$\begin{cases} x_1=x_3-1, \\ x_2=x_3-2, \\ x_3=x_3, \end{cases} \quad 即 \quad \boldsymbol{x}=k\begin{bmatrix} 1 \\ 1 \\ 1 \end{bmatrix}+\begin{bmatrix} -1 \\ -2 \\ 0 \end{bmatrix}.$$

练习 3.4

1. 求解下列齐次线性方程组：

(1) $\begin{cases} 3x_1+x_2=0, \\ x_1+5x_2-2x_3=0, \\ x_1-2x_2+4x_3=0, \\ 2x_1+3x_2+3x_3=0; \end{cases}$　　(2) $\begin{cases} x_1+x_2+x_3-x_4=0, \\ x_1-x_2+x_3-3x_4=0, \\ x_1+3x_2+x_3+x_4=0. \end{cases}$

2. 求解下列非齐次线性方程组：

(1) $\begin{cases} x_1+x_2+x_3=0, \\ x_1+x_2-x_3-x_4=1, \\ 5x_1+5x_2-3x_3-4x_4=4; \end{cases}$　　(2) $\begin{cases} x_2+x_3+x_4=0, \\ 3x_1+3x_3-4x_4=7, \\ x_1+x_2+x_3+2x_4=6, \\ 2x_1+3x_2+x_3+3x_4=6. \end{cases}$

3. α,β 取何值时，线性方程组

$$\begin{cases} x_1+x_2-x_3=1, \\ 2x_1+(\alpha+2)x_2-(\beta+2)x_3=3, \\ 3\alpha x_2-(\alpha+2\beta)x_3=3 \end{cases}$$

(1) 有唯一解，(2) 无解，(3)有无穷多组解，求其解.

4. 判断题：

(1) 设 $\boldsymbol{A}$ 为 4×5 矩阵，则 $\boldsymbol{Ax}=\boldsymbol{0}$ 有非零解.

(2) 若 $\boldsymbol{Ax}=\boldsymbol{0}$ 有无穷多解，则 $\boldsymbol{Ax}=\boldsymbol{b}$ 有无穷多解.

(3) 若 $\boldsymbol{Ax}=\boldsymbol{0}$ 仅有零解，则 $\boldsymbol{Ax}=\boldsymbol{b}$ 有唯一解.

(4) 若 $\boldsymbol{Ax}=\boldsymbol{b}$ 有无穷多解，则 $\boldsymbol{Ax}=\boldsymbol{0}$ 有非零解.

(5) 设 $\boldsymbol{\alpha}_1,\boldsymbol{\alpha}_2$ 是 $\boldsymbol{Ax}=\boldsymbol{b}$ 的两解，则 $\boldsymbol{\alpha}_1+\boldsymbol{\alpha}_2$ 也是 $\boldsymbol{Ax}=\boldsymbol{b}$ 的解.

(6) 若 $\boldsymbol{A}_{m\times n}\boldsymbol{x}_{n\times1}=\boldsymbol{b}_{m\times1}$，$m>n$，则方程组 $\boldsymbol{Ax}=\boldsymbol{b}$ 无解.

内容小结

主要概念

矩阵的初等变换，初等矩阵，矩阵的阶梯形，简化阶梯形及标准形，k 阶子式，矩阵的秩，n 维向量，增广矩阵，一般解或通解.

基本内容

1. 初等变换化简矩阵

(1) 初等变换把矩阵 $\boldsymbol{A}$ 化为阶梯形、简化阶梯形、标准形.

初等行变换必可把 $\boldsymbol{A}$ 化为阶梯形或简化阶梯形. 但仅用初等行变换不一定能把矩阵化为标准形.

(2) 对 $\boldsymbol{A}$ 施以一次初等行(列)变换，相当于对 $\boldsymbol{A}$ 左(右)乘相应的行(列)初等矩阵.

(3) 若 $r(\boldsymbol{A})=r$，则 $\boldsymbol{A}$ 经初等变换化为标准形，即存在可逆矩阵 $\boldsymbol{P}$、$\boldsymbol{Q}$，使得

$$\boldsymbol{PAQ}=\begin{bmatrix} \boldsymbol{I}_r & \boldsymbol{0} \\ \boldsymbol{0} & \boldsymbol{0} \end{bmatrix}.$$

(4) 初等行变换求逆法

$$(\boldsymbol{A} \mid \boldsymbol{I}) \xrightarrow{\text{初等行变换}} (\boldsymbol{I} \mid \boldsymbol{A}^{-1}).$$

2. 矩阵的秩

(1) 初等变换不改变矩阵的秩. 用初等变换化 $\boldsymbol{A}$ 为阶梯形,则阶梯形中非零行的行数等于 $r(\boldsymbol{A})$.

(2) 矩阵 $\boldsymbol{A}$ 的秩的一些式子:

① $r(\boldsymbol{A}^{\mathrm{T}})=r(k\boldsymbol{A})=r(\boldsymbol{A}),k\neq 0$;

② $r(\boldsymbol{PAQ})=r(\boldsymbol{A})$,$\boldsymbol{P}$,$\boldsymbol{Q}$ 为可逆矩阵;

③ $r(\boldsymbol{A}_{m\times n})\leqslant\min\{m,n\}$;

④ $r(\boldsymbol{AB})\leqslant\min\{r(\boldsymbol{A}),r(\boldsymbol{B})\}$,$r(\boldsymbol{A}+\boldsymbol{B})\leqslant r(\boldsymbol{A})+r(\boldsymbol{B})$.

3. 求解线性方程组

(1) 掌握用初等行变换求解方程组.

(2) 线性方程组的解定理.

① 设非齐次线性方程组 $\boldsymbol{A}_{m\times n}\boldsymbol{x}=\boldsymbol{b}$,若 $r(\boldsymbol{A})\neq r(\boldsymbol{A}\ \vdots\ \boldsymbol{b})$,则该方程组无解;若 $r(\boldsymbol{A})=r(\boldsymbol{A}\ \vdots\ \boldsymbol{b})=n$,则有唯一解;若 $r(\boldsymbol{A})=r(\boldsymbol{A}\ \vdots\ \boldsymbol{b})<n$,则有无穷多解.

② 设齐次线性方程组 $\boldsymbol{Ax}=\boldsymbol{0}$,若 $r(\boldsymbol{A})=n$,则有唯一零解;若 $r(\boldsymbol{A})<n$,则有无穷多解(非零解).

③ 设齐次线性方程组 $\boldsymbol{A}_{m\times n}\boldsymbol{x}=\boldsymbol{0}$,若方程个数 m 少于未知量个数 n,则有非零解.

若 $\boldsymbol{A}$ 为 n 阶方阵,则 $|\boldsymbol{A}|\neq 0$,$\boldsymbol{Ax}=\boldsymbol{0}$ 仅有零解,若 $|\boldsymbol{A}|=0$,则 $\boldsymbol{Ax}=\boldsymbol{0}$ 有非零解.

综合练习 3

1. 填空题:

(1) 设 $\boldsymbol{B}$ 为三阶可逆矩阵,$\boldsymbol{A}=\begin{bmatrix}1&1&3\\0&1&2\\1&2&5\end{bmatrix}$,则 $r(\boldsymbol{AB})=$______.

(2) $\boldsymbol{A}=\begin{bmatrix}a_1b_1&a_1b_2&a_1b_3\\a_2b_1&a_2b_2&a_2b_3\\a_3b_1&a_3b_2&a_3b_3\end{bmatrix}$,$a_i$、$b_i$ 皆非零,则 $r(\boldsymbol{A})=$______.

(3) $\boldsymbol{A}=\begin{bmatrix}1&1&a\\1&a&1\\a&1&1\end{bmatrix}$,$\boldsymbol{A}$ 的秩为 2,则 $a=$______.

(4) $\begin{cases}x_1+kx_2+\ x_3=0,\\2x_1+\ x_2+\ x_3=0,\\\qquad kx_2+3x_3=0\end{cases}$只有零解,则 $k=$______.

2. 判断题:

(1) $\boldsymbol{A}$,$\boldsymbol{B}$ 是有相同秩的 $m\times n$ 矩阵,则 $\boldsymbol{A}$ 可经一些初等变换化为 $\boldsymbol{B}$.

(2) $\boldsymbol{A}$ 为 $m\times n$ 矩阵,且 $r(\boldsymbol{A})=n$,则 $m\geqslant n$.

(3) $\boldsymbol{A},\boldsymbol{B}$ 为 $m\times n$ 矩阵，$r(\boldsymbol{A})>0$，$r(\boldsymbol{B})>0$，则 $r(\boldsymbol{A}+\boldsymbol{B})>0$.

(4) $r(\boldsymbol{A})=s$，则矩阵 $\boldsymbol{A}$ 中必有一个非零的 s 阶子式.

(5) $\boldsymbol{A}$ 为 $m\times n$ 矩阵，$r(\boldsymbol{A})=m$，且 $\boldsymbol{\beta}$ 为 m 维列向量，则 $r(\boldsymbol{A}\ \vdots\ \boldsymbol{\beta})=m$.

(6) $\boldsymbol{A}$ 为 $m\times n$ 矩阵，$r(\boldsymbol{A})=m$，则 $\boldsymbol{Ax}=\boldsymbol{b}$ 必有解.

(7) 矩阵 $\boldsymbol{A}$ 与 $\boldsymbol{B}$ 等价，则 $r(\boldsymbol{A})=r(\boldsymbol{B})$.

3. 计算题：

(1) 矩阵 $\boldsymbol{A}=\begin{bmatrix}1 & 2 & -1\\ \lambda & 4 & -2\\ -3 & -6 & u+1\end{bmatrix}$，$\lambda$、$u$ 取何值时，有 $r(\boldsymbol{A})=1$，$r(\boldsymbol{A})=2$，$r(\boldsymbol{A})=3$？

(2) 矩阵 $\boldsymbol{A}=\begin{bmatrix}1 & 1 & 1 & 1 & 1\\ 3 & 2 & 1 & -3 & k\\ 0 & 1 & 2 & 6 & 3\\ 5 & 4 & 3 & -1 & l\end{bmatrix}$，当 k、l 满足何条件时，$\boldsymbol{A}$ 的秩为 2？

(3) 线性方程组

$$\begin{cases}x_1+x_2+x_3=0,\\ x_1+\lambda x_2-x_3=0,\\ 2x_1+x_2-\lambda x_3=0,\\ x_2+(\lambda+2)x_3=0,\end{cases}$$

λ 取何值时，方程组有非零解？求出通解.

(4) 线性方程组

$$\begin{cases}x_1+x_2+x_3+x_4=1,\\ x_1+x_2+\lambda x_3+x_4=1,\\ x_1+\lambda x_2+x_3+x_4=1,\\ \lambda x_1+x_2+x_3+x_4=u,\end{cases}$$

λ、u 取何值时，有唯一解，无解，有无穷多组解？并求方程组有无穷多组解时的通解.

4. 证明题：

(1) 证明：对 n 阶方阵 $\boldsymbol{A}$，存在非零矩阵 $\boldsymbol{B}$ 使 $\boldsymbol{AB}=\boldsymbol{0}$ 的充要条件是 $|\boldsymbol{A}|=0$.

(2) 设 $\boldsymbol{A}$ 为 $m\times n$ 矩阵，$n>m$，证明 $|\boldsymbol{A}^{\mathrm{T}}\boldsymbol{A}|=0$.

第 4 章　向量组的线性相关性

向量组的线性相关性，向量组的极大无关组等是线性代数的重要概念，也是深入研究矩阵和线性方程组等问题的工具. 本章讨论如下几个问题.

(1) 向量组的线性相关性.

(2) 求向量组的极大线性无关组，向量组的秩.

(3) 向量空间的基，维数与坐标.

(4) 线性方程组的解理论与解结构.

4.1　向量组的线性相关性

4.1.1　向量的线性表示(组合)

平面上两个非零向量 $\boldsymbol{\alpha},\boldsymbol{\beta}$ 互相平行，则可表为 $\boldsymbol{\beta}=k\boldsymbol{\alpha}$，$k$ 为数，称 $\boldsymbol{\beta}$ 为 $\boldsymbol{\alpha}$ 的线性表示. 若 $\boldsymbol{\alpha},\boldsymbol{\beta}$ 不平行，如图 4.1 所示，那么平面上任一个向量 $\boldsymbol{\gamma}$ 可由 $\boldsymbol{\alpha},\boldsymbol{\beta}$ 表为

$$\boldsymbol{\gamma}=k_1\boldsymbol{\alpha}+k_2\boldsymbol{\beta},$$

称 $\boldsymbol{\gamma}$ 为 $\boldsymbol{\alpha},\boldsymbol{\beta}$ 的线性表示. 一般有：

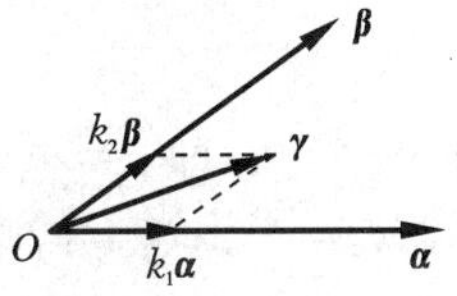

图 4.1

定义 4.1　设 n 维列向量 $\boldsymbol{\beta},\boldsymbol{\alpha}_1,\boldsymbol{\alpha}_2,\cdots,\boldsymbol{\alpha}_m$，若有

$$\boldsymbol{\beta}=k_1\boldsymbol{\alpha}_1+k_2\boldsymbol{\alpha}_2+\cdots+k_m\boldsymbol{\alpha}_m, \tag{4.1.1}$$

则称 $\boldsymbol{\beta}$ 为 $\boldsymbol{\alpha}_1,\boldsymbol{\alpha}_2,\cdots,\boldsymbol{\alpha}_m$ 的**线性表示**或**线性组合**，称系数 $k_1,k_2,\cdots,k_m$ 为 $\boldsymbol{\beta}$ 在该向量组下的组合系数.

例 4.1.1　设 $\boldsymbol{\alpha}_1=(1,2,3)^{\mathrm{T}},\boldsymbol{\alpha}_2=(2,3,1)^{\mathrm{T}},\boldsymbol{\alpha}_3=(3,1,2)^{\mathrm{T}},\boldsymbol{\beta}=(0,4,2)^{\mathrm{T}}$. 问 $\boldsymbol{\beta}$ 能否由 $\boldsymbol{\alpha}_1,\boldsymbol{\alpha}_2,\boldsymbol{\alpha}_3$ 线性表示？

解　设 $\boldsymbol{\beta}=k_1\boldsymbol{\alpha}_1+k_2\boldsymbol{\alpha}_2+k_3\boldsymbol{\alpha}_3$，则

$$k_1\begin{bmatrix}1\\2\\3\end{bmatrix}+k_2\begin{bmatrix}2\\3\\1\end{bmatrix}+k_3\begin{bmatrix}3\\1\\2\end{bmatrix}=\begin{bmatrix}0\\4\\2\end{bmatrix}.$$

按分量写出，得方程组

$$\begin{cases}k_1+2k_2+3k_3=0,\\2k_1+3k_2+k_3=4,\\3k_1+k_2+2k_3=2,\end{cases}$$

解得 $k_1=1,k_2=1,k_3=-1$，故 $\boldsymbol{\beta}$ 可由 $\boldsymbol{\alpha}_1,\boldsymbol{\alpha}_2,\boldsymbol{\alpha}_3$ 线性表示，且表示式为

$$\boldsymbol{\beta}=\boldsymbol{\alpha}_1+\boldsymbol{\alpha}_2-\boldsymbol{\alpha}_3.$$

例 4.1.2　设向量 $\boldsymbol{\alpha}_1=(1,1,1,2)^{\mathrm{T}}$，$\boldsymbol{\alpha}_2=(0,2,1,3)^{\mathrm{T}}$，$\boldsymbol{\alpha}_3=(3,1,0,1)^{\mathrm{T}}$，$\boldsymbol{\beta}=(2,-4,a,-7)^{\mathrm{T}}$，问 a 取何值，$\boldsymbol{\beta}$ 可由 $\boldsymbol{\alpha}_1,\boldsymbol{\alpha}_2,\boldsymbol{\alpha}_3$ 线性表示？且写出表示式.

解　设 $\boldsymbol{\beta}=k_1\boldsymbol{\alpha}_1+k_2\boldsymbol{\alpha}_2+k_3\boldsymbol{\alpha}_3$，把各向量代入得

$$k_1\begin{bmatrix}1\\1\\1\\2\end{bmatrix}+k_2\begin{bmatrix}0\\2\\1\\3\end{bmatrix}+k_3\begin{bmatrix}3\\1\\0\\1\end{bmatrix}=\begin{bmatrix}2\\-4\\a\\-7\end{bmatrix},$$

即

$$\begin{bmatrix}1&0&3\\1&2&1\\1&1&0\\2&3&1\end{bmatrix}\begin{bmatrix}k_1\\k_2\\k_3\end{bmatrix}=\begin{bmatrix}2\\-4\\a\\-7\end{bmatrix},$$

对增广矩阵做初等行变换

$$\left[\begin{array}{ccc:c}1&0&3&2\\1&2&1&-4\\1&1&0&a\\2&3&1&-7\end{array}\right]\Longrightarrow\left[\begin{array}{ccc:c}1&0&3&2\\0&2&-2&-6\\0&1&-3&a-2\\0&3&-5&-11\end{array}\right]\Longrightarrow\left[\begin{array}{ccc:c}1&0&3&2\\0&1&-1&-3\\0&0&-2&a+1\\0&0&-2&-2\end{array}\right]$$

$$\Longrightarrow\left[\begin{array}{ccc:c}1&0&3&2\\0&1&-1&-3\\0&0&1&1\\0&0&0&a+3\end{array}\right].$$

当 $a+3=0$，即 $a=-3$ 时，方程组有解，$\boldsymbol{\beta}$ 能由 $\boldsymbol{\alpha}_1,\boldsymbol{\alpha}_2,\boldsymbol{\alpha}_3$ 线性表示，此时解得 $k_1=-1,k_2=-2,k_3=1$，则

$$\boldsymbol{\beta}=-\boldsymbol{\alpha}_1-2\boldsymbol{\alpha}_2+\boldsymbol{\alpha}_3.$$

从上面例子可以看出，判别一个向量是否能被一组向量线性表示可转化为对一个非齐次线性方程组解的问题来讨论. 设 $\boldsymbol{A}=(\boldsymbol{\alpha}_1,\boldsymbol{\alpha}_2,\cdots,\boldsymbol{\alpha}_m)$，由式(4.1.1)得

$$(\boldsymbol{\alpha}_1,\boldsymbol{\alpha}_2,\cdots,\boldsymbol{\alpha}_m)\begin{bmatrix}k_1\\k_2\\\vdots\\k_m\end{bmatrix}=\boldsymbol{\beta},$$

即得非齐次线性方程组：

$$\boldsymbol{A}_{n\times m}\boldsymbol{K}_{m\times 1}=\boldsymbol{\beta}. \tag{4.1.1}$$

若有解 $\boldsymbol{K}_{m\times 1}=(k_1,k_2,\cdots,k_m)^{\mathrm{T}}$，则 $\boldsymbol{\beta}$ 可由 $\boldsymbol{\alpha}_1,\boldsymbol{\alpha}_2,\cdots,\boldsymbol{\alpha}_m$ 线性表示.

4.1.2　向量组的线性相关性

与线性组合密切关系的是向量组的线性相关与线性无关的概念.

定义 4.2　设有 n 维向量 $\boldsymbol{\alpha}_1,\boldsymbol{\alpha}_2,\cdots,\boldsymbol{\alpha}_m$，若存在不全为零的常数 $k_1,k_2,\cdots,k_m$，使

得
$$k_1\boldsymbol{\alpha}_1+k_2\boldsymbol{\alpha}_2+\cdots+k_m\boldsymbol{\alpha}_m=\mathbf{0}, \tag{4.1.2}$$
则称向量组 $\boldsymbol{\alpha}_1,\boldsymbol{\alpha}_2,\cdots,\boldsymbol{\alpha}_m$ **线性相关**，否则称为**线性无关**. 换言之，若 $\boldsymbol{\alpha}_1,\boldsymbol{\alpha}_2,\cdots,\boldsymbol{\alpha}_m$ 线性无关，则式(4.1.2)当且仅当 $k_1=k_2=\cdots=k_m=0$ 时成立.

例 4.1.3　判别向量组 $\boldsymbol{\alpha}_1=(1,-2,3)^{\mathrm{T}},\boldsymbol{\alpha}_2=(0,2,-5)^{\mathrm{T}},\boldsymbol{\alpha}_3=(-1,0,2)^{\mathrm{T}}$ 是否相关.

解　判别 $\boldsymbol{\alpha}_1,\boldsymbol{\alpha}_2,\boldsymbol{\alpha}_3$ 是否相关，按定义就是考察是否存在不全为零的 k_1,k_2,k_3，使得
$$k_1\boldsymbol{\alpha}_1+k_2\boldsymbol{\alpha}_2+k_3\boldsymbol{\alpha}_3=\mathbf{0}.$$
把已知向量代入
$$k_1\begin{bmatrix}1\\-2\\3\end{bmatrix}+k_2\begin{bmatrix}0\\2\\-5\end{bmatrix}+k_3\begin{bmatrix}-1\\0\\2\end{bmatrix}=\mathbf{0},$$
得齐次方程组
$$\begin{bmatrix}1&0&-1\\-2&2&0\\3&-5&2\end{bmatrix}\begin{bmatrix}k_1\\k_2\\k_3\end{bmatrix}=\mathbf{0}.$$
由于系数矩阵
$$\boldsymbol{A}=\begin{bmatrix}1&0&-1\\-2&2&0\\3&-5&2\end{bmatrix}\Longrightarrow\begin{bmatrix}1&0&-1\\0&1&-1\\0&0&0\end{bmatrix},$$
$r(\boldsymbol{A})=2<3$，该方程组有非零解 k_1,k_2,k_3，故 $\boldsymbol{\alpha}_1,\boldsymbol{\alpha}_2,\boldsymbol{\alpha}_3$ 是线性相关的.

例 4.1.4　证明 n 维向量 $\boldsymbol{e}_1=(1,0,\cdots,0)^{\mathrm{T}},\boldsymbol{e}_2=(0,1,0,\cdots,0)^{\mathrm{T}},\cdots,\boldsymbol{e}_n=(0,\cdots,0,1)^{\mathrm{T}}$ 线性无关. 通常称 $\boldsymbol{e}_1,\boldsymbol{e}_2,\cdots,\boldsymbol{e}_n$ 为**基本(或标准)向量组**.

证　由 $k_1\boldsymbol{e}_1+k_2\boldsymbol{e}_2+\cdots+k_n\boldsymbol{e}_n=\mathbf{0}$，得
$$k_1\begin{bmatrix}1\\0\\\vdots\\0\end{bmatrix}+k_2\begin{bmatrix}0\\1\\\vdots\\0\end{bmatrix}+\cdots+k_n\begin{bmatrix}0\\\vdots\\0\\1\end{bmatrix}=\begin{bmatrix}0\\0\\\vdots\\0\end{bmatrix},$$
$k_1=k_2=\cdots=k_n=0$，故 $\boldsymbol{e}_1,\boldsymbol{e}_2,\cdots,\boldsymbol{e}_n$ 线性无关.

例 4.1.5　设向量组 $\boldsymbol{\alpha}_1,\boldsymbol{\alpha}_2,\boldsymbol{\alpha}_3$ 线性无关，证明 $\boldsymbol{\alpha}_1+\boldsymbol{\alpha}_2,\boldsymbol{\alpha}_2+\boldsymbol{\alpha}_3,\boldsymbol{\alpha}_3+\boldsymbol{\alpha}_1$ 也线性无关.

证　设线性表示式
$$k_1(\boldsymbol{\alpha}_1+\boldsymbol{\alpha}_2)+k_2(\boldsymbol{\alpha}_2+\boldsymbol{\alpha}_3)+k_3(\boldsymbol{\alpha}_3+\boldsymbol{\alpha}_1)=\mathbf{0},$$
整理得
$$(k_1+k_3)\boldsymbol{\alpha}_1+(k_1+k_2)\boldsymbol{\alpha}_2+(k_2+k_3)\boldsymbol{\alpha}_3=\mathbf{0}.$$
因 $\boldsymbol{\alpha}_1,\boldsymbol{\alpha}_2,\boldsymbol{\alpha}_3$ 线性无关，则上式向量的系数仅皆为零，即

$$\begin{cases}k_1+k_3=0,\\k_1+k_2=0,\\k_2+k_3=0,\end{cases}$$

解得 $k_1=k_2=k_3=0$,从而知 $\boldsymbol{\alpha}_1+\boldsymbol{\alpha}_2,\boldsymbol{\alpha}_2+\boldsymbol{\alpha}_3,\boldsymbol{\alpha}_3+\boldsymbol{\alpha}_1$ 线性无关.

由上面例题可见,判别向量组 $\boldsymbol{\alpha}_1,\boldsymbol{\alpha}_2,\cdots,\boldsymbol{\alpha}_m$ 的线性相关性可归结为讨论齐次方程组

$$(\boldsymbol{\alpha}_1,\boldsymbol{\alpha}_2,\cdots,\boldsymbol{\alpha}_m)\begin{bmatrix}k_1\\k_2\\\vdots\\k_m\end{bmatrix}=\mathbf{0},$$

即
$$\boldsymbol{A}_{n\times m}\boldsymbol{K}_{m\times 1}=\mathbf{0} \tag{4.1.2)'$$

是否有非零解的问题.其中 $\boldsymbol{A}_{n\times m}=(\boldsymbol{\alpha}_1,\boldsymbol{\alpha}_2,\cdots,\boldsymbol{\alpha}_m)$,$\boldsymbol{K}_{m\times 1}=(k_1,k_2,\cdots,k_m)^{\mathrm{T}}$. **向量组 $\boldsymbol{\alpha}_1,\boldsymbol{\alpha}_2,\cdots,\boldsymbol{\alpha}_m$ 线性相关的充要条件是齐次方程组 $\boldsymbol{AK}=\mathbf{0}$ 有非零解. $\boldsymbol{\alpha}_1,\boldsymbol{\alpha}_2,\cdots,\boldsymbol{\alpha}_m$ 线性无关的充要条件是该方程组仅有零解.**

向量组线性相关性有如下一些结论.

(1) 零向量自身是线性相关的,含有零向量的向量组是线性相关的,一个非零的向量自身是线性无关的.

(2) 若向量组中含有两个成比例的向量,则该向量组线性相关.

(3) **若向量组一个部分组线性相关,则这个向量组线性相关.**因而也有相应的结论,若向量组线性无关,则其中任一部分组线性无关.

(4) **若向量组中向量的个数 m 大于维数 n,则向量组线性相关.**

因为,设 n 维向量组 $\boldsymbol{\alpha}_1,\boldsymbol{\alpha}_2,\cdots,\boldsymbol{\alpha}_m$,由式(4.1.2)$'$知,齐次方程组 $\boldsymbol{A}_{n\times m}\boldsymbol{K}_{m\times 1}=\mathbf{0}$ 方程的个数 n 小于未知量个数 m,故方程组必有非零解,因而向量组线性相关.

推论 平面上任三个(二维)向量是相关的;三维几何空间中的任四个向量是相关的;$n+1$ 个 n 维向量的向量组是相关的.

线性相关与线性组合有如下关系:

定理 4.1 向量组线性相关的充要条件是向量组中至少有一个向量是其余向量的线性组合(表示).

证 必要性:设 $\boldsymbol{\alpha}_1,\boldsymbol{\alpha}_2,\cdots,\boldsymbol{\alpha}_m$ 线性相关,则存在不全为零的 $k_1,k_2,\cdots,k_m$,使得

$$k_1\boldsymbol{\alpha}_1+k_2\boldsymbol{\alpha}_2+\cdots+k_m\boldsymbol{\alpha}_m=\mathbf{0},$$

不妨设 $k_i\neq 0$,就有

$$\boldsymbol{\alpha}_i=\frac{-k_1}{k_i}\boldsymbol{\alpha}_1+\cdots+\frac{-k_{i-1}}{k_i}\boldsymbol{\alpha}_{i-1}+\frac{-k_{i+1}}{k_i}\boldsymbol{\alpha}_{i+1}+\cdots+\frac{-k_m}{k_i}\boldsymbol{\alpha}_m,$$

可见 $\boldsymbol{\alpha}_i$ 是 $\boldsymbol{\alpha}_1,\boldsymbol{\alpha}_2,\cdots,\boldsymbol{\alpha}_m$ 的线性组合.

充分性显然.

定理 4.2 设向量组 $\boldsymbol{\alpha}_1,\boldsymbol{\alpha}_2,\cdots,\boldsymbol{\alpha}_r$ 线性无关,$\boldsymbol{\alpha},\boldsymbol{\alpha}_1,\boldsymbol{\alpha}_2,\cdots,\boldsymbol{\alpha}_r$ 线性相关,则 $\boldsymbol{\alpha}$ 可

由 $\boldsymbol{\alpha}_1,\boldsymbol{\alpha}_2,\cdots,\boldsymbol{\alpha}_r$ 线性表示，且表示法唯一.

证　因为 $\boldsymbol{\alpha},\boldsymbol{\alpha}_1,\boldsymbol{\alpha}_2,\cdots,\boldsymbol{\alpha}_r$ 线性相关，则存在不全为零的数 $k_0,k_1,k_2,\cdots,k_r$，使得

$$k_0\boldsymbol{\alpha}+k_1\boldsymbol{\alpha}_1+k_2\boldsymbol{\alpha}_2+\cdots+k_r\boldsymbol{\alpha}_r=\boldsymbol{0},$$

k_0 必不为零. 因若 $k_0=0$，就有不全为零的 $k_1,k_2,\cdots,k_r$ 使 $k_1\boldsymbol{\alpha}_1+k_2\boldsymbol{\alpha}_2+\cdots+k_r\boldsymbol{\alpha}_r=\boldsymbol{0}$，即 $\boldsymbol{\alpha}_1,\boldsymbol{\alpha}_2,\cdots,\boldsymbol{\alpha}_r$ 线性相关，这与条件矛盾，故 $\boldsymbol{\alpha}$ 可由 $\boldsymbol{\alpha}_1,\boldsymbol{\alpha}_2,\cdots,\boldsymbol{\alpha}_r$ 线性表示.

下证唯一性. 不妨设 $\boldsymbol{\alpha}$ 可表示为

$$\boldsymbol{\alpha}=k_1\boldsymbol{\alpha}_1+k_2\boldsymbol{\alpha}_2+\cdots+k_r\boldsymbol{\alpha}_r,$$

又有 $\boldsymbol{\alpha}=l_1\boldsymbol{\alpha}_1+l_2\boldsymbol{\alpha}_2+\cdots+l_r\boldsymbol{\alpha}_r$，则有

$$(k_1-l_1)\boldsymbol{\alpha}_1+(k_2-l_2)\boldsymbol{\alpha}_2+\cdots+(k_r-l_r)\boldsymbol{\alpha}_r=\boldsymbol{0},$$

又因 $\boldsymbol{\alpha}_1,\boldsymbol{\alpha}_2,\cdots,\boldsymbol{\alpha}_r$ 线性无关，则有

$$k_1-l_1=0,k_2-l_2=0,\cdots,k_r-l_r=0,$$

即 $k_1=l_1,k_2=l_2,\cdots,k_r=l_r$，这就证明了表示法唯一.

一个向量 $\boldsymbol{\alpha}$ 由 $\boldsymbol{\alpha}_1,\boldsymbol{\alpha}_2,\cdots,\boldsymbol{\alpha}_r$ 线性表示一般是不唯一的，定理 4.2 表明，只有当 $\boldsymbol{\alpha}_1,\boldsymbol{\alpha}_2,\cdots,\boldsymbol{\alpha}_r$ 线性无关时，$\boldsymbol{\alpha}$ 在其表示下才是唯一的.

练习 4.1

1. 设 $\frac{1}{3}\boldsymbol{\alpha}+(0,1,1)^{\mathrm{T}}+2(1,2,-1)^{\mathrm{T}}=(3,1,2)^{\mathrm{T}}$，求 $\boldsymbol{\alpha}$.

2. 把向量 $\boldsymbol{\alpha}$ 表为下面向量组的线性组合.

(1) $\boldsymbol{\alpha}=(1,-4,-8)^{\mathrm{T}}$，向量组 $\boldsymbol{\alpha}_1=(1,3,5)^{\mathrm{T}},\boldsymbol{\alpha}_2=(6,3,2)^{\mathrm{T}},\boldsymbol{\alpha}_3=(3,1,0)^{\mathrm{T}}$.

(2) $\boldsymbol{\alpha}=(11,6,-5,2)^{\mathrm{T}}$，向量组 $\boldsymbol{\alpha}_1=(1,3,5,4)^{\mathrm{T}},\boldsymbol{\alpha}_2=(3,2,0,1)^{\mathrm{T}},\boldsymbol{\alpha}_3=(1,4,5,6)^{\mathrm{T}}$.

3. 判别下列向量组的线性相关性：

(1) $(1,3)^{\mathrm{T}},(2,1)^{\mathrm{T}},(6,7)^{\mathrm{T}}$；

(2) $(1,3,2)^{\mathrm{T}},(1,0,1)^{\mathrm{T}},\left(\frac{1}{2},\frac{3}{2},1\right)^{\mathrm{T}}$；

(3) $(1,4,1)^{\mathrm{T}},(2,5,1)^{\mathrm{T}},(3,0,1)^{\mathrm{T}}$；

(4) $(1,1,3,1)^{\mathrm{T}},(4,1,-3,2)^{\mathrm{T}},(1,0,-1,2)^{\mathrm{T}}$.

4. 设向量组 $\boldsymbol{\alpha}_1,\boldsymbol{\alpha}_2,\boldsymbol{\alpha}_3$ 线性无关，证明 $\boldsymbol{\beta}_1=\boldsymbol{\alpha}_1+2\boldsymbol{\alpha}_2,\boldsymbol{\beta}_2=\boldsymbol{\alpha}_1+\boldsymbol{\alpha}_2+3\boldsymbol{\alpha}_3,\boldsymbol{\beta}_3=\boldsymbol{\alpha}_1-\boldsymbol{\alpha}_3$ 线性无关.

5. (1) 若 $\boldsymbol{\alpha}_1,\boldsymbol{\alpha}_2,\boldsymbol{\alpha}_3$ 线性相关，则 $\boldsymbol{\alpha}_1$ 可由 $\boldsymbol{\alpha}_2,\boldsymbol{\alpha}_3$ 线性表示吗？举例说明.

(2) 若 $\boldsymbol{\alpha}_1,\boldsymbol{\alpha}_2,\boldsymbol{\alpha}_3$ 线性相关，$\boldsymbol{\alpha}_2,\boldsymbol{\alpha}_3$ 线性无关，证明：$\boldsymbol{\alpha}_1$ 可以由 $\boldsymbol{\alpha}_2,\boldsymbol{\alpha}_3$ 线性表示.

6. 设 $\boldsymbol{\alpha}_1,\boldsymbol{\alpha}_2,\cdots,\boldsymbol{\alpha}_r$ 线性无关，证明 $\boldsymbol{\beta}_1=\boldsymbol{\alpha}_1+\boldsymbol{\alpha}_r,\boldsymbol{\beta}_2=\boldsymbol{\alpha}_2+\boldsymbol{\alpha}_r,\cdots,\boldsymbol{\beta}_{r-1}=\boldsymbol{\alpha}_{r-1}+\boldsymbol{\alpha}_r,\boldsymbol{\beta}_r=\boldsymbol{\alpha}_r$ 线性无关.

7. 设向量组 $\boldsymbol{\alpha}_1,\boldsymbol{\alpha}_2,\boldsymbol{\alpha}_3$ 线性无关，问 l,m 满足什么条件，向量组 $l\boldsymbol{\alpha}_2-\boldsymbol{\alpha}_1,m\boldsymbol{\alpha}_3-\boldsymbol{\alpha}_2,\boldsymbol{\alpha}_1-\boldsymbol{\alpha}_3$ 线性相关.

8. 判断题：

(1) $\boldsymbol{\alpha}_1,\boldsymbol{\alpha}_2,\boldsymbol{\alpha}_3$ 线性无关，则 $\boldsymbol{\alpha}_1-\boldsymbol{\alpha}_2,\boldsymbol{\alpha}_2-\boldsymbol{\alpha}_3,\boldsymbol{\alpha}_3-\boldsymbol{\alpha}_1$ 线性无关.

(2) 向量组 $\boldsymbol{\alpha}_1,\boldsymbol{\alpha}_2,\cdots,\boldsymbol{\alpha}_s(s\geqslant3)$两两线性无关，则 $\boldsymbol{\alpha}_1,\boldsymbol{\alpha}_2,\cdots,\boldsymbol{\alpha}_s$ 线性无关.

(3) 向量 $\boldsymbol{\beta}$ 不能由向量组 $\boldsymbol{\alpha}_1,\boldsymbol{\alpha}_2,\cdots,\boldsymbol{\alpha}_s$ 线性表示，则 $\boldsymbol{\alpha}_1,\boldsymbol{\alpha}_2,\cdots,\boldsymbol{\alpha}_s,\boldsymbol{\beta}$ 线性无关.

(4) 向量组 $\boldsymbol{\alpha}_1,\boldsymbol{\alpha}_2,\boldsymbol{\alpha}_3$ 线性无关，$\boldsymbol{\beta}_1,\boldsymbol{\beta}_2$ 线性无关，则向量组 $\boldsymbol{\alpha}_1,\boldsymbol{\alpha}_2,\boldsymbol{\alpha}_3,\boldsymbol{\beta}_1,\boldsymbol{\beta}_2$ 线性无关.

(5) 对于任一组不全为零的数 $k_1,k_2,\cdots,k_m$，使得 $k_1\boldsymbol{\alpha}_1+k_2\boldsymbol{\alpha}_2+\cdots+k_m\boldsymbol{\alpha}_m\neq\mathbf{0}$，则 $\boldsymbol{\alpha}_1,\boldsymbol{\alpha}_2,\cdots,\boldsymbol{\alpha}_m$ 线性无关.

4.2 向量组的极大线性无关组

为了深入研究向量组的极大无关组和向量组的秩，先介绍两个向量组等价的概念.

4.2.1 向量组的等价

设两个向量组为

(Ⅰ) $\boldsymbol{\alpha}_1,\boldsymbol{\alpha}_2,\cdots,\boldsymbol{\alpha}_r$； (Ⅱ) $\boldsymbol{\beta}_1,\boldsymbol{\beta}_2,\cdots,\boldsymbol{\beta}_s$.

定义 4.3 若向量组(Ⅰ)中每一个向量可由向量组(Ⅱ)线性表示，则称向量组(Ⅰ)可由向量组(Ⅱ)线性表示；又若向量组(Ⅱ)也可由向量组(Ⅰ)线性表示，则称这两个向量组**等价**.

设向量组(Ⅰ)可由向量组(Ⅱ)线性表示为

$$\begin{cases}\boldsymbol{\alpha}_1=k_{11}\boldsymbol{\beta}_1+k_{21}\boldsymbol{\beta}_2+\cdots+k_{s1}\boldsymbol{\beta}_s,\\ \boldsymbol{\alpha}_2=k_{12}\boldsymbol{\beta}_1+k_{22}\boldsymbol{\beta}_2+\cdots+k_{s2}\boldsymbol{\beta}_s,\\ \quad\vdots\\ \boldsymbol{\alpha}_r=k_{1r}\boldsymbol{\beta}_1+k_{2r}\boldsymbol{\beta}_2+\cdots+k_{sr}\boldsymbol{\beta}_s,\end{cases}\tag{4.2.1}$$

利用矩阵的乘法，有

$$\boldsymbol{\alpha}_i=(\boldsymbol{\beta}_1,\boldsymbol{\beta}_2,\cdots,\boldsymbol{\beta}_s)\begin{bmatrix}k_{1i}\\k_{2i}\\\vdots\\k_{si}\end{bmatrix},$$

则式(4.2.1)记为

$$(\boldsymbol{\alpha}_1,\boldsymbol{\alpha}_2,\cdots,\boldsymbol{\alpha}_r)=(\boldsymbol{\beta}_1,\boldsymbol{\beta}_2,\cdots,\boldsymbol{\beta}_s)\begin{bmatrix}k_{11}&k_{12}&\cdots&k_{1r}\\k_{21}&k_{22}&\cdots&k_{2r}\\\vdots&\vdots&&\vdots\\k_{s1}&k_{s2}&\cdots&k_{sr}\end{bmatrix}.\tag{4.2.2}$$

设矩阵 $\boldsymbol{A}_{n\times r}=(\boldsymbol{\alpha}_1,\boldsymbol{\alpha}_2,\cdots,\boldsymbol{\alpha}_r)$，$\boldsymbol{B}_{n\times s}=(\boldsymbol{\beta}_1,\boldsymbol{\beta}_2,\cdots,\boldsymbol{\beta}_s)$，$\boldsymbol{K}=(k_{ij})_{s\times r}$，则可把式(4.2.2)写成紧凑的矩阵方程

$$\boldsymbol{A}_{n\times r}=\boldsymbol{B}_{n\times s}\boldsymbol{K}_{s\times r}. \tag{4.2.3}$$

可见向量组(Ⅰ)由向量组(Ⅱ)线性表示可简记为式(4.2.3). 反之若有如式(4.2.3)的矩阵方程式,则可把矩阵 $\boldsymbol{A}$ 的列向量组看做由矩阵 $\boldsymbol{B}$ 的列向量组的线性表示,这种表示法在有关向量组的一些问题的处理和论证上是有益的.

等价向量组具有下列三个性质.

(1) 自反性,即向量组自身等价.

(2) 对称性,即向量组(Ⅰ)与向量组(Ⅱ)等价,则向量组(Ⅱ)也与向量组(Ⅰ)等价.

(3) 传送性,即向量组(Ⅰ)与向量组(Ⅱ)等价,向量组(Ⅱ)与向量组(Ⅲ)等价,则向量组(Ⅰ)与向量组(Ⅲ)等价.

4.2.2　极大线性无关组与向量组的秩

定义 4.4　设向量组中的一个部分组 $\boldsymbol{\alpha}_1,\boldsymbol{\alpha}_2,\cdots,\boldsymbol{\alpha}_r$ 满足

(1) $\boldsymbol{\alpha}_1,\boldsymbol{\alpha}_2,\cdots,\boldsymbol{\alpha}_r$ 线性无关.

(2) 向量组中每一个向量 $\boldsymbol{\alpha}$ 均可由此部分向量组线性表示,即

$$\boldsymbol{\alpha}=k_1\boldsymbol{\alpha}_1+k_2\boldsymbol{\alpha}_2+\cdots+k_r\boldsymbol{\alpha}_r,$$

则称 $\boldsymbol{\alpha}_1,\boldsymbol{\alpha}_2,\cdots,\boldsymbol{\alpha}_r$ 是该向量组的一个极大线性无关组.

在例 4.1.3 中向量组 $\boldsymbol{\alpha}_1=(1,-2,3)^{\mathrm{T}},\boldsymbol{\alpha}_2=(0,2,-5)^{\mathrm{T}},\boldsymbol{\alpha}_3=(-1,0,2)^{\mathrm{T}}$ 是线性相关的,易见 $\boldsymbol{\alpha}_1,\boldsymbol{\alpha}_2$ 线性无关,且 $\boldsymbol{\alpha}_3=-\boldsymbol{\alpha}_1-\boldsymbol{\alpha}_2$,故 $\boldsymbol{\alpha}_1,\boldsymbol{\alpha}_2$ 是 $\boldsymbol{\alpha}_1,\boldsymbol{\alpha}_2,\boldsymbol{\alpha}_3$ 的一个极大无关组. 同样可知 $\boldsymbol{\alpha}_1,\boldsymbol{\alpha}_3$ 或 $\boldsymbol{\alpha}_2,\boldsymbol{\alpha}_3$ 也是向量组的一个极大无关组.

全体 n 维向量集合,记为

$$\mathbf{R}^n=\{\boldsymbol{\alpha}=(x_1,x_2,\cdots,x_n)^{\mathrm{T}}\},$$

其基本向量组 $\boldsymbol{e}_1=(1,0,0,\cdots,0)^{\mathrm{T}},\boldsymbol{e}_2=(0,1,0,\cdots,0)^{\mathrm{T}},\cdots,\boldsymbol{e}_n=(0,\cdots,0,1)^{\mathrm{T}}$ 是 $\mathbf{R}^n$ 的一个极大线性无关组. 因为 $\forall\,\boldsymbol{\alpha}\in\mathbf{R}^n$,

$$\boldsymbol{\alpha}=(x_1,x_2,\cdots,x_n)^{\mathrm{T}}=x_1\boldsymbol{e}_1+x_2\boldsymbol{e}_2+\cdots+x_n\boldsymbol{e}_n,$$

且 $\boldsymbol{e}_1,\boldsymbol{e}_2,\cdots,\boldsymbol{e}_n$ 是线性无关的.

特别地,当 $n=2$ 时,全体平面向量集合 $\mathbf{R}^2$ 的基本向量组 $\boldsymbol{e}_1,\boldsymbol{e}_2$ 是 $\mathbf{R}^2$ 的一个极大无关组. 事实上任两个不平行的平面向量都是 $\mathbf{R}^2$ 的一个极大无关组. 当 $n=3$ 时,基本向量组 $\boldsymbol{e}_1,\boldsymbol{e}_2,\boldsymbol{e}_3$ 是 $\mathbf{R}^3$ 的一个极大无关组,而不共面的两两不平行的三个三维向量也是 $\mathbf{R}^3$ 的一个极大无关组.

由此可见,一个向量组中的极大线性无关组不是唯一的,但是每一个极大无关组所含向量个数却是相同的.

定理 4.3　设向量组 $\boldsymbol{\alpha}_1,\boldsymbol{\alpha}_2,\cdots,\boldsymbol{\alpha}_r$ 可由向量组 $\boldsymbol{\beta}_1,\boldsymbol{\beta}_2,\cdots,\boldsymbol{\beta}_s$ 线性表示,且 $r>s$,则 $\boldsymbol{\alpha}_1,\boldsymbol{\alpha}_2,\cdots,\boldsymbol{\alpha}_r$ 线性相关.

证　设 $x_1\boldsymbol{\alpha}_1+x_2\boldsymbol{\alpha}_2+\cdots+x_r\boldsymbol{\alpha}_r=\mathbf{0}$,表为矩阵形式:

$$\boldsymbol{A}_{n\times r}\boldsymbol{x}_{r\times 1}=\mathbf{0}. \tag{①}$$

又 $\boldsymbol{\alpha}_1,\boldsymbol{\alpha}_2,\cdots,\boldsymbol{\alpha}_r$ 可由 $\boldsymbol{\beta}_1,\boldsymbol{\beta}_2,\cdots,\boldsymbol{\beta}_s$ 线性表示，表为矩阵方程式：

$$\boldsymbol{A}_{n\times r}=\boldsymbol{B}_{n\times s}\boldsymbol{K}_{s\times r}. \qquad ②$$

将②式代入①式得

$$\boldsymbol{B}_{n\times s}\boldsymbol{K}_{s\times r}\boldsymbol{x}_{r\times 1}=\boldsymbol{0}. \qquad ③$$

考察齐次线性方程组

$$\boldsymbol{K}_{s\times r}\boldsymbol{x}_{r\times 1}=\boldsymbol{0}, \qquad ④$$

系数矩阵为 $\boldsymbol{K}_{s\times r}$. 又已知 $r>s$，即齐次方程组未知量的个数大于方程个数，则方程组④有非零解 $\boldsymbol{x}_{r\times 1}\neq\boldsymbol{0}$ 满足③式，因而满足①式，故有不全为零的数 $x_1,x_2,\cdots,x_r$，使①式成立，即得 $\boldsymbol{\alpha}_1,\boldsymbol{\alpha}_2,\cdots,\boldsymbol{\alpha}_r$ 线性相关.

与定理 4.3 等价的命题是：

推论 1 若向量组 $\boldsymbol{\alpha}_1,\boldsymbol{\alpha}_2,\cdots,\boldsymbol{\alpha}_r$ 可由向量组 $\boldsymbol{\beta}_1,\boldsymbol{\beta}_2,\cdots,\boldsymbol{\beta}_s$ 线性表示，且 $\boldsymbol{\alpha}_1,\boldsymbol{\alpha}_2,\cdots,\boldsymbol{\alpha}_r$ 线性无关，则 $r\leqslant s$.

推论 2 向量组的任意两个极大无关组所含向量个数是相等的.

证 设 $\boldsymbol{\alpha}_1,\boldsymbol{\alpha}_2,\cdots,\boldsymbol{\alpha}_r$ 与 $\boldsymbol{\beta}_1,\boldsymbol{\beta}_2,\cdots,\boldsymbol{\beta}_s$ 为向量组中的两个极大无关组，则线性无关组 $\boldsymbol{\alpha}_1,\boldsymbol{\alpha}_2,\cdots,\boldsymbol{\alpha}_r$ 可由 $\boldsymbol{\beta}_1,\boldsymbol{\beta}_2,\cdots,\boldsymbol{\beta}_s$ 线性表示，由推论 1，$r\leqslant s$. 同理，线性无关组 $\boldsymbol{\beta}_1,\boldsymbol{\beta}_2,\cdots,\boldsymbol{\beta}_s$ 可由 $\boldsymbol{\alpha}_1,\boldsymbol{\alpha}_2,\cdots,\boldsymbol{\alpha}_r$ 线性表示，有 $s\leqslant r$. 故 $r=s$.

定义 4.5 向量组中一个极大线性无关组所含向量的个数称为这个**向量组的秩**.

基本向量组 $\boldsymbol{e}_1,\boldsymbol{e}_2,\cdots,\boldsymbol{e}_n$ 是 $\mathbf{R}^n$ 的一个极大无关组，它含 n 个向量，故 $\mathbf{R}^n$ 的秩为 n.

定理 4.4 两个等价向量组有相等的秩.

证 设两个等价向量组(Ⅰ)与向量组(Ⅱ)的极大无关组分别为

$$(\boldsymbol{A}_r):\boldsymbol{\alpha}_1,\boldsymbol{\alpha}_2,\cdots,\boldsymbol{\alpha}_r,\quad (\boldsymbol{B}_s):\boldsymbol{\beta}_1,\boldsymbol{\beta}_2,\cdots,\boldsymbol{\beta}_s.$$

因为极大无关组 $\boldsymbol{\alpha}_1,\boldsymbol{\alpha}_2,\cdots,\boldsymbol{\alpha}_r$ 与向量组(Ⅰ)本身等价，向量组(Ⅰ)与向量组(Ⅱ)等价，向量组(Ⅱ)与极大无关组 $\boldsymbol{\beta}_1,\boldsymbol{\beta}_2,\cdots,\boldsymbol{\beta}_s$ 等价，由等价的传递性知，$\boldsymbol{\alpha}_1,\boldsymbol{\alpha}_2,\cdots,\boldsymbol{\alpha}_r$ 与 $\boldsymbol{\beta}_1,\boldsymbol{\beta}_2,\cdots,\boldsymbol{\beta}_s$ 等价，即它们可以互相线性表示. 由推论 1 知，有 $r\geqslant s$ 及 $s\geqslant r$，即 $r=s$，故证得两个等价向量组的秩相等.

由上面证明还可得到如下结论：

推论 3 若向量组(Ⅰ)可由向量组(Ⅱ)线性表示，则秩(Ⅰ)$\leqslant$秩(Ⅱ).

给出一个有限个向量的线性相关组 $\boldsymbol{\alpha}_1,\boldsymbol{\alpha}_2,\cdots,\boldsymbol{\alpha}_p$，要求一个极大无关组，可采用逐个扩充(或剔除)法. 例如取向量 $\boldsymbol{\alpha}_1\neq\boldsymbol{0}$，又取向量 $\boldsymbol{\alpha}_2$，使得 $\boldsymbol{\alpha}_1,\boldsymbol{\alpha}_2$ 线性无关；再取向量 $\boldsymbol{\alpha}_3$，判别 $\boldsymbol{\alpha}_1,\boldsymbol{\alpha}_2,\boldsymbol{\alpha}_3$ 的线性关系，若它们线性相关，就把 $\boldsymbol{\alpha}_3$ 删去，若它们无关，则保留之. 继续这个过程，遍历整个向量组，最后总可以经过有限步求出一个极大无关组.

例 4.2.1 求向量组 $\boldsymbol{\alpha}_1=(1,2,0,1)^{\mathrm{T}},\boldsymbol{\alpha}_2=(1,3,5,1)^{\mathrm{T}},\boldsymbol{\alpha}_3=(0,-1,-5,0)^{\mathrm{T}}$，$\boldsymbol{\alpha}_4=(2,1,0,0)^{\mathrm{T}}$ 的一个极大线性无关组及该向量组的秩.

解 用扩充法. 首先易见 $\boldsymbol{\alpha}_1,\boldsymbol{\alpha}_2$ 是线性无关的. 取 $\boldsymbol{\alpha}_3$，判别 $\boldsymbol{\alpha}_1,\boldsymbol{\alpha}_2,\boldsymbol{\alpha}_3$ 的线性关

系，因 $\boldsymbol{\alpha}_3=\boldsymbol{\alpha}_1-\boldsymbol{\alpha}_2$，故 $\boldsymbol{\alpha}_1,\boldsymbol{\alpha}_2,\boldsymbol{\alpha}_3$ 线性相关，舍去 $\boldsymbol{\alpha}_3$，再取 $\boldsymbol{\alpha}_4$，用线性相关定义可以判断$\boldsymbol{\alpha}_1,\boldsymbol{\alpha}_2,\boldsymbol{\alpha}_4$ 是线性无关的，故 $\boldsymbol{\alpha}_1,\boldsymbol{\alpha}_2,\boldsymbol{\alpha}_4$ 就是该向量组的一个极大无关组，向量组的秩为 3.

4.2.3　向量组的秩与矩阵的秩的关系

设 $m\times n$ 矩阵

$$\boldsymbol{A}=\begin{bmatrix} a_{11} & a_{12} & \cdots & a_{1n} \\ a_{21} & a_{22} & \cdots & a_{2n} \\ \vdots & \vdots & & \vdots \\ a_{m1} & a_{m2} & \cdots & a_{mn} \end{bmatrix},$$

若把 $\boldsymbol{A}$ 写成列分块形式

$$\boldsymbol{A}=[\boldsymbol{\alpha}_1,\boldsymbol{\alpha}_2,\cdots,\boldsymbol{\alpha}_n],$$

其中 $\boldsymbol{\alpha}_i=(a_{1i},a_{2i},\cdots,a_{mi})^{\mathrm{T}}$，则把 $\boldsymbol{A}$ 看做由 n 个列向量构成的矩阵. 若把 $\boldsymbol{A}$ 做行分块

$$\boldsymbol{A}=\begin{bmatrix} \boldsymbol{\beta}_1 \\ \boldsymbol{\beta}_2 \\ \vdots \\ \boldsymbol{\beta}_m \end{bmatrix}.$$

其中 $\boldsymbol{\beta}_i=(a_{i1},a_{i2},\cdots,a_{in})$，则把 $\boldsymbol{A}$ 看做由 m 个行向量构成的矩阵. 称 $\boldsymbol{A}$ 的 n 个列向量的向量组的秩为 $\boldsymbol{A}$ 的**列秩**，称 $\boldsymbol{A}$ 的 m 个行向量的向量组的秩为 $\boldsymbol{A}$ 的**行秩**. 矩阵 $\boldsymbol{A}$ 的秩与 $\boldsymbol{A}$ 的列(行)秩有如下定理.

定理 4.5　矩阵 $\boldsymbol{A}$ 的秩等于 $\boldsymbol{A}$ 的列(行)秩.

证　当 $r(\boldsymbol{A})=0$，即 $\boldsymbol{A}=\boldsymbol{0}$，定理显然成立.

设 $r(\boldsymbol{A})=r>0$，要证明 $\boldsymbol{A}$ 的列秩为 r，等价于证明 $\boldsymbol{A}$ 的列向量组的一个极大线性无关组只有 r 个向量，亦即要证明两点：(1) $\boldsymbol{A}$ 中有 r 个列向量线性无关；(2) 任一向量可由此 r 个列线性表示.

(1) 因 $r(\boldsymbol{A})=r>0$，由矩阵秩的定义，则存在一个 r 阶子式不等于零，不妨设为 $\boldsymbol{A}$ 的左上角的 r 阶子式

$$D=\begin{vmatrix} a_{11} & a_{12} & \cdots & a_{1r} \\ a_{21} & a_{22} & \cdots & a_{2r} \\ \vdots & \vdots & & \vdots \\ a_{r1} & a_{r2} & \cdots & a_{rr} \end{vmatrix}\neq 0,$$

记 $\boldsymbol{A}$ 的前 r 列为 $\boldsymbol{\alpha}_1,\boldsymbol{\alpha}_2,\cdots,\boldsymbol{\alpha}_r$，则这 r 个列向量必线性无关. 因此设

$$k_1\boldsymbol{\alpha}_1+k_2\boldsymbol{\alpha}_2+\cdots+k_r\boldsymbol{\alpha}_r=\boldsymbol{0},$$

用 $\boldsymbol{\alpha}_i=(a_{1i},a_{2i},\cdots,a_{mi})^{\mathrm{T}}$ 代入上式，得到一个含 m 个方程的 r 元齐次方程组，取前 r 个方程

$$\begin{cases} a_{11}k_1+a_{12}k_2+\cdots+a_{1r}k_r=0, \\ a_{21}k_1+a_{22}k_2+\cdots+a_{2r}k_r=0, \\ \qquad\vdots \\ a_{r1}k_1+a_{r2}k_2+\cdots+a_{rr}k_r=0, \end{cases}$$

由系数行列式 $D\neq0$，故方程组仅有零解，由此证得：$\boldsymbol{\alpha}_1,\boldsymbol{\alpha}_2,\cdots,\boldsymbol{\alpha}_r$ 线性无关.

(2) 设 $\boldsymbol{\alpha}_s$ 是矩阵 $\boldsymbol{A}$ 的任一列，则 $r+1$ 个向量 $\boldsymbol{\alpha}_s,\boldsymbol{\alpha}_1,\boldsymbol{\alpha}_2,\cdots,\boldsymbol{\alpha}_r$ 必线性相关. 因为假若 $\boldsymbol{\alpha}_s,\boldsymbol{\alpha}_1,\boldsymbol{\alpha}_2,\cdots,\boldsymbol{\alpha}_r$ 线性无关，由(1)的证明知，$\boldsymbol{A}$ 中有 $r+1$ 阶子式不为零，则 $r(\boldsymbol{A})\geqslant r+1$，这与 $r(\boldsymbol{A})=r$ 矛盾.

由(1)与(2)知，$\boldsymbol{\alpha}_1,\boldsymbol{\alpha}_2,\cdots,\boldsymbol{\alpha}_r$ 是 $\boldsymbol{A}$ 的 n 个列向量的一个极大无关组，故 $\boldsymbol{A}$ 的列秩为 r.

反之，若 $\boldsymbol{A}$ 的 n 个列向量的秩为 r，则可推出 $\boldsymbol{A}$ 的秩为 r(证明留给读者).

推论 4 设 $\boldsymbol{A}$ 为 $m\times n$ 矩阵，若 $\boldsymbol{A}$ 的列(行)向量个数大于 $\boldsymbol{A}$ 的秩，则列(行)向量组线性相关；若列(行)向量个数等于矩阵的秩 $\boldsymbol{A}$，则列(行)向量组线性无关.

若 n 阶方阵的行列式 $|\boldsymbol{A}|=0$，则 $\boldsymbol{A}$ 的 n 个列(行)向量线性相关；若 $|\boldsymbol{A}|\neq0$，则 $\boldsymbol{A}$ 的 n 个列(行)向量线性无关.

由推论 4 可得到一个判断向量组线性相关性的行之有效的方法. 这就是把向量组 $\boldsymbol{\alpha}_1,\boldsymbol{\alpha}_2,\cdots,\boldsymbol{\alpha}_m$ 按列(行)排成矩阵 $\boldsymbol{A}$，然后用初等变换化矩阵 $\boldsymbol{A}$ 为阶梯形，求矩阵 $\boldsymbol{A}$ 的秩 r，当 $r(\boldsymbol{A})=r$ 小于列(行)向量个数时，列(行)向量组线性相关；当 $r(\boldsymbol{A})=r$，等于列(行)向量个数时，则向量组线性无关.

例 4.2.2 设 $\boldsymbol{\alpha}_1=(1,4,1,0,2)^{\mathrm{T}},\boldsymbol{\alpha}_2=(2,5,-1,-3,2)^{\mathrm{T}},\boldsymbol{\alpha}_3=(-1,2,5,6,2)^{\mathrm{T}},\boldsymbol{\alpha}_4=(0,2,2,-1,0)^{\mathrm{T}}$. 判别该向量组的线性相关性.

解 把向量按列排成矩阵 $\boldsymbol{A}$，求 $\boldsymbol{A}$ 的秩.

$$\boldsymbol{A}=\begin{bmatrix}1&2&-1&0\\4&5&2&2\\1&-1&5&2\\0&-3&6&-1\\2&2&2&0\end{bmatrix}\Longrightarrow\begin{bmatrix}1&2&-1&0\\0&-3&6&2\\0&-3&6&2\\0&-3&6&-1\\0&-2&4&0\end{bmatrix}\Longrightarrow\begin{bmatrix}1&2&-1&0\\0&-1&2&0\\0&0&0&1\\0&0&0&0\\0&0&0&0\end{bmatrix},$$

得 $r(\boldsymbol{A})=3<4$，从而 $\boldsymbol{\alpha}_1,\boldsymbol{\alpha}_2,\boldsymbol{\alpha}_3,\boldsymbol{\alpha}_4$ 线性相关.

当向量组中向量个数与向量的维数相等时，也可用行列式方法来判别.

例 4.2.3 判别向量组 $\boldsymbol{\beta}_1=(1,2,1,0)^{\mathrm{T}},\boldsymbol{\beta}_2=(2,1,0,1)^{\mathrm{T}},\boldsymbol{\beta}_3=(4,5,2,1)^{\mathrm{T}},\boldsymbol{\beta}_4=(0,0,0,1)^{\mathrm{T}}$ 的线性相关性.

解 把向量排成矩阵 $\boldsymbol{B}$，求行列式 $|\boldsymbol{B}|$ 的值.

$$|\boldsymbol{B}|=|\boldsymbol{\beta}_1\boldsymbol{\beta}_2\boldsymbol{\beta}_3\boldsymbol{\beta}_4|=\begin{vmatrix}1&2&4&0\\2&1&5&0\\1&0&2&0\\0&1&1&1\end{vmatrix}=\begin{vmatrix}1&2&4\\2&1&5\\1&0&2\end{vmatrix}=0,$$

故 $\boldsymbol{\beta}_1,\boldsymbol{\beta}_2,\boldsymbol{\beta}_3,\boldsymbol{\beta}_4$ 线性相关.

因为矩阵 $\boldsymbol{A}$ 经过初等行变换变为矩阵 $\boldsymbol{B}$，相当于齐次线性方程组 $\boldsymbol{Ax}=\boldsymbol{0}$ 用初等行变换化为同解的齐次方程组 $\boldsymbol{Bx}=\boldsymbol{0}$，可见矩阵 $\boldsymbol{A}$ 的列向量组与矩阵 $\boldsymbol{B}$ 对应的列向量组有着相同的线性相关性. 因而有如下结论.

定理 4.6　矩阵 $\boldsymbol{A}$ 经过初等行变换化为矩阵 $\boldsymbol{B}$，则 $\boldsymbol{A}$ 的列向量组与 $\boldsymbol{B}$ 对应的列向量组有相同的线性相关性.

定理 4.6 给出了求向量组的一个极大无关组的一种好方法. 其步骤为

(1) 把向量组按列排成矩阵 $\boldsymbol{A}$；

(2) 对 $\boldsymbol{A}$ 施以初等行变换化为阶梯形 $\boldsymbol{B}$，求得 $r(\boldsymbol{A})=r(\boldsymbol{B})=r$；

(3) 从阶梯形 $\boldsymbol{B}$ 中易挑选出一个极大无关组 $\boldsymbol{\beta}_{i1},\boldsymbol{\beta}_{i2},\cdots,\boldsymbol{\beta}_{ir}$，则对应于 $\boldsymbol{A}$ 中列向量组 $\boldsymbol{\alpha}_{i1},\boldsymbol{\alpha}_{i2},\cdots,\boldsymbol{\alpha}_{ir}$ 为所求的一个极大无关组.

例 4.2.4　求向量组 $\boldsymbol{\alpha}_1=(1,2,1,0)^{\mathrm{T}},\boldsymbol{\alpha}_2=(4,5,0,5)^{\mathrm{T}},\boldsymbol{\alpha}_3=(1,-1,-3,5)^{\mathrm{T}}$，$\boldsymbol{\alpha}_4=(0,3,1,1)^{\mathrm{T}}$ 的一个极大线性无关组，并把其余向量用此极大无关组线性表示.

解　把向量组 $\boldsymbol{\alpha}_1,\boldsymbol{\alpha}_2,\boldsymbol{\alpha}_3,\boldsymbol{\alpha}_4$ 按列构成矩阵 $\boldsymbol{A}$，并对 $\boldsymbol{A}$ 施以初等行变换化为阶梯形

$$\boldsymbol{A}=\begin{bmatrix}1&4&1&0\\2&5&-1&3\\1&0&-3&1\\0&5&5&1\end{bmatrix}\Longrightarrow\begin{bmatrix}1&4&1&0\\0&-3&-3&3\\0&-4&-4&1\\0&5&5&1\end{bmatrix}\Longrightarrow\begin{bmatrix}1&4&1&0\\0&1&1&-1\\0&0&0&1\\0&0&0&0\end{bmatrix}$$

$$\Longrightarrow\begin{bmatrix}1&4&1&0\\0&1&1&0\\0&0&0&1\\0&0&0&0\end{bmatrix}\Longrightarrow\begin{bmatrix}1&0&-3&0\\0&1&1&0\\0&0&0&1\\0&0&0&0\end{bmatrix}=\boldsymbol{B}.$$

$$\qquad\qquad\qquad\qquad\boldsymbol{\beta}_1\quad\boldsymbol{\beta}_2\quad\boldsymbol{\beta}_3\quad\boldsymbol{\beta}_4$$

$r(\boldsymbol{A})=r(\boldsymbol{B})=3$，易见矩阵 $\boldsymbol{B}$ 的第 1,2,4 列 $\boldsymbol{\beta}_1,\boldsymbol{\beta}_2,\boldsymbol{\beta}_4$ 线性无关，故矩阵 $\boldsymbol{A}$ 对应的 $\boldsymbol{\alpha}_1$，$\boldsymbol{\alpha}_2,\boldsymbol{\alpha}_4$ 线性无关，且是向量组 $\boldsymbol{\alpha}_1,\boldsymbol{\alpha}_2,\boldsymbol{\alpha}_3,\boldsymbol{\alpha}_4$ 的一个极大无关组.

由矩阵 $\boldsymbol{B}$ 易得 $\boldsymbol{\beta}_3=(-3,1,0,0)^{\mathrm{T}}=-3\boldsymbol{\beta}_1+\boldsymbol{\beta}_2$，所以有 $\boldsymbol{\alpha}_3=-3\boldsymbol{\alpha}_1+\boldsymbol{\alpha}_2$.

例 4.2.5　已知向量组 $\boldsymbol{\beta}_1=(0,1,-1)^{\mathrm{T}},\boldsymbol{\beta}_2=(a,2,1)^{\mathrm{T}},\boldsymbol{\beta}_3=(b,1,0)^{\mathrm{T}}$ 与向量组 $\boldsymbol{\alpha}_1=(1,2,-3)^{\mathrm{T}},\boldsymbol{\alpha}_2=(3,0,1)^{\mathrm{T}},\boldsymbol{\alpha}_3=(9,6,-7)^{\mathrm{T}}$ 具有相同的秩，且 $\boldsymbol{\beta}_3$ 可由 $\boldsymbol{\alpha}_1,\boldsymbol{\alpha}_2$，$\boldsymbol{\alpha}_3$ 线性表示，求 a,b 的值.

解　易见 $\boldsymbol{\alpha}_1,\boldsymbol{\alpha}_2$ 是线性无关的，又

$$|\boldsymbol{\alpha}_1\boldsymbol{\alpha}_2\boldsymbol{\alpha}_3|=\begin{vmatrix}1&3&9\\2&0&6\\-3&1&-7\end{vmatrix}=0,$$

所以 $\boldsymbol{\alpha}_1,\boldsymbol{\alpha}_2,\boldsymbol{\alpha}_3$ 线性相关，秩$(\boldsymbol{\alpha}_1,\boldsymbol{\alpha}_2,\boldsymbol{\alpha}_3)=2$. 又已知 $\boldsymbol{\beta}_1,\boldsymbol{\beta}_2,\boldsymbol{\beta}_3$ 与 $\boldsymbol{\alpha}_1,\boldsymbol{\alpha}_2,\boldsymbol{\alpha}_3$ 具有相同的秩，所以 $\boldsymbol{\beta}_1,\boldsymbol{\beta}_2,\boldsymbol{\beta}_3$ 线性相关，于是

$$|\boldsymbol{\beta}_1\boldsymbol{\beta}_2\boldsymbol{\beta}_3| = \begin{vmatrix} 0 & a & b \\ 1 & 2 & 1 \\ -1 & 1 & 0 \end{vmatrix} = 0,$$

解得 $a=3b$.

又 $\boldsymbol{\beta}_3$ 可由 $\boldsymbol{\alpha}_1,\boldsymbol{\alpha}_2,\boldsymbol{\alpha}_3$ 线性表示.而 $\boldsymbol{\alpha}_1,\boldsymbol{\alpha}_2$ 是一个极大无关组,因而 $\boldsymbol{\beta}_3$ 也可由 $\boldsymbol{\alpha}_1$,$\boldsymbol{\alpha}_2$ 线性表示,即 $\boldsymbol{\alpha}_1,\boldsymbol{\alpha}_2,\boldsymbol{\beta}_3$ 线性相关,于是

$$|\boldsymbol{\alpha}_1\boldsymbol{\alpha}_2\boldsymbol{\beta}_3| = \begin{vmatrix} 1 & 3 & b \\ 2 & 0 & 1 \\ -3 & 1 & 0 \end{vmatrix} = 2b-10=0.$$

得 $b=5, a=3b=15$.

练习 4.2

1. 求下列向量组的一个极大线性无关组.

(1) $\boldsymbol{\alpha}_1=(1,2,-1)^{\mathrm{T}},\boldsymbol{\alpha}_2=(0,1,2)^{\mathrm{T}},\boldsymbol{\alpha}_3=(-1,1,-8)^{\mathrm{T}}$.

(2) $\boldsymbol{\alpha}_1=(1,3,6,2)^{\mathrm{T}},\boldsymbol{\alpha}_2=(2,1,2,-1)^{\mathrm{T}},\boldsymbol{\alpha}_3=(3,5,10,2)^{\mathrm{T}},\boldsymbol{\alpha}_4=(-2,1,2,3)^{\mathrm{T}}$.

(3) $\boldsymbol{\alpha}_1=(1,0,-2,1)^{\mathrm{T}},\boldsymbol{\alpha}_2=(3,1,0,-1)^{\mathrm{T}},\boldsymbol{\alpha}_3=(1,1,4,-3)^{\mathrm{T}},\boldsymbol{\alpha}_4=(3,0,10,3)^{\mathrm{T}}$.

2. 设三维行向量组 $\boldsymbol{\alpha}_1=(a_{11},a_{12},a_{13}),\boldsymbol{\alpha}_2=(a_{21},a_{22},a_{23}),\boldsymbol{\alpha}_3=(a_{31},a_{32},a_{33})$ 线性无关,证明四维行向量组 $\boldsymbol{\beta}_1=(a_{11},a_{12},a_{13},a_{14}),\boldsymbol{\beta}_2=(a_{21},a_{22},a_{23},a_{24}),\boldsymbol{\beta}_3=(a_{31},a_{32},a_{33},a_{34})$ 也线性无关.

3. 设基本向量组 $\boldsymbol{e}_1=(1,0,0)^{\mathrm{T}},\boldsymbol{e}_2=(0,1,0)^{\mathrm{T}},\boldsymbol{e}_3=(0,0,1)^{\mathrm{T}}$ 可由 $\boldsymbol{\alpha}_1,\boldsymbol{\alpha}_2,\boldsymbol{\alpha}_3$ 线性表示.(1) 证明:$\boldsymbol{e}_1,\boldsymbol{e}_2,\boldsymbol{e}_3$ 与 $\boldsymbol{\alpha}_1,\boldsymbol{\alpha}_2,\boldsymbol{\alpha}_3$ 等价;(2) 求 $\boldsymbol{\alpha}_1,\boldsymbol{\alpha}_2,\boldsymbol{\alpha}_3$ 的秩.

4. $\boldsymbol{\alpha}_1,\boldsymbol{\alpha}_2,\boldsymbol{\alpha}_3,\boldsymbol{\alpha}_4$ 线性无关,求向量组 $\boldsymbol{\alpha}_1+\boldsymbol{\alpha}_2,\boldsymbol{\alpha}_2+\boldsymbol{\alpha}_3,\boldsymbol{\alpha}_3+\boldsymbol{\alpha}_4,\boldsymbol{\alpha}_4+\boldsymbol{\alpha}_1$ 的秩.

5. 判断题:

(1) 向量组 V 中,$\boldsymbol{\alpha}_1,\boldsymbol{\alpha}_2,\cdots,\boldsymbol{\alpha}_s$ 线性无关,而对 V 中任一向量 $\boldsymbol{\alpha}$,都有 $\boldsymbol{\alpha},\boldsymbol{\alpha}_1,\boldsymbol{\alpha}_2,\cdots,\boldsymbol{\alpha}_s$ 线性相关,则 $\boldsymbol{\alpha}_1,\boldsymbol{\alpha}_2,\cdots,\boldsymbol{\alpha}_s$ 是 V 的一个极大无关组.

(2) 若向量组的秩为 r,则向量组中任 r 个线性无关向量都构成该向量组的一个极大无关组.

(3) $\boldsymbol{A}$ 的秩为 r,则有 r 个行线性无关,任 $r+1$ 个行线性相关.

(4) 两个等价向量组含向量个数相等.

(5) $\boldsymbol{A}$ 为 $n\times n$ 矩阵,$r(\boldsymbol{A})<n$,则 $\boldsymbol{A}$ 中必有一列是其余列向量的线性组合.

4.3 向量空间

4.3.1 向量空间的定义

定义 4.6 设 V 是数域 F 上的 n 维向量构成的非空集合,且满足

(1) 若 $\forall \boldsymbol{\alpha},\boldsymbol{\beta}\in V$,则 $\boldsymbol{\alpha}+\boldsymbol{\beta}\in V$;

(2) 若 $\forall \boldsymbol{\alpha}\in V, k\in F$,则 $k\boldsymbol{\alpha}\in V$.

称集合 V 为数域 F 上的**向量空间**,若 F 为实(复)数域,则称 V 为**实(复)向量空间**.本书仅讨论实向量空间.

上述(1)、(2)两条件称为集合 V 关于加法及数乘两种运算封闭.由定义可知,一个 n 维向量集合 V 要构成一个向量空间,必须满足加法与数乘运算的封闭性.

在定义 4.6 的(2)中,若 $k=0$,则 $\mathbf{0}\in V$;若 $k=-1$,则 $-\boldsymbol{\alpha}\in V$.因而,若 V 是一个向量空间,必含有零向量,而对每一个非零向量,必对应有负向量.若一个集合 U 中不含有零向量,或 $\boldsymbol{\alpha}\in U$,而 $-\boldsymbol{\alpha}\notin U$,则它不是向量空间.

例 4.3.1　实数域 $\mathbf{R}$ 上的全体 n 维向量的集合,记为

$$\mathbf{R}^n=\{\boldsymbol{\alpha}=(x_1,x_2,\cdots,x_n)^{\mathrm{T}}\mid x_i\in\mathbf{R}\},$$

它构成一个向量空间.

特别是当 $n=1$ 时,即若把实数看做向量,则全体实数 $\mathbf{R}$ 是一个向量空间;当 $n=2$ 时,即过原点的平面的全体向量 $\mathbf{R}^2$ 是一个向量空间;当 $n=3$ 时,即几何空间 $\mathbf{R}^3$ 是一个向量空间,单独一个零向量构成一个向量空间,称为零空间.

例 4.3.2　判别下面的集合是否构成向量空间.

(1) $V_1=\{\boldsymbol{\alpha}=(0,x_2,\cdots,x_n)^{\mathrm{T}}\mid x_i\in\mathbf{R}\}$.

(2) $V_2=\{\boldsymbol{\alpha}=(x_1,x_2,\cdots,x_n)^{\mathrm{T}}\mid x_1+x_2+\cdots+x_n=1\}$.

解　(1) $\forall \boldsymbol{\alpha}_1=(0,a_2,a_3,\cdots,a_n)^{\mathrm{T}},\quad \boldsymbol{\alpha}_2=(0,b_2,b_3,\cdots,b_n)^{\mathrm{T}}\in V_1$,

$$\boldsymbol{\alpha}_1+\boldsymbol{\alpha}_2=(0,a_2+b_2,\cdots,a_n+b_n)^{\mathrm{T}}\in V_1;$$

$$k\boldsymbol{\alpha}=(0,kx_2,\cdots,kx_n)^{\mathrm{T}}\in V_1,$$

即 V_1 中的向量满足向量加法和数乘封闭性,故 V_1 是一个向量空间.

(2) 因为 V_2 中不含有零向量,故 V_2 不是向量空间.

设 W 是向量空间 V 的非空子集合,若 W 对加法和数乘运算封闭,则称 W 为 V 的**子空间**.

设 $\boldsymbol{\alpha}_1,\boldsymbol{\alpha}_2$ 是两个 n 维向量,集合

$$W=\{\boldsymbol{\beta}=k_1\boldsymbol{\alpha}_1+k_2\boldsymbol{\alpha}_2\},$$

由上面定义知,它构成一个向量子空间,一般向量组 $\boldsymbol{\alpha}_1,\boldsymbol{\alpha}_2,\cdots,\boldsymbol{\alpha}_r$ 的线性组合构成的集合是一个向量空间,记为

$$L[\boldsymbol{\alpha}_1,\boldsymbol{\alpha}_2,\cdots,\boldsymbol{\alpha}_r]=\{\boldsymbol{\alpha}=k_1\boldsymbol{\alpha}_1+k_2\boldsymbol{\alpha}_2+\cdots+k_r\boldsymbol{\alpha}_r\},$$

称为由 $\boldsymbol{\alpha}_1,\boldsymbol{\alpha}_2,\cdots,\boldsymbol{\alpha}_r$ 生成的向量空间.

例如,由 $\boldsymbol{\alpha}_1=(1,0)^{\mathrm{T}},\boldsymbol{\alpha}_2=(1,1)^{\mathrm{T}}$ 生成一个平面空间 $\mathbf{R}^2=L[\boldsymbol{\alpha}_1,\boldsymbol{\alpha}_2]$;由 $\boldsymbol{\beta}_1=(1,0,0)^{\mathrm{T}},\boldsymbol{\beta}_2=(1,1,0)^{\mathrm{T}},\boldsymbol{\beta}_3=(1,1,1)^{\mathrm{T}}$ 生成的向量空间 $\mathbf{R}^3=L[\boldsymbol{\beta}_1,\boldsymbol{\beta}_2,\boldsymbol{\beta}_3]$.

4.3.2　向量空间的基、维数、坐标

研究向量空间,总希望用有限个向量或局部向量组来表示向量空间的任一向量,

例如,在 $\mathbf{R}^3$ 中,通常选用基本向量组 $\boldsymbol{e}_1,\boldsymbol{e}_2,\boldsymbol{e}_3$,对于 $\forall\boldsymbol{\alpha}=(x_1,x_2,x_3)\in\mathbf{R}^3$,都可表为 $\boldsymbol{\alpha}=x_1\boldsymbol{e}_1+x_2\boldsymbol{e}_2+x_3\boldsymbol{e}_3$,这时称 $\boldsymbol{e}_1,\boldsymbol{e}_2,\boldsymbol{e}_3$ 为 $\mathbf{R}^3$ 的基.

定义 4.7 设 V 是向量空间,若向量组 $\boldsymbol{\alpha}_1,\boldsymbol{\alpha}_2,\cdots,\boldsymbol{\alpha}_n\in V$,满足

(1) $\boldsymbol{\alpha}_1,\boldsymbol{\alpha}_2,\cdots,\boldsymbol{\alpha}_n$ 线性无关;

(2) V 中任一个向量都可由 $\boldsymbol{\alpha}_1,\boldsymbol{\alpha}_2,\cdots,\boldsymbol{\alpha}_n$ 线性表示.

则称 $\boldsymbol{\alpha}_1,\boldsymbol{\alpha}_2,\cdots,\boldsymbol{\alpha}_n$ 为向量空间 V 的一组**基**,n 称为 V 的**维数**,记为 $\dim V=n$,并称 V 为 n 维向量空间,零向量空间的维数规定为 0.

将基的定义与 3.2 节中极大无关组定义比较,不难发现,若把向量空间 V 看做向量组,则 V 的基就是向量组的极大线性无关组,V 的维数就是向量组 V 的秩.

关于基,有如下结论.(证明略)

n 维向量空间 V 的任 n 个线性无关的向量都是向量空间 V 的基.

例 4.3.3 (1) 求 $V=\{\boldsymbol{\alpha}=(x_1,x_2,x_3)^{\mathrm{T}}\mid x_1-2x_2=0\}$的一组基及维数.

(2) 证 $\boldsymbol{\alpha}_1=(1,1,1,1)^{\mathrm{T}},\boldsymbol{\alpha}_2=(1,3,1,0)^{\mathrm{T}},\boldsymbol{\alpha}_3=(1,0,1,0)^{\mathrm{T}},\boldsymbol{\alpha}_4=(1,0,0,1)^{\mathrm{T}}$ 是 $\mathbf{R}^4$ 的一组基.

解 (1) 因为 $\forall\boldsymbol{\alpha}=(x_1,x_2,x_3)^{\mathrm{T}}\in V$,$x_1=2x_2$,即有

$$\boldsymbol{\alpha}=(2x_2,x_2,x_3)^{\mathrm{T}}=x_2(2,1,0)^{\mathrm{T}}+x_3(0,0,1)^{\mathrm{T}},$$

可见 V 中任一向量 $\boldsymbol{\alpha}$ 可由 $\boldsymbol{\alpha}_1=(2,1,0)^{\mathrm{T}},\boldsymbol{\alpha}_2=(0,0,1)^{\mathrm{T}}$ 线性表示,又因 $\boldsymbol{\alpha}_1,\boldsymbol{\alpha}_2$ 是线性无关的,故由基定义知,$\boldsymbol{\alpha}_1,\boldsymbol{\alpha}_2$ 是 V 的一组基,$\dim V=2$.

(2) 依上面结论,只要证明 $\boldsymbol{\alpha}_1,\boldsymbol{\alpha}_2,\boldsymbol{\alpha}_3,\boldsymbol{\alpha}_4$ 线性无关. 把 $\boldsymbol{\alpha}_1,\boldsymbol{\alpha}_2,\boldsymbol{\alpha}_3,\boldsymbol{\alpha}_4$ 排成矩阵 $\boldsymbol{A}=(\boldsymbol{\alpha}_1,\boldsymbol{\alpha}_2,\boldsymbol{\alpha}_3,\boldsymbol{\alpha}_4)$,则

$$|\boldsymbol{A}|=|\boldsymbol{\alpha}_1\boldsymbol{\alpha}_2\boldsymbol{\alpha}_3\boldsymbol{\alpha}_4|=\begin{vmatrix}1&1&1&1\\1&3&0&0\\1&1&1&0\\1&0&0&1\end{vmatrix}=-3\neq0,$$

则 $\boldsymbol{\alpha}_1,\boldsymbol{\alpha}_2,\boldsymbol{\alpha}_3,\boldsymbol{\alpha}_4$ 线性无关,它们是 $\mathbf{R}^4$ 的一组基.

设 $\boldsymbol{\alpha}_1,\boldsymbol{\alpha}_2,\cdots,\boldsymbol{\alpha}_n$ 是 n 维向量空间 V 的一组基,则由 4.1 节的定理 4.2 知,向量空间 V 中任一向量 $\boldsymbol{\alpha}$ 可由 $\boldsymbol{\alpha}_1,\boldsymbol{\alpha}_2,\cdots,\boldsymbol{\alpha}_n$ 唯一表示:

$$\boldsymbol{\alpha}=x_1\boldsymbol{\alpha}_1+x_2\boldsymbol{\alpha}_2+\cdots+x_n\boldsymbol{\alpha}_n,$$

称有序数组 $x_1,x_2,\cdots,x_n$ 为向量 $\boldsymbol{\alpha}$ **关于基 $\boldsymbol{\alpha}_1,\boldsymbol{\alpha}_2,\cdots,\boldsymbol{\alpha}_n$ 的坐标**,记为

$$\boldsymbol{x}=(x_1,x_2,\cdots,x_n)^{\mathrm{T}}.$$

例 4.3.4 设 $\boldsymbol{\alpha}_1=(1,0,2,1)^{\mathrm{T}},\boldsymbol{\alpha}_2=(0,1,0,1)^{\mathrm{T}},\boldsymbol{\alpha}_3=(-1,2,0,1)^{\mathrm{T}},\boldsymbol{\alpha}_4=(0,0,0,1)^{\mathrm{T}}$,证明 $\boldsymbol{\alpha}_1,\boldsymbol{\alpha}_2,\boldsymbol{\alpha}_3,\boldsymbol{\alpha}_4$ 是 $\mathbf{R}^4$ 的一组基,并求 $\boldsymbol{\alpha}=(1,-1,4,5)^{\mathrm{T}}$ 在此基的坐标.

证 把四维向量 $\boldsymbol{\alpha}_1,\boldsymbol{\alpha}_2,\boldsymbol{\alpha}_3,\boldsymbol{\alpha}_4$ 排成矩阵

$$\boldsymbol{A}=\begin{bmatrix}1&0&-1&0\\0&1&2&0\\2&0&0&0\\1&1&1&1\end{bmatrix},$$

得 $r(\boldsymbol{A})=4$，所以 $\boldsymbol{\alpha}_1,\boldsymbol{\alpha}_2,\boldsymbol{\alpha}_3,\boldsymbol{\alpha}_4$ 线性无关，它们是 $\mathbf{R}^4$ 的基.

设 $\boldsymbol{\alpha}=x_1\boldsymbol{\alpha}_1+x_2\boldsymbol{\alpha}_2+x_3\boldsymbol{\alpha}_3+x_4\boldsymbol{\alpha}_4$，把已知的 $\boldsymbol{\alpha}_1,\boldsymbol{\alpha}_2,\boldsymbol{\alpha}_3,\boldsymbol{\alpha}_4$ 代入，整理得非齐次线性方程组

$$\begin{cases} x_1 - x_3 = 1, \\ x_2+2x_3 = -1, \\ 2x_1 = 4, \\ x_1+x_2+x_3+x_4=5, \end{cases}$$

解得

$$\boldsymbol{x}=(x_1,x_2,x_3,x_4)^{\mathrm{T}}=(2,-3,1,5)^{\mathrm{T}}.$$

$$\boldsymbol{\alpha}=2\boldsymbol{\alpha}_1-3\boldsymbol{\alpha}_2+\boldsymbol{\alpha}_3+5\boldsymbol{\alpha}_4.$$

4.3.3 基变换与坐标变换

在向量空间中任取一向量 $\boldsymbol{\alpha}$，其在取定基下的坐标是唯一的，但若选取的基不同，$\boldsymbol{\alpha}$ 的坐标一般也不同. 下面来推导同一向量在不同基下的坐标关系，首先介绍过渡矩阵的概念.

定义 4.8 设 $\boldsymbol{\alpha}_1,\boldsymbol{\alpha}_2,\cdots,\boldsymbol{\alpha}_n$ 与 $\boldsymbol{\beta}_1,\boldsymbol{\beta}_2,\cdots,\boldsymbol{\beta}_n$ 为向量空间 V 的两个基，它们之间关系表为

$$\begin{cases} \boldsymbol{\beta}_1=p_{11}\boldsymbol{\alpha}_1+p_{21}\boldsymbol{\alpha}_2+\cdots+p_{n1}\boldsymbol{\alpha}_n, \\ \boldsymbol{\beta}_2=p_{12}\boldsymbol{\alpha}_1+p_{22}\boldsymbol{\alpha}_2+\cdots+p_{n2}\boldsymbol{\alpha}_n, \\ \quad\vdots \\ \boldsymbol{\beta}_n=p_{1n}\boldsymbol{\alpha}_1+p_{2n}\boldsymbol{\alpha}_2+\cdots+p_{nn}\boldsymbol{\alpha}_n. \end{cases} \tag{4.3.1}$$

由矩阵乘法有

$$\boldsymbol{\beta}_i=(\boldsymbol{\alpha}_1,\boldsymbol{\alpha}_2,\cdots,\boldsymbol{\alpha}_n)\begin{bmatrix} p_{1i} \\ p_{2i} \\ \vdots \\ p_{ni} \end{bmatrix}, \quad i=1,2,\cdots,n.$$

式(4.3.1)可缩写为

$$\begin{aligned}(\boldsymbol{\beta}_1,\boldsymbol{\beta}_2,\cdots,\boldsymbol{\beta}_n)&=(\boldsymbol{\alpha}_1,\boldsymbol{\alpha}_2,\cdots,\boldsymbol{\alpha}_n)\begin{bmatrix} p_{11} & p_{12} & \cdots & p_{1n} \\ p_{21} & p_{22} & \cdots & p_{2n} \\ \vdots & \vdots & & \vdots \\ p_{n1} & p_{n2} & \cdots & p_{nn} \end{bmatrix} \\ &=(\boldsymbol{\alpha}_1,\boldsymbol{\alpha}_2,\cdots,\boldsymbol{\alpha}_n)\boldsymbol{P},\end{aligned} \tag{4.3.2}$$

其中矩阵 $\boldsymbol{P}=(p_{ij})_{n\times n}$ 称为从基 $\boldsymbol{\alpha}_1,\boldsymbol{\alpha}_2,\cdots,\boldsymbol{\alpha}_n$ 到基 $\boldsymbol{\beta}_1,\boldsymbol{\beta}_2,\cdots,\boldsymbol{\beta}_n$ 的**过渡矩阵或变换矩阵**. 称式(4.3.1)或式(4.3.2)为基变换公式.

过渡矩阵 $\boldsymbol{P}$ 中第 i 列向量是 $\boldsymbol{\beta}_i$ 在基 $\boldsymbol{\alpha}_1,\boldsymbol{\alpha}_2,\cdots,\boldsymbol{\alpha}_n$ 下的坐标. 过渡矩阵 $\boldsymbol{P}$ 是一个可逆矩阵.

例 4.3.5 设 $\mathbf{R}^3$ 中两个基 $\boldsymbol{\alpha}_1,\boldsymbol{\alpha}_2,\boldsymbol{\alpha}_3$ 和 $\boldsymbol{\beta}_1,\boldsymbol{\beta}_2,\boldsymbol{\beta}_3$ 的关系为 $\boldsymbol{\beta}_1=\boldsymbol{\alpha}_1+\boldsymbol{\alpha}_2$，$\boldsymbol{\beta}_2=\boldsymbol{\alpha}_2$

$+\boldsymbol{\alpha}_3,\boldsymbol{\beta}_3=\boldsymbol{\alpha}_3+\boldsymbol{\alpha}_1$.

(1) 求从前一个基到后一个基的过渡矩阵.

(2) 求从后一个基到前一个基的过渡矩阵.

解　(1) 因为

$$\begin{cases}\boldsymbol{\beta}_1=\boldsymbol{\alpha}_1+\boldsymbol{\alpha}_2,\\ \boldsymbol{\beta}_2=\boldsymbol{\alpha}_2+\boldsymbol{\alpha}_3,\\ \boldsymbol{\beta}_3=\boldsymbol{\alpha}_1+\boldsymbol{\alpha}_3.\end{cases}$$

故从 $\boldsymbol{\alpha}_1,\boldsymbol{\alpha}_2,\boldsymbol{\alpha}_3$ 到 $\boldsymbol{\beta}_1,\boldsymbol{\beta}_2,\boldsymbol{\beta}_3$ 的过渡矩阵为

$$\boldsymbol{P}=\begin{bmatrix}1&0&1\\1&1&0\\0&1&1\end{bmatrix}.$$

(2) 因为 $(\boldsymbol{\beta}_1,\boldsymbol{\beta}_2,\boldsymbol{\beta}_3)=(\boldsymbol{\alpha}_1,\boldsymbol{\alpha}_2,\boldsymbol{\alpha}_3)\boldsymbol{P}$, $\boldsymbol{P}$ 是可逆的, 则 $(\boldsymbol{\alpha}_1,\boldsymbol{\alpha}_2,\boldsymbol{\alpha}_3)=(\boldsymbol{\beta}_1,\boldsymbol{\beta}_2,\boldsymbol{\beta}_3)\boldsymbol{P}^{-1}$,故从 $\boldsymbol{\beta}_1,\boldsymbol{\beta}_2,\boldsymbol{\beta}_3$ 到 $\boldsymbol{\alpha}_1,\boldsymbol{\alpha}_2,\boldsymbol{\alpha}_3$ 的过渡矩阵为

$$\boldsymbol{Q}=\boldsymbol{P}^{-1}=\begin{bmatrix}1&0&1\\1&1&0\\0&1&1\end{bmatrix}^{-1}=\frac{1}{2}\begin{bmatrix}1&1&-1\\-1&1&1\\1&-1&1\end{bmatrix}.$$

例 4.3.6　设 $\mathbf{R}^3$ 中的两个基为 $\boldsymbol{\alpha}_1=(1,0,1)^{\mathrm{T}},\boldsymbol{\alpha}_2=(1,1,0)^{\mathrm{T}},\boldsymbol{\alpha}_3=(0,1,1)^{\mathrm{T}}$ 和 $\boldsymbol{\beta}_1=(1,1,1)^{\mathrm{T}},\boldsymbol{\beta}_2=(1,1,2)^{\mathrm{T}},\boldsymbol{\beta}_3=(1,2,1)^{\mathrm{T}}$. 求从前一个基到后一个基的过渡矩阵.

解　由 $(\boldsymbol{\beta}_1,\boldsymbol{\beta}_2,\boldsymbol{\beta}_3)=(\boldsymbol{\alpha}_1,\boldsymbol{\alpha}_2,\boldsymbol{\alpha}_3)\boldsymbol{P}$,得

$$\begin{bmatrix}1&1&1\\1&1&2\\1&2&1\end{bmatrix}=\begin{bmatrix}1&1&0\\0&1&1\\1&0&1\end{bmatrix}\boldsymbol{P}.$$

解得

$$\boldsymbol{P}=\begin{bmatrix}1&1&0\\0&1&1\\1&0&1\end{bmatrix}^{-1}\begin{bmatrix}1&1&1\\1&1&2\\1&2&1\end{bmatrix}$$

$$=\frac{1}{2}\begin{bmatrix}1&-1&1\\1&1&-1\\-1&1&1\end{bmatrix}\begin{bmatrix}1&1&1\\1&1&2\\1&2&1\end{bmatrix}=\begin{bmatrix}1/2&1&0\\1/2&0&1\\1/2&1&1\end{bmatrix}.$$

定理 4.7　设向量空间 V 中的一个基 $\boldsymbol{\alpha}_1,\boldsymbol{\alpha}_2,\cdots,\boldsymbol{\alpha}_n$ 到另一个基 $\boldsymbol{\beta}_1,\boldsymbol{\beta}_2,\cdots,\boldsymbol{\beta}_n$ 的过渡矩阵为 $\boldsymbol{P}$,设向量 $\boldsymbol{\alpha}$ 在这两组基下的坐标分别为 $\boldsymbol{x}$ 和 $\boldsymbol{y}$,则

$$\boldsymbol{x}=\boldsymbol{P}\boldsymbol{y}\quad\text{或}\quad\boldsymbol{y}=\boldsymbol{P}^{-1}\boldsymbol{x}.\tag{4.3.3}$$

证　因为

$$(\boldsymbol{\beta}_1,\boldsymbol{\beta}_2,\cdots,\boldsymbol{\beta}_n)=(\boldsymbol{\alpha}_1,\boldsymbol{\alpha}_2,\cdots,\boldsymbol{\alpha}_n)\boldsymbol{P},\tag{4.3.4}$$

$$\boldsymbol{\alpha}=x_1\boldsymbol{\alpha}_1+x_2\boldsymbol{\alpha}_2+\cdots+x_n\boldsymbol{\alpha}_n=(\boldsymbol{\alpha}_1,\boldsymbol{\alpha}_2,\cdots,\boldsymbol{\alpha}_n)\boldsymbol{x},\tag{4.3.5}$$

$$\boldsymbol{\alpha}=y_1\boldsymbol{\beta}_1+y_2\boldsymbol{\beta}_2+\cdots+y_n\boldsymbol{\beta}_n=(\boldsymbol{\beta}_1,\boldsymbol{\beta}_2,\cdots,\boldsymbol{\beta}_n)\boldsymbol{y},\tag{4.3.6}$$

把式(4.3.4)代入式(4.3.6),得

$$\boldsymbol{\alpha}=(\boldsymbol{\alpha}_1,\boldsymbol{\alpha}_2,\cdots,\boldsymbol{\alpha}_n)\boldsymbol{P}\boldsymbol{y}.\tag{4.3.7}$$

把式(4.3.7)与式(4.3.5)比较得

$$x=Py.$$

例 4.3.7　设 $\mathbf{R}^3$ 的两个基 $\boldsymbol{\alpha}_1=(1,0,1)^{\mathrm{T}},\boldsymbol{\alpha}_2=(1,1,0)^{\mathrm{T}},\boldsymbol{\alpha}_3=(0,1,1)^{\mathrm{T}}$ 与 $\boldsymbol{\beta}_1=(1,1,1)^{\mathrm{T}},\boldsymbol{\beta}_2=(1,1,2)^{\mathrm{T}},\boldsymbol{\beta}_3=(1,2,1)^{\mathrm{T}}$，求向量 $\boldsymbol{\alpha}=\boldsymbol{\alpha}_1+2\boldsymbol{\alpha}_2+3\boldsymbol{\alpha}_3$ 在基 $\boldsymbol{\beta}_1,\boldsymbol{\beta}_2,\boldsymbol{\beta}_3$ 下的坐标.

解　由例 4.3.6 知，从 $\boldsymbol{\alpha}_1,\boldsymbol{\alpha}_2,\boldsymbol{\alpha}_3$ 到 $\boldsymbol{\beta}_1,\boldsymbol{\beta}_2,\boldsymbol{\beta}_3$ 的过渡矩阵及其逆矩阵为

$$\boldsymbol{P}=\begin{bmatrix}1/2 & 1 & 0\\ 1/2 & 0 & 1\\ 1/2 & 1 & 1\end{bmatrix},\quad \boldsymbol{P}^{-1}=\begin{bmatrix}2 & 2 & -2\\ 0 & -1 & 1\\ -1 & 0 & 1\end{bmatrix},$$

$\boldsymbol{\alpha}$ 在基 $\boldsymbol{\alpha}_1,\boldsymbol{\alpha}_2,\boldsymbol{\alpha}_3$ 下的坐标为 $\boldsymbol{x}=(1,2,3)^{\mathrm{T}}$，则 $\boldsymbol{\alpha}$ 在基 $\boldsymbol{\beta}_1,\boldsymbol{\beta}_2,\boldsymbol{\beta}_3$ 下的坐标为

$$\boldsymbol{y}=\boldsymbol{P}^{-1}\boldsymbol{x}=\begin{bmatrix}2 & 2 & -2\\ 0 & -1 & 1\\ -1 & 0 & 1\end{bmatrix}\begin{bmatrix}1\\2\\3\end{bmatrix}=\begin{bmatrix}0\\1\\2\end{bmatrix}.$$

另法：因 $\boldsymbol{\alpha}=\boldsymbol{\alpha}_1+2\boldsymbol{\alpha}_2+3\boldsymbol{\alpha}_3=(1,0,1)^{\mathrm{T}}+2(1,1,0)^{\mathrm{T}}+3(0,1,1)^{\mathrm{T}}=(3,5,4)^{\mathrm{T}}$，由 $\boldsymbol{\alpha}=y_1\boldsymbol{\beta}_1+y_2\boldsymbol{\beta}_2+y_3\boldsymbol{\beta}_3$，化为非齐次线性方程组

$$\begin{bmatrix}1 & 1 & 1\\ 1 & 1 & 2\\ 1 & 2 & 1\end{bmatrix}\begin{bmatrix}y_1\\y_2\\y_3\end{bmatrix}=\begin{bmatrix}3\\5\\4\end{bmatrix}.$$

解得
$$\boldsymbol{y}=(y_1,y_2,y_3)^{\mathrm{T}}=(0,1,2)^{\mathrm{T}}.$$

练习 4.3

1. 判断下面的集合是否构成向量空间.

(1) 平面上与某向量 $\boldsymbol{\gamma}$ 不平行的所有向量的集合.

(2) 平面直角坐标系第一卦限的向量集合.

(3) $V=\{\boldsymbol{\alpha}=(x_1,x_2,x_3)\mid x_1+x_2+x_3=0\}$.

(4) $V=\{\boldsymbol{\alpha}=(x_1,x_2,x_3)\mid x_1+2x_2=3\}$.

(5) $V=\left\{\boldsymbol{\alpha}=(x_1,x_2,\cdots,x_n)\,\middle|\,\sum_{i=1}^{n}x_i^2=1\right\}$.

(6) $V=\{\boldsymbol{\alpha}=(x_1,x_2,\cdots,x_n)\mid x_1$ 为整数$\}$.

2. 设向量空间为 $V=\{\boldsymbol{\alpha}=(x_1,x_2,x_3)\mid x_1+x_2=2x_3\}$，求 V 的一组基和维数.

3. 证明 $\boldsymbol{\alpha}_1=(1,0,2)^{\mathrm{T}},\boldsymbol{\alpha}_2=(2,1,0)^{\mathrm{T}},\boldsymbol{\alpha}_3=(1,1,1)^{\mathrm{T}}$ 是 $\mathbf{R}^3$ 的一组基，求 $\boldsymbol{\beta}=(7,4,4)$在此基下的坐标.

4. 证明向量组 $\boldsymbol{\alpha}_1=(1,1,0,1)^{\mathrm{T}},\boldsymbol{\alpha}_2=(2,1,3,1)^{\mathrm{T}},\boldsymbol{\alpha}_3=(1,1,0,0)^{\mathrm{T}},\boldsymbol{\alpha}_4=(0,1,-1,-1)^{\mathrm{T}}$ 构成 $\mathbf{R}^4$ 的一组基，求 $\boldsymbol{\beta}=(2,2,4,1)^{\mathrm{T}}$ 在此基下的坐标.

5. (1) 设 $\mathbf{R}^2$ 的两个基为 $\boldsymbol{\alpha}_1=(1,1)^{\mathrm{T}},\boldsymbol{\alpha}_2=(1,2)^{\mathrm{T}}$ 与 $\boldsymbol{\beta}_1=(1,4)^{\mathrm{T}},\boldsymbol{\beta}_2=(4,1)^{\mathrm{T}}$，求从前一个基到后一个基的过渡矩阵.

(2) 设 $\mathbf{R}^3$ 的两个基为 $\boldsymbol{e}_1=(1,0,0)^{\mathrm{T}},\boldsymbol{e}_2=(0,1,0)^{\mathrm{T}},\boldsymbol{e}_3=(0,0,1)^{\mathrm{T}}$ 与 $\boldsymbol{\beta}_1=(1,2,$

$1)^{\mathrm{T}}, \boldsymbol{\beta}_2=(1,0,0)^{\mathrm{T}}, \boldsymbol{\beta}_3=(1,0,1)^{\mathrm{T}}$，求从前一个基到后一个基的过渡矩阵.

6. 设 $\boldsymbol{\alpha}_1, \boldsymbol{\alpha}_2, \boldsymbol{\alpha}_3$ 是向量空间 $\mathbf{R}^3$ 的一个基，证明 $\boldsymbol{\beta}_1=\boldsymbol{\alpha}_1+\boldsymbol{\alpha}_2, \boldsymbol{\beta}_2=\boldsymbol{\alpha}_2+\boldsymbol{\alpha}_3, \boldsymbol{\beta}_3=\boldsymbol{\alpha}_3+\boldsymbol{\alpha}_1$ 也是 $\mathbf{R}^3$ 的一组基，求从基 $\boldsymbol{\beta}_1, \boldsymbol{\beta}_2, \boldsymbol{\beta}_3$ 到基 $\boldsymbol{\alpha}_1, \boldsymbol{\alpha}_2, \boldsymbol{\alpha}_3$ 的过渡矩阵.

7. 设 $\mathbf{R}^3$ 中的两个基 $\boldsymbol{\alpha}_1=(1,0,0)^{\mathrm{T}}, \boldsymbol{\alpha}_2=(0,1,1)^{\mathrm{T}}, \boldsymbol{\alpha}_3=(1,0,1)^{\mathrm{T}}$ 与 $\boldsymbol{\beta}_1=(1,2,2)^{\mathrm{T}}, \boldsymbol{\beta}_2=(3,0,2)^{\mathrm{T}}, \boldsymbol{\beta}_3=(0,1,1)^{\mathrm{T}}$，

(1) 求从前一个基到后一个基的过渡矩阵；

(2) 求 $\boldsymbol{\alpha}=\boldsymbol{\alpha}_1+2\boldsymbol{\alpha}_2+3\boldsymbol{\alpha}_3$ 在基 $\boldsymbol{\beta}_1, \boldsymbol{\beta}_2, \boldsymbol{\beta}_3$ 下的坐标.

8. 设 $\mathbf{R}^3$ 中两个基为 $\boldsymbol{\alpha}_1, \boldsymbol{\alpha}_2, \boldsymbol{\alpha}_3$ 与 $\boldsymbol{\beta}_1, \boldsymbol{\beta}_2, \boldsymbol{\beta}_3$，且 $\boldsymbol{\beta}_1=\boldsymbol{\alpha}_1-\boldsymbol{\alpha}_2, \boldsymbol{\beta}_2=2\boldsymbol{\alpha}_1+3\boldsymbol{\alpha}_2+2\boldsymbol{\alpha}_3, \boldsymbol{\beta}_3=\boldsymbol{\alpha}_1+3\boldsymbol{\alpha}_2+2\boldsymbol{\alpha}_3$，求：

(1) $\boldsymbol{\alpha}=2\boldsymbol{\beta}_1-\boldsymbol{\beta}_2+3\boldsymbol{\beta}_3$ 对于基 $\boldsymbol{\alpha}_1, \boldsymbol{\alpha}_2, \boldsymbol{\alpha}_3$ 的坐标；

(2) $\boldsymbol{\alpha}=2\boldsymbol{\alpha}_1-\boldsymbol{\alpha}_2+3\boldsymbol{\alpha}_3$ 对于基 $\boldsymbol{\beta}_1, \boldsymbol{\beta}_2, \boldsymbol{\beta}_3$ 的坐标.

4.4 线性方程组解的结构

第 3 章介绍了用初等行变换求解线性方程组，并得到了方程组的解的若干重要结论，在本节用向量组的线性相关性理论进一步深入讨论方程组的解.

4.4.1 齐次线性方程组解的结构

设齐次线性方程组

$$\boldsymbol{A}\boldsymbol{x}=\mathbf{0} \tag{4.4.1}$$

的系数矩阵为 $m \times n$ 矩阵，$\boldsymbol{x}=(x_1, x_2, \cdots, x_n)^{\mathrm{T}}$，把 $\boldsymbol{A}$ 按列分块为

$$\boldsymbol{A}=(\boldsymbol{\alpha}_1, \boldsymbol{\alpha}_2, \cdots, \boldsymbol{\alpha}_n),$$

则 $\boldsymbol{A}\boldsymbol{x}=\mathbf{0}$ 可表示为向量组合式

$$x_1\boldsymbol{\alpha}_1+x_2\boldsymbol{\alpha}_2+\cdots+x_n\boldsymbol{\alpha}_n=\mathbf{0}. \tag{4.4.2}$$

因此第 3 章的 3.4 节的定理 3.9 又可叙述为：

$\boldsymbol{A}\boldsymbol{x}=\mathbf{0}$ 有非零解的充要条件是 $\boldsymbol{\alpha}_1, \boldsymbol{\alpha}_2, \cdots, \boldsymbol{\alpha}_n$ 线性相关，从而 $r(\boldsymbol{A})<n$. 同样可知，$\boldsymbol{A}\boldsymbol{x}=\mathbf{0}$ 仅有零解的充要条件是 $\boldsymbol{\alpha}_1, \boldsymbol{\alpha}_2, \cdots, \boldsymbol{\alpha}_n$ 线性无关，从而 $r(\boldsymbol{A})=n$.

为了研究齐次方程组解集合的结构，先讨论这些解的性质，并给出基础解系的概念.

定理 4.8 设 $\boldsymbol{x}_1, \boldsymbol{x}_2$ 是齐次线性方程组 $\boldsymbol{A}\boldsymbol{x}=\mathbf{0}$ 的任意两个解，则 $\boldsymbol{x}_1$ 与 $\boldsymbol{x}_2$ 的线性组合 $k_1\boldsymbol{x}_1+k_2\boldsymbol{x}_2$ 也是该方程组的解.

证 已知 $\boldsymbol{A}\boldsymbol{x}_1=\mathbf{0}, \boldsymbol{A}\boldsymbol{x}_2=\mathbf{0}$，则

$$\boldsymbol{A}(k\boldsymbol{x}_1+k\boldsymbol{x}_2)=k_1\boldsymbol{A}\boldsymbol{x}_1+k_2\boldsymbol{A}\boldsymbol{x}_2=k_1\mathbf{0}+k_2\mathbf{0}=\mathbf{0},$$

故 $k_1\boldsymbol{x}_1+k_2\boldsymbol{x}_2$ 是 $\boldsymbol{A}\boldsymbol{x}=\mathbf{0}$ 的解.

因为齐次线性方程组解的线性组合仍是该方程组的解，依据向量空间的定义可知，齐次线性方程组的解集构成一个向量空间，称为方程组的**解空间**，记为 $N(\boldsymbol{A})$，即

$$N(\boldsymbol{A})=\{\boldsymbol{x}\mid \boldsymbol{A}\boldsymbol{x}=\boldsymbol{0}\}.$$

定义 4.9　齐次线性方程组 $\boldsymbol{A}\boldsymbol{x}=\boldsymbol{0}$ 的解空间 $N(\boldsymbol{A})$ 的基称为该方程组的**基础解系**. 即若 $\boldsymbol{x}_1,\boldsymbol{x}_2,\cdots,\boldsymbol{x}_s$ 为齐次方程组的一个基础解系，则满足下列两条件：

(1) $\boldsymbol{x}_1,\boldsymbol{x}_2,\cdots,\boldsymbol{x}_s$ 是线性无关的解向量.

(2) 该方程组的任一解 $\boldsymbol{x}$ 都可表为 $\boldsymbol{x}_1,\boldsymbol{x}_2,\cdots,\boldsymbol{x}_s$ 的线性组合，即

$$\boldsymbol{x}=k_1\boldsymbol{x}_1+k_2\boldsymbol{x}_2+\cdots+k_s\boldsymbol{x}_s.$$

下面来确定 $N(\boldsymbol{A})$ 的基和维数.

设 $\boldsymbol{A}\boldsymbol{x}=\boldsymbol{0}$ 的系数矩阵 $\boldsymbol{A}$ 的秩 $r(\boldsymbol{A})=r$，不妨设 $\boldsymbol{A}$ 的左上角 r 阶子式不等于零，对 $\boldsymbol{A}$ 做初等行变换化简为阶梯形，并求出解为

$$\begin{cases} x_1 &= t_{11}x_{r+1}+t_{12}x_{r+2}+\cdots+t_{1\,n-r}x_n, \\ x_2 &= t_{21}x_{r+1}+t_{22}x_{r+2}+\cdots+t_{2\,n-r}x_n, \\ &\vdots \\ x_r &= t_{r1}x_{r+1}+t_{r2}x_{r+2}+\cdots+t_{r\,n-r}x_n, \\ x_{r+1} &= x_{r+1}, \\ &\vdots \\ x_n &= x_n. \end{cases}$$

解的列向量形式为

$$\boldsymbol{x}=k_1\begin{bmatrix} t_{11}\\ \vdots \\ t_{r1} \\ 1 \\ 0 \\ 0 \\ \vdots \\ 0 \end{bmatrix}+k_2\begin{bmatrix} t_{12}\\ \vdots \\ t_{r2} \\ 0 \\ 1 \\ 0 \\ \vdots \\ 0 \end{bmatrix}+\cdots+k_{n-r}\begin{bmatrix} t_{1\,n-r}\\ \vdots \\ t_{r\,n-r} \\ 0 \\ 0 \\ \vdots \\ 0 \\ 1 \end{bmatrix}. \tag{4.4.3}$$

其中 $k_i=x_{i+r}(i=1,2,\cdots,n-r)$ 为任意 $n-r$ 个常数，记

$$\boldsymbol{x}_i=(t_{1i},\cdots,t_{ri},\overbrace{0,\cdots,0,1}^{i},0,\cdots,0)^{\mathrm{T}},i=1,2,\cdots,n-r.$$

它们是 $\boldsymbol{A}\boldsymbol{x}=\boldsymbol{0}$ 的 $n-r$ 个解，由式(4.4.3)可见，$\boldsymbol{A}\boldsymbol{x}=\boldsymbol{0}$ 的任一解是这 $n-r$ 个解的线性表示，简记为

$$\boldsymbol{x}=k_1\boldsymbol{x}_1+k_2\boldsymbol{x}_2+\cdots+k_{n-r}\boldsymbol{x}_{n-r}. \tag{4.4.4}$$

若能证明这 $n-r$ 个解 $\boldsymbol{x}_1,\boldsymbol{x}_2,\cdots,\boldsymbol{x}_{n-r}$ 线性无关，则它们就是 $\boldsymbol{A}\boldsymbol{x}=\boldsymbol{0}$ 的解空间 $N(\boldsymbol{A})$ 的一组基. 为此把这 $n-r$ 个解排成 $n\times(n-r)$ 矩阵 $(\boldsymbol{x}_1,\boldsymbol{x}_2,\cdots,\boldsymbol{x}_{n-r})$，可以看出该矩阵中从 $r+1$ 行至 n 行所构成的 $n-r$ 阶行列式

$$\begin{vmatrix} 1 & & & \\ & 1 & & \\ & & \ddots & \\ & & & 1 \end{vmatrix}=1\neq 0,$$

所以解 $\boldsymbol{x}_1,\boldsymbol{x}_2,\cdots,\boldsymbol{x}_{n-r}$ 线性无关，它们就是 $N(\boldsymbol{A})$ 的一个基，即基础解系，因此有

$$\dim N(\boldsymbol{A})=n-r.$$

定理 4.9 设 $m\times n$ 矩阵 $\boldsymbol{A}$ 的秩 $r(\boldsymbol{A})=r$，若 $r<n$，则齐次线性方程组 $\boldsymbol{Ax}=\boldsymbol{0}$ 的解空间 $N(\boldsymbol{A})$ 的维数为 $n-r$；若 $r=n$，则 $N(\boldsymbol{A})=\{\boldsymbol{0}\}$，即 $\boldsymbol{Ax}=\boldsymbol{0}$ 仅有零解.

例 4.4.1 求以下线性方程组的一个基础解系.

$$\begin{cases} x_1+x_2+x_3-x_4=0, \\ x_1-x_2+x_3-3x_4=0, \\ x_1+3x_2+x_3+x_4=0, \\ 3x_1+x_2+3x_2-5x_4=0. \end{cases}$$

解 对系数矩阵 $\boldsymbol{A}$ 做初等行变换，

$$\boldsymbol{A}=\begin{bmatrix}1&1&1&-1\\1&-1&1&-3\\1&3&1&1\\3&1&3&-5\end{bmatrix}\Longrightarrow\begin{bmatrix}1&1&1&-1\\0&-2&0&-2\\0&2&0&2\\0&-2&0&-2\end{bmatrix}$$

$$\Longrightarrow\begin{bmatrix}1&1&1&-1\\0&1&0&1\\0&0&0&0\\0&0&0&0\end{bmatrix}\Longrightarrow\begin{bmatrix}1&0&1&-2\\0&1&0&1\\0&0&0&0\\0&0&0&0\end{bmatrix}.$$

解方程组

$$\begin{cases} x_1+x_3-2x_4=0, \\ x_2+x_4=0. \end{cases}$$

$r(\boldsymbol{A})=2$，取自由量为 x_3,x_4，得

$$\begin{cases} x_1=-x_3+2x_4, \\ x_2=-x_4, \\ x_3=x_3, \\ x_4=x_4. \end{cases}$$

即一般解

$$\boldsymbol{x}=k_1(-1,0,1,0)^{\mathrm{T}}+k_2(2,-1,0,1)^{\mathrm{T}}.$$

该方程组的一个基础解系为 $(-1,0,1,0)^{\mathrm{T}},(2,-1,0,1)^{\mathrm{T}}$.

例 4.4.2 设向量组 $\boldsymbol{\alpha}_1,\boldsymbol{\alpha}_2,\boldsymbol{\alpha}_3$ 是齐次方程组 $\boldsymbol{Ax}=\boldsymbol{0}$ 的基础解系，证明 $\boldsymbol{\beta}_1=\boldsymbol{\alpha}_1+\boldsymbol{\alpha}_2+\boldsymbol{\alpha}_3,\boldsymbol{\beta}_2=\boldsymbol{\alpha}_1+2\boldsymbol{\alpha}_2,\boldsymbol{\beta}_3=\boldsymbol{\alpha}_1+2\boldsymbol{\alpha}_2+3\boldsymbol{\alpha}_3$ 也是该方程组的基础解系.

证 要证 $\boldsymbol{\beta}_1,\boldsymbol{\beta}_2,\boldsymbol{\beta}_3$ 是 $\boldsymbol{Ax}=\boldsymbol{0}$ 的基础解系，首先要证 $\boldsymbol{\beta}_1,\boldsymbol{\beta}_2,\boldsymbol{\beta}_3$ 是 $\boldsymbol{Ax}=\boldsymbol{0}$ 的解，其次证明 $\boldsymbol{\beta}_1,\boldsymbol{\beta}_2,\boldsymbol{\beta}_3$ 是线性无关的.

因为 $\boldsymbol{\alpha}_1,\boldsymbol{\alpha}_2,\boldsymbol{\alpha}_3$ 是 $\boldsymbol{Ax}=\boldsymbol{0}$ 的解，即有 $\boldsymbol{A\alpha}_i=\boldsymbol{0},i=1,2,3$，且 $\dim N(\boldsymbol{A})=3$. 易见

$$\boldsymbol{A\beta}_1=\boldsymbol{0},\quad \boldsymbol{A\beta}_2=\boldsymbol{0},\quad \boldsymbol{A\beta}_3=\boldsymbol{0},$$

因而 $\boldsymbol{\beta}_1,\boldsymbol{\beta}_2,\boldsymbol{\beta}_3$ 是 $\boldsymbol{Ax}=\boldsymbol{0}$ 的解.

设 $k_1\boldsymbol{\beta}_1+k_2\boldsymbol{\beta}_2+k_3\boldsymbol{\beta}_3=\mathbf{0}$，把已知的 $\boldsymbol{\beta}_1,\boldsymbol{\beta}_2,\boldsymbol{\beta}_3$ 代入整理得

$$(k_1+k_2+k_3)\boldsymbol{\alpha}_1+(k_1+2k_2+2k_3)\boldsymbol{\alpha}_2+(k_1+3k_3)\boldsymbol{\alpha}_3=\mathbf{0},$$

因为 $\boldsymbol{\alpha}_1,\boldsymbol{\alpha}_2,\boldsymbol{\alpha}_3$ 线性无关，得齐次方程组

$$\begin{cases}k_1+k_2+k_3=0,\\k_1+2k_2+2k_3=0,\\k_1+3k_3=0,\end{cases}$$

其系数矩阵 $\boldsymbol{A}$ 的行列式 $|\boldsymbol{A}|\neq 0$，所以齐次方程组仅有零解，则 $\boldsymbol{\beta}_1,\boldsymbol{\beta}_2,\boldsymbol{\beta}_3$ 线性无关，证得 $\boldsymbol{\beta}_1,\boldsymbol{\beta}_2,\boldsymbol{\beta}_3$ 为 $\boldsymbol{A}\boldsymbol{x}=\mathbf{0}$ 的基础解系.

例 4.4.3　设矩阵 $\boldsymbol{B}$ 是一个三阶非零矩阵，它的每一列是齐次方程组

$$\begin{cases}x_1+2x_2-2x_3=0,\\2x_1-x_2+\lambda x_3=0,\\3x_1+x_2-x_3=0\end{cases}$$

的解，求 λ 的值和 $|\boldsymbol{B}|$.

解　因为非零矩阵 $\boldsymbol{B}$ 的列是上面齐次方程组的解，所以该齐次方程组有非零解，从而系数行列式

$$|\boldsymbol{A}|=\begin{vmatrix}1&2&-2\\2&-1&\lambda\\3&1&-1\end{vmatrix}=0,$$

得 $5\lambda-5=0$，即 $\lambda=1$.

又因矩阵 $\boldsymbol{A}$ 的秩为 2，$\dim N(\boldsymbol{A})=3-2=1$，即基础解系线性无关的解向量只有一个. 因而 $\boldsymbol{B}$ 的三个列向量必线性相关，得 $|\boldsymbol{B}|=0$.

例 4.4.4　设 $\boldsymbol{A}$ 为 $m\times n$ 矩阵，$\boldsymbol{B}$ 为 $n\times k$ 矩阵，若 $\boldsymbol{AB}=\mathbf{0}$，证明 $r(\boldsymbol{A})+r(\boldsymbol{B})\leqslant n$.

证　将 $\boldsymbol{B}$ 按列分块为 $\boldsymbol{B}=(\boldsymbol{B}_1,\boldsymbol{B}_2,\cdots,\boldsymbol{B}_k)$，由 $\boldsymbol{AB}=\mathbf{0}$，得

$$(\boldsymbol{AB}_1,\boldsymbol{AB}_2,\cdots,\boldsymbol{AB}_k)=(\mathbf{0},\mathbf{0},\cdots,\mathbf{0}),$$

即有

$$\boldsymbol{AB}_i=\mathbf{0},\quad i=1,2,\cdots,k.$$

上式表明矩阵 $\boldsymbol{B}$ 的每一列向量是齐次线性方程组 $\boldsymbol{A}_{m\times n}\boldsymbol{x}_{n\times 1}=\mathbf{0}$ 的解，即 $\boldsymbol{B}$ 的列向量 $\boldsymbol{B}_1,\boldsymbol{B}_2,\cdots,\boldsymbol{B}_k\in N(\boldsymbol{A})$，又 $\boldsymbol{A}\boldsymbol{x}=\mathbf{0}$ 的基础解系含有 $n-r(\boldsymbol{A})$ 个解，从而

$$\text{秩}(\boldsymbol{B}_1,\boldsymbol{B}_2,\cdots,\boldsymbol{B}_k)\leqslant n-r(\boldsymbol{A}),$$

即 $r(\boldsymbol{B})\leqslant n-r(\boldsymbol{A})$，证得 $r(\boldsymbol{A})+r(\boldsymbol{B})\leqslant n$.

4.4.2　非齐次线性方程组解的结构

设非齐次线性方程组

$$\boldsymbol{A}\boldsymbol{x}=\boldsymbol{b}\tag{4.4.5}$$

的系数矩阵 $\boldsymbol{A}$ 为 $m\times n$ 阶，$\boldsymbol{x}=(x_1,x_2,\cdots,x_n)^{\mathrm{T}}$，$\boldsymbol{b}=(b_1,b_2,\cdots,b_m)^{\mathrm{T}}$，增广矩阵为 $(\boldsymbol{A}\ \vdots\ \boldsymbol{b})$.

求解非齐次线性方程组的首要问题是要判断该方程组是否有解，若方程组有解，称该方程组是**相容的**，否则称为不相容的.

在 3.4 节中用初等行变换（高斯消元）法解方程组，得出非齐次线性方程组有解的结论为：

$\boldsymbol{Ax}=\boldsymbol{b}$ 有解的充要条件是 $r(\boldsymbol{A})=r(\boldsymbol{A} \vdots \boldsymbol{b})$.

把 $\boldsymbol{A}$ 按列分块为 $\boldsymbol{A}=(\boldsymbol{\alpha}_1,\boldsymbol{\alpha}_2,\cdots,\boldsymbol{\alpha}_n)$，则 $\boldsymbol{Ax}=\boldsymbol{b}$ 写成向量组合式为

$$x_1\boldsymbol{\alpha}_1+x_2\boldsymbol{\alpha}_2+\cdots+x_n\boldsymbol{\alpha}_n=\boldsymbol{b}, \tag{4.4.6}$$

这里用向量组的线性组合来表述这个结论.

定理 4.10　非齐次方程组 $\boldsymbol{Ax}=\boldsymbol{b}$ 有解的充要条件为 $\boldsymbol{b}$ 是系数矩阵 $\boldsymbol{A}$ 的 n 个列向量的线性表示.

证　必要性：若 $\boldsymbol{Ax}=\boldsymbol{b}$ 有解，必有解 $\boldsymbol{x}$，使式(4.4.6)成立，这表明 $\boldsymbol{b}$ 是 $\boldsymbol{A}$ 的 n 个列向量的线性表示.

充分性：若 $\boldsymbol{b}$ 是 $\boldsymbol{A}$ 的 n 个列的线性表示，则有

$$r(\boldsymbol{\alpha}_1,\boldsymbol{\alpha}_2,\cdots,\boldsymbol{\alpha}_n)=r(\boldsymbol{\alpha}_1,\boldsymbol{\alpha}_2,\cdots,\boldsymbol{\alpha}_n,\boldsymbol{b}),$$

即

$$r(\boldsymbol{A})=r(\boldsymbol{A} \vdots \boldsymbol{b}),$$

故 $\boldsymbol{Ax}=\boldsymbol{b}$ 有解.

当非齐次线性方程组 $\boldsymbol{Ax}=\boldsymbol{b}$ 有解时，显然任意两解之和不是该方程组的解. 故非齐次方程组的解集不构成一个向量空间. 但有如下重要性质：

非齐次线性方程组 $\boldsymbol{Ax}=\boldsymbol{b}$ 的任两解之差是对应的齐次方程组 $\boldsymbol{Ax}=\boldsymbol{0}$ 的解.

因为：设 $\boldsymbol{\alpha}_1,\boldsymbol{\alpha}_2$ 是 $\boldsymbol{Ax}=\boldsymbol{b}$ 的任意两解，即

$$\boldsymbol{A\alpha}_1=\boldsymbol{b},\quad \boldsymbol{A\alpha}_2=\boldsymbol{b},$$

于是

$$\boldsymbol{A}(\boldsymbol{\alpha}_1-\boldsymbol{\alpha}_2)=\boldsymbol{A\alpha}_1-\boldsymbol{A\alpha}_2=\boldsymbol{b}-\boldsymbol{b}=\boldsymbol{0},$$

故 $\boldsymbol{\alpha}_1-\boldsymbol{\alpha}_2$ 是 $\boldsymbol{Ax}=\boldsymbol{0}$ 的解.

定理 4.11（结构定理）　设 $\boldsymbol{\eta}$ 是非齐次线性方程组 $\boldsymbol{Ax}=\boldsymbol{b}$ 的一个特解，$\boldsymbol{x}_c$ 是对应齐次线性方程组的一般解，则非线性方程组 $\boldsymbol{Ax}=\boldsymbol{b}$ 的一般解（通解）为

$$\boldsymbol{x}=\boldsymbol{x}_c+\boldsymbol{\eta}. \tag{4.4.7}$$

证　因为 $\boldsymbol{Ax}_c=\boldsymbol{0}$，$\boldsymbol{A\eta}=\boldsymbol{b}$，就有

$$\boldsymbol{A}(\boldsymbol{x}_c+\boldsymbol{\eta})=\boldsymbol{Ax}_c+\boldsymbol{A\eta}=\boldsymbol{0}+\boldsymbol{b}=\boldsymbol{b},$$

所以 $\boldsymbol{x}_c+\boldsymbol{\eta}$ 是 $\boldsymbol{Ax}=\boldsymbol{b}$ 的解.

另一方面，由上面性质知，$\boldsymbol{x}-\boldsymbol{\eta}$ 是齐次线性方程组 $\boldsymbol{Ax}=\boldsymbol{0}$ 的任一解，设为 $\boldsymbol{x}_c=\boldsymbol{x}-\boldsymbol{\eta}$，于是就有

$$\boldsymbol{x}=\boldsymbol{x}_c+\boldsymbol{\eta}.$$

证毕.

设 $m\times n$ 矩阵 $\boldsymbol{A}$ 的秩为 r，齐次方程组 $\boldsymbol{Ax}=\boldsymbol{0}$ 的一个基础解系为 $\boldsymbol{x}_1,\boldsymbol{x}_2,\cdots,\boldsymbol{x}_{n-r}$，

则 $\boldsymbol{Ax}=\boldsymbol{b}$ 的一般解(通解)为

$$\boldsymbol{x}=k_1\boldsymbol{x}_1+k_2\boldsymbol{x}_2+\cdots+k_{n-r}\boldsymbol{x}_{n-r}+\boldsymbol{\eta}.$$

例 4.4.5　求非齐次线性方程组

$$\begin{cases} x_1+x_2+x_3+x_4=2, \\ 3x_1+x_2+x_3-3x_4=0, \\ 2x_1+x_2+x_3+3x_4=3, \\ 5x_1+3x_2+3x_3-x_4=4 \end{cases}$$

的通解及对应的齐次线性方程组的一个基础解系.

解　对增广矩阵做初等行变换化为阶梯形

$$(\boldsymbol{A}\mid\boldsymbol{b})=\left[\begin{array}{cccc:c} 1 & 1 & 1 & 1 & 2 \\ 3 & 1 & 1 & -3 & 0 \\ 2 & 1 & 1 & 3 & 3 \\ 5 & 3 & 3 & -1 & 4 \end{array}\right]\Longrightarrow\left[\begin{array}{cccc:c} 1 & 1 & 1 & 1 & 2 \\ 0 & -2 & -2 & -6 & -6 \\ 0 & -1 & -1 & 1 & -1 \\ 0 & -2 & -2 & -6 & -6 \end{array}\right]$$

$$\Longrightarrow\left[\begin{array}{cccc:c} 1 & 1 & 1 & 1 & 2 \\ 0 & 1 & 1 & 3 & 3 \\ 0 & 0 & 0 & 1 & 1/2 \\ 0 & 0 & 0 & 0 & 0 \end{array}\right]\Longrightarrow\left[\begin{array}{cccc:c} 1 & 0 & 0 & 0 & 0 \\ 0 & 1 & 1 & 0 & 3/2 \\ 0 & 0 & 0 & 1 & 1/2 \\ 0 & 0 & 0 & 0 & 0 \end{array}\right],$$

$r(\boldsymbol{A})=3$,对应的方程组为

$$\begin{cases} x_1=0, \\ x_2+x_3=3/2, \\ x_4=1/2. \end{cases}$$

取 x_3 为自由量,解得

$$x_1=0,\quad x_2=-x_3+\frac{3}{2},\quad x_3=x_3,\quad x_4=\frac{1}{2}.$$

即
$$\boldsymbol{x}=k(0,-1,1,0)^{\mathrm{T}}+\left(0,\frac{3}{2},0,\frac{1}{2}\right)^{\mathrm{T}},\quad k\text{ 为任意数}.$$

对应齐次方程组 $\boldsymbol{Ax}=\boldsymbol{0}$ 的基础解系为

$$\boldsymbol{\alpha}=(0,-1,1,0)^{\mathrm{T}}.$$

例 4.4.6　设向量 $\boldsymbol{\alpha}_1=(1,2,1,0)^{\mathrm{T}}$,$\boldsymbol{\alpha}_2=(1,5,1,-1)^{\mathrm{T}}$,$\boldsymbol{\alpha}_3=(0,-3,0,a)^{\mathrm{T}}$,$\boldsymbol{\beta}=(1,8,1,b)$,问 a,b 取何值,使

(1) $\boldsymbol{\beta}$ 不能由 $\boldsymbol{\alpha}_1,\boldsymbol{\alpha}_2,\boldsymbol{\alpha}_3$ 线性表示?

(2) $\boldsymbol{\beta}$ 可由 $\boldsymbol{\alpha}_1,\boldsymbol{\alpha}_2,\boldsymbol{\alpha}_3$ 唯一线性表示?

(3) $\boldsymbol{\beta}$ 可由 $\boldsymbol{\alpha}_1,\boldsymbol{\alpha}_2,\boldsymbol{\alpha}_3$ 非唯一线性表示,并写出表示式.

解　设 $\boldsymbol{\beta}=x_1\boldsymbol{\alpha}_1+x_2\boldsymbol{\alpha}_2+x_3\boldsymbol{\alpha}_3$,把上述已知向量代入,得非齐次线性方程组

$$\begin{cases} x_1+x_2=1, \\ 2x_1+5x_2-3x_3=8, \\ x_1+x_2=1, \\ -x_2+ax_3=b. \end{cases}$$

对增广矩阵做初等行变换化为阶梯形

$$(\boldsymbol{A} \mid \boldsymbol{\beta})=\left[\begin{array}{ccc|c} 1 & 1 & 0 & 1 \\ 2 & 5 & -3 & 8 \\ 1 & 1 & 0 & 1 \\ 0 & -1 & a & b \end{array}\right] \Longrightarrow \left[\begin{array}{ccc|c} 1 & 1 & 0 & 1 \\ 0 & 3 & -3 & 6 \\ 0 & 0 & 0 & 0 \\ 0 & -1 & a & b \end{array}\right] \Longrightarrow \left[\begin{array}{ccc|c} 1 & 1 & 0 & 1 \\ 0 & 1 & -1 & 2 \\ 0 & 0 & a-1 & b+2 \\ 0 & 0 & 0 & 0 \end{array}\right].$$

(1) 当 $a=1, b\neq-2$ 时，$r(\boldsymbol{A})\neq r(\boldsymbol{A} \mid \boldsymbol{\beta})$，方程组无解，$\boldsymbol{\beta}$ 不能由 $\boldsymbol{\alpha}_1,\boldsymbol{\alpha}_2,\boldsymbol{\alpha}_3$ 线性表示.

(2) 当 $a\neq1$，b 为任意数时，$r(\boldsymbol{A})=r(\boldsymbol{A} \mid \boldsymbol{\beta})=3$，方程组有唯一解，$\boldsymbol{\beta}$ 可由 $\boldsymbol{\alpha}_1,\boldsymbol{\alpha}_2,\boldsymbol{\alpha}_3$ 唯一线性表示.

(3) 当 $a=1, b=-2$ 时，$r(\boldsymbol{A})=r(\boldsymbol{A} \mid \boldsymbol{\beta})=2$，方程组有无穷多解，$\boldsymbol{\beta}$ 可由 $\boldsymbol{\alpha}_1,\boldsymbol{\alpha}_2,\boldsymbol{\alpha}_3$ 不唯一地线性表示.

解上面化简的增广矩阵 $(\boldsymbol{A} \mid \boldsymbol{\beta})$ 所对应的线性方程组

$$\begin{cases} x_1+x_2=1, \\ x_2-x_3=2, \end{cases}$$

得 $\boldsymbol{x}=k(-1,1,1)^{\mathrm{T}}+(1,0,-2)^{\mathrm{T}}$，于是

$$\boldsymbol{\beta}=(-k+1)\boldsymbol{\alpha}_1+k\boldsymbol{\alpha}_2+(k-2)\boldsymbol{\alpha}_3, \quad k \text{ 为任意数}.$$

练习 4.4

1. 求下列齐次线性方程组的解及基础解系：

(1) $\begin{cases} 2x_1-4x_2+5x_3+3x_4=0, \\ 3x_1-6x_2+4x_3+2x_4=0, \\ 4x_1-8x_2+17x_3+11x_4=0. \end{cases}$　(2) $\begin{cases} x_1+x_2+x_3+x_4+x_5=0, \\ 2x_1+3x_2+x_3+x_4-3x_5=0, \\ x_1+2x_3+2x_4+6x_5=0, \\ 4x_1+5x_2+3x_3+4x_4-x_5=0. \end{cases}$

2. 求解下列非齐次线性方程组

(1) $\begin{cases} x_1+3x_3+x_4=2, \\ x_1-3x_2+x_4=-1, \\ 2x_1+x_2+7x_3+2x_4=5, \\ 4x_1+2x_2+14x_3=6. \end{cases}$　(2) $\begin{cases} x_1+2x_2+3x_3-x_4=1, \\ 3x_1+2x_2+x_3-x_4=1, \\ 2x_1+2x_2+2x_3-x_4=1, \\ 2x_1+3x_2+x_3+x_4=1. \end{cases}$

3. 三个平面的方程为

$$\begin{cases} a_1x+b_1y+c_1z=0, \\ a_2x+b_2y+c_2z=0, \\ a_3x+b_3y+c_3z=0, \end{cases}$$

试讨论它们的位置与方程组的系数矩阵的秩的关系.

4. 线性方程组

$$\begin{cases} 2x_1+\lambda x_2-\ x_3=1, \\ \lambda x_1-\ x_2+\ x_3=2, \\ 4x_1+5x_2-5x_3=-1, \end{cases}$$

问 λ 取何值时，方程组有唯一解；无解；无穷多解？并求有无穷多解时的通解.

5. $\boldsymbol{\alpha}_1,\boldsymbol{\alpha}_2,\boldsymbol{\alpha}_3$ 是齐次线性方程组 $\boldsymbol{Ax}=\boldsymbol{0}$ 的基础解系，证明 $\boldsymbol{\beta}_1=\boldsymbol{\alpha}_1+\boldsymbol{\alpha}_2,\boldsymbol{\beta}_2=\boldsymbol{\alpha}_2+2\boldsymbol{\alpha}_3,\boldsymbol{\beta}_3=\boldsymbol{\alpha}_3+3\boldsymbol{\alpha}_1$ 也是 $\boldsymbol{Ax}=\boldsymbol{0}$ 的基础解系.

6. 判断题：

(1) 齐次线性方程组 $\boldsymbol{Ax}=\boldsymbol{0}$ 有两个不同的解，则一定有无穷多组解.

(2) 非齐次线性方程组 $\boldsymbol{Ax}=\boldsymbol{b}$ 中，$m\times n$ 矩阵 $\boldsymbol{A}$ 的 n 个列向量线性无关，则方程组有唯一解.

(3) 齐次线性方程组 $\boldsymbol{Ax}=\boldsymbol{0}$，$m\times n$ 矩阵 $\boldsymbol{A}$ 的 n 个列向量组性无关，则仅有零解.

内容小结

主要概念

向量的线性组合(线性表示)，线性相关，线性无关，两向量组等价，极大无关组，向量组的秩，基础解系，向量空间，基，维数，坐标.

基本内容

1. 向量组的线性关系

(1) 线性组合(线性表示).

求 $\boldsymbol{\alpha}$ 在向量组 $\boldsymbol{\alpha}_1,\boldsymbol{\alpha}_2,\cdots,\boldsymbol{\alpha}_m$ 的线性组合系数为 $k_1,k_2,\cdots,k_m$，则

$$\boldsymbol{\alpha}=k_1\boldsymbol{\alpha}_1+k_2\boldsymbol{\alpha}_2+\cdots+k_m\boldsymbol{\alpha}_m.$$

设 $\boldsymbol{A}_{n\times m}=(\boldsymbol{\alpha}_1,\boldsymbol{\alpha}_2,\cdots,\boldsymbol{\alpha}_m)$，$\boldsymbol{K}_{m\times 1}=(k_1,k_2,\cdots,k_m)^{\mathrm{T}}$，则化为非齐次线性方程组

$$\boldsymbol{A}_{n\times m}\boldsymbol{K}_{m\times 1}=\boldsymbol{\alpha},$$

若有解，$\boldsymbol{\alpha}$ 是 $\boldsymbol{\alpha}_1,\boldsymbol{\alpha}_2,\cdots,\boldsymbol{\alpha}_m$ 的线性组合；若无解，则 $\boldsymbol{\alpha}$ 不是 $\boldsymbol{\alpha}_1,\boldsymbol{\alpha}_2,\cdots,\boldsymbol{\alpha}_m$ 的线性组合(表示).

(2) 判别 $\boldsymbol{\alpha}_1,\boldsymbol{\alpha}_2,\cdots,\boldsymbol{\alpha}_m$ 线性相关性的三个方法.

① 定义法.

若存在一组不全为零的 $k_i,i=1,2,\cdots,m$，使 $\sum\limits_{i=1}^{m}k_i\boldsymbol{\alpha}_i=\boldsymbol{0}$，则 $\boldsymbol{\alpha}_1,\boldsymbol{\alpha}_2,\cdots,\boldsymbol{\alpha}_m$ 线性

相关,否则线性无关.

② 方程组法.

设 $\boldsymbol{A}_{n\times m}=(\boldsymbol{\alpha}_1,\boldsymbol{\alpha}_2,\cdots,\boldsymbol{\alpha}_m)$,$\boldsymbol{K}=(k_1,k_2,\cdots,k_m)^{\mathrm{T}}$,齐次方程组

$$\boldsymbol{A}_{n\times m}\boldsymbol{K}_{m\times 1}=\boldsymbol{0}$$

若有非零解,则 $\boldsymbol{\alpha}_1,\boldsymbol{\alpha}_2,\cdots,\boldsymbol{\alpha}_m$ 线性相关;若仅有零解,则它们线性无关.

③ 矩阵的秩法.

若把向量 $\boldsymbol{\alpha}_1,\boldsymbol{\alpha}_2,\cdots,\boldsymbol{\alpha}_m$ 排成矩阵 $\boldsymbol{A}=(\boldsymbol{\alpha}_1,\boldsymbol{\alpha}_2,\cdots,\boldsymbol{\alpha}_m)$,用初等变换化为阶梯形求 $r(\boldsymbol{A})$.

当 $r(\boldsymbol{A})<m$ 时,则 $\boldsymbol{\alpha}_1,\boldsymbol{\alpha}_2,\cdots,\boldsymbol{\alpha}_m$ 线性相关;

当 $r(\boldsymbol{A})=m$ 时,则 $\boldsymbol{\alpha}_1,\boldsymbol{\alpha}_2,\cdots,\boldsymbol{\alpha}_m$ 线性无关.

n 个 n 维向量 $\boldsymbol{\alpha}_1,\boldsymbol{\alpha}_2,\cdots,\boldsymbol{\alpha}_n$,当 $|\boldsymbol{A}|=0(\neq 0)$ 时,$\boldsymbol{\alpha}_1,\boldsymbol{\alpha}_2,\cdots,\boldsymbol{\alpha}_n$ 线性相关(无关).

2. 极大无关组与向量组的秩

(1) 向量组 V 中的极大无关组的等价命题:

① $\boldsymbol{\alpha}_1,\boldsymbol{\alpha}_2,\cdots,\boldsymbol{\alpha}_r\in V$ 线性无关,且 $\forall\boldsymbol{\alpha}\in V$ 都可由此向量组线性表示.

② $\boldsymbol{\alpha}_1,\boldsymbol{\alpha}_2,\cdots,\boldsymbol{\alpha}_r\in V$ 线性无关,且 $\forall\boldsymbol{\alpha}\in V$,$\boldsymbol{\alpha},\boldsymbol{\alpha}_1,\boldsymbol{\alpha}_2,\cdots,\boldsymbol{\alpha}_r$ 线性相关.

③ $\boldsymbol{\alpha}_1,\boldsymbol{\alpha}_2,\cdots,\boldsymbol{\alpha}_r\in V$ 线性无关,向量组 V 中任 $r+1$ 个向量线性相关.

(2) 极大无关组与秩的求法.

把向量组 $\boldsymbol{\alpha}_1,\boldsymbol{\alpha}_2,\cdots,\boldsymbol{\alpha}_m$ 按列排成矩阵 $\boldsymbol{A}$,对 $\boldsymbol{A}$ 施以初等行变换化为阶梯形

$$\boldsymbol{B}=(\boldsymbol{\beta}_1,\boldsymbol{\beta}_2,\cdots,\boldsymbol{\beta}_m).$$

由阶梯形易求出 $r(\boldsymbol{A})=r$,且易见一个极大无关组为 $\boldsymbol{\beta}_{i1},\boldsymbol{\beta}_{i2},\cdots,\boldsymbol{\beta}_{ir}$,则可求得原向量组一个极大无关组为 $\boldsymbol{\alpha}_{i1},\boldsymbol{\alpha}_{i2},\cdots,\boldsymbol{\alpha}_{ir}$.

3. 向量组线性相关性及秩的几个结论

(1) 向量组 $\boldsymbol{\alpha}_1,\boldsymbol{\alpha}_2,\cdots,\boldsymbol{\alpha}_m$ 线性相关$\Leftrightarrow$组中至少有一个向量是其余向量的线性表示.

(2) 若向量组中部分向量线性相关,则此向量组相关;若向量组线性无关,则其中任意部分组线性无关.

(3) 任 $n+1$ 个 n 维向量的向量组线性相关.

(4) 若向量组 $\boldsymbol{\alpha}_1,\boldsymbol{\alpha}_2,\cdots,\boldsymbol{\alpha}_r$ 可由向量组 $\boldsymbol{\beta}_1,\boldsymbol{\beta}_2,\cdots,\boldsymbol{\beta}_s$ 线性表示,且 $r>s$,则 $\boldsymbol{\alpha}_1,\boldsymbol{\alpha}_2,\cdots,\boldsymbol{\alpha}_r$ 线性相关.

若向量组 $\boldsymbol{\alpha}_1,\boldsymbol{\alpha}_2,\cdots,\boldsymbol{\alpha}_r$ 可由 $\boldsymbol{\beta}_1,\boldsymbol{\beta}_2,\cdots,\boldsymbol{\beta}_s$ 线性表示,且 $\boldsymbol{\alpha}_1,\boldsymbol{\alpha}_2,\cdots,\boldsymbol{\alpha}_r$ 线性无关,则 $r\leqslant s$.

(5) 两等价的向量组的秩相等.

若向量组Ⅰ可由向量组Ⅱ线性表示,则 r(Ⅰ)$\leqslant r$(Ⅱ).

(6) 矩阵 $\boldsymbol{A}$ 的秩$=\boldsymbol{A}$ 的列(行)向量组的秩.

4. 向量空间的基、维数及坐标

(1) 向量空间的判别.

向量集合 V 中元素满足两条件：① 加法封闭性；② 数乘封闭性.

(2) 判别向量空间 V 的基的两个方法.

① 定义法.

$\boldsymbol{\alpha}_1,\boldsymbol{\alpha}_2,\cdots,\boldsymbol{\alpha}_n$ 线性无关，且 $\forall\boldsymbol{\alpha}\in V$ 可由此向量组线性表示，则 $\boldsymbol{\alpha}_1,\boldsymbol{\alpha}_2,\cdots,\boldsymbol{\alpha}_n$ 为空间 V 的基.

② 基定理.

n 维空间 V 中 n 个线性无关的向量是 V 的一组基.

(3) 求 $\boldsymbol{\alpha}$ 在基 $\boldsymbol{\alpha}_1,\boldsymbol{\alpha}_2,\cdots,\boldsymbol{\alpha}_n$ 下的坐标

$$\boldsymbol{\alpha}=x_1\boldsymbol{\alpha}_1+x_2\boldsymbol{\alpha}_2+\cdots+x_n\boldsymbol{\alpha}_n,$$

$$\boldsymbol{A}_{n\times n}\boldsymbol{x}_{n\times 1}=\boldsymbol{\alpha}_{n\times 1},$$

其唯一解 $\boldsymbol{x}_{n\times 1}$ 就是 $\boldsymbol{\alpha}$ 在基 $\boldsymbol{\alpha}_1,\boldsymbol{\alpha}_2,\cdots,\boldsymbol{\alpha}_n$ 下的坐标.

5. 基变换与坐标变换

(1) 基变换. V 中基 $\boldsymbol{\alpha}_1,\boldsymbol{\alpha}_2,\cdots,\boldsymbol{\alpha}_n$ 到基 $\boldsymbol{\beta}_1,\boldsymbol{\beta}_2,\cdots,\boldsymbol{\beta}_n$ 的过渡矩阵 $\boldsymbol{P}$ 为

$$(\boldsymbol{\beta}_1,\boldsymbol{\beta}_2,\cdots,\boldsymbol{\beta}_n)=(\boldsymbol{\alpha}_1,\boldsymbol{\alpha}_2,\cdots,\boldsymbol{\alpha}_n)\boldsymbol{P}.$$

求过渡矩阵是坐标变换的关键问题.

(2) 坐标变换. 设 V 中的向量在上述两基下的坐标分别为 $\boldsymbol{x}$ 和 $\boldsymbol{y}$，即 $\boldsymbol{\alpha}=(\boldsymbol{\alpha}_1,\boldsymbol{\alpha}_2,\cdots,\boldsymbol{\alpha}_n),\boldsymbol{x}=(\boldsymbol{\beta}_1,\boldsymbol{\beta}_2,\cdots,\boldsymbol{\beta}_n)\boldsymbol{y}$，则

$$\boldsymbol{x}=\boldsymbol{P}\boldsymbol{y}\quad\text{或}\quad\boldsymbol{y}=\boldsymbol{P}^{-1}\boldsymbol{x}.$$

6. 线性方程组解的结构

(1) 求齐次线性方程组 $\boldsymbol{A}\boldsymbol{x}=\boldsymbol{0}$ 的基础解系，即 $N(\boldsymbol{A})$ 的一组基，亦即 $N(\boldsymbol{A})$ 中极大线性无关解向量组.

$\boldsymbol{A}$ 为 $m\times n$ 矩阵，$r(\boldsymbol{A})=r$，则 $\dim N(\boldsymbol{A})=n-r$.

$$\boldsymbol{A}\boldsymbol{x}=\boldsymbol{0}\begin{cases}\text{有非零解}\Leftrightarrow r(\boldsymbol{A})<n\Leftrightarrow\boldsymbol{A}\text{ 的 }n\text{ 个列线性相关；}\\\text{仅有零解}\Leftrightarrow r(\boldsymbol{A})=n\Leftrightarrow\boldsymbol{A}\text{ 的 }n\text{ 个列线性无关.}\end{cases}$$

(2) 非齐次方程组 $\boldsymbol{A}\boldsymbol{x}=\boldsymbol{b}$ 解的结构.

$\boldsymbol{A}\boldsymbol{x}=\boldsymbol{b}$ 的一般解 $\boldsymbol{x}$ 等于对应的齐次方程组 $\boldsymbol{A}\boldsymbol{x}=\boldsymbol{0}$ 的一般解 $\boldsymbol{x}_c$ 加上 $\boldsymbol{A}\boldsymbol{x}=\boldsymbol{b}$ 的一个特解 $\boldsymbol{\eta}$，即 $\boldsymbol{x}=\boldsymbol{x}_c+\boldsymbol{\eta}$.

$\boldsymbol{A}\boldsymbol{x}=\boldsymbol{b}$ 的任两解之差是 $\boldsymbol{A}\boldsymbol{x}=\boldsymbol{0}$ 的解.

(3) $\boldsymbol{A}\boldsymbol{x}=\boldsymbol{b}$ 有解的判别

$$\begin{aligned}\boldsymbol{A}\boldsymbol{x}=\boldsymbol{b}\text{ 有解}&\Leftrightarrow r(\boldsymbol{A})=r(\boldsymbol{A}\ \vdots\ \boldsymbol{b})\\&\Leftrightarrow\boldsymbol{b}\text{ 是 }\boldsymbol{A}\text{ 的 }n\text{ 个列的线性表示.}\end{aligned}$$

$$\boldsymbol{A}\boldsymbol{x}=\boldsymbol{b}\begin{cases}\text{有无穷解}\Leftrightarrow r(\boldsymbol{A}\ \vdots\ \boldsymbol{b})=r(\boldsymbol{A})<n,\\\text{有唯一解}\Leftrightarrow r(\boldsymbol{A}\ \vdots\ \boldsymbol{b})=r(\boldsymbol{A})=n.\end{cases}$$

综合练习 4

1. 填空题：

(1) $\boldsymbol{\alpha}_1=(4,\lambda-1,5)^{\mathrm{T}},\boldsymbol{\alpha}_2=(-2,1,\lambda)^{\mathrm{T}},\boldsymbol{\alpha}_3=(0,2,\lambda)^{\mathrm{T}}$ 线性相关，则 $\lambda=$______.

(2) $\boldsymbol{\alpha}_1=(1,0,1,0)^{\mathrm{T}},\boldsymbol{\alpha}_2=(0,1,1,1)^{\mathrm{T}},\boldsymbol{\alpha}_3=(3,-2,1,-2)^{\mathrm{T}},\boldsymbol{\alpha}_4=(0,0,0,1)^{\mathrm{T}}$ 的一个极大无关组为______，向量组的秩为______.

(3) 设 n 阶方阵 $\boldsymbol{A}$ 的每一行元素之和等于零，$r(\boldsymbol{A})=n-1$，则齐次线性方程组 $\boldsymbol{A}\boldsymbol{x}=\boldsymbol{0}$ 的通解为______.

(4) $\boldsymbol{\alpha}_1=(1,1,k)^{\mathrm{T}},\boldsymbol{\alpha}_2=(1,k,1)^{\mathrm{T}},\boldsymbol{\alpha}_3=(k,1,1)^{\mathrm{T}}$ 是 $\mathbf{R}^3$ 的一组基，则 k______.

2. 判断题：

(1) 向量组 $\boldsymbol{\alpha}_1,\boldsymbol{\alpha}_2,\cdots,\boldsymbol{\alpha}_m$ 线性无关的充要条件是零向量由此向量组的线性表示是唯一的.

(2) $\boldsymbol{A}$ 为 n 阶方阵，$|\boldsymbol{A}|=0$，则 $\boldsymbol{A}$ 中至少有一行(列)向量是其余行(列)向量的线性组合.

(3) $\boldsymbol{A}$ 为 $m\times n$ 矩阵，$r(\boldsymbol{A})=n$，则非齐次线性方程组 $\boldsymbol{A}\boldsymbol{x}=\boldsymbol{b}$ 有唯一解.

(4) $\boldsymbol{A}$ 为 n 阶方阵，则对任一个 n 维列向量 $\boldsymbol{b}$，使非齐次线性方程组 $\boldsymbol{A}\boldsymbol{x}=\boldsymbol{b}$ 有解，则 $r(\boldsymbol{A})=n$.

3. 计算题：

(1) a,b 取何值，线性方程组

$$\begin{cases} x_1+x_2+x_3+x_4=0, \\ x_2+2x_3+2x_4=1, \\ x_2+(3-a)x_3+2x_4=-b, \\ 3x_1+2x_2+x_3+ax_4=-1 \end{cases}$$

有唯一解；无解；无穷多解？并求有无穷多解时的通解.

(2) 设向量 $\boldsymbol{\alpha}_1=(1,2,1,3)^{\mathrm{T}},\boldsymbol{\alpha}_2=(2,3,1,5)^{\mathrm{T}},\boldsymbol{\alpha}_3=(3,2,p,5)^{\mathrm{T}},\boldsymbol{\beta}=(4,-1,-5,q)^{\mathrm{T}}$，求参数 p,q 的值，使

① $\boldsymbol{\beta}$ 不能表示成 $\boldsymbol{\alpha}_1,\boldsymbol{\alpha}_2,\boldsymbol{\alpha}_3$ 的线性组合.

② $\boldsymbol{\beta}$ 可唯一表示成 $\boldsymbol{\alpha}_1,\boldsymbol{\alpha}_2,\boldsymbol{\alpha}_3$ 的线性组合.

③ $\boldsymbol{\beta}$ 可表示成 $\boldsymbol{\alpha}_1,\boldsymbol{\alpha}_2,\boldsymbol{\alpha}_3$ 的线性组合，但表法不唯一，并写出线性组合式.

(3) 设非零三阶矩阵 $\boldsymbol{B}$ 的三个列是下面齐次线性方程组

$$\begin{cases} x_1+2x_2-2x_3=0, \\ 4x_1+tx_2+3x_3=0, \\ 3x_1-x_2+x_3=0 \end{cases}$$

的解，求参数 t 及 $|\boldsymbol{B}|$.

(4) 在 $\mathbf{R}^3$ 中，求一个非零向量 $\boldsymbol{\gamma}$，使它在下面两组基下的坐标相同.

① $\boldsymbol{\alpha}_1=(1,0,1)^{\mathrm{T}},\boldsymbol{\alpha}_2=(-1,0,0)^{\mathrm{T}},\boldsymbol{\alpha}_3=(0,1,1)^{\mathrm{T}}$.

② $\boldsymbol{\beta}_1=(0,-1,1)^{\mathrm{T}},\boldsymbol{\beta}_2=(1,-1,0)^{\mathrm{T}},\boldsymbol{\beta}_3=(1,0,1)^{\mathrm{T}}$.

4. 证明题：

(1) 若向量组 $\boldsymbol{\alpha}_1,\boldsymbol{\alpha}_2,\cdots,\boldsymbol{\alpha}_r$ 线性相关，而其中任 $r-1$ 个向量线性无关，证明要使

$$k_1\boldsymbol{\alpha}_1+k_2\boldsymbol{\alpha}_2+\cdots+k_r\boldsymbol{\alpha}_r=\mathbf{0}$$

成立，则 $k_1,k_2,\cdots,k_r$ 必全不为零或全为零.

(2) 设 n 阶方阵 $\mathbf{A}$ 及非零 n 维列向量 $\boldsymbol{\alpha}$，若有 $\mathbf{A}^{n-1}\boldsymbol{\alpha}\neq\mathbf{0},\mathbf{A}^n\boldsymbol{\alpha}=\mathbf{0}$，证明向量组 $\boldsymbol{\alpha},\mathbf{A}\boldsymbol{\alpha},\cdots,\mathbf{A}^{n-1}\boldsymbol{\alpha}$ 是线性无关的.

(3) 设齐次线性方程组 $\mathbf{A}_{m\times n}\boldsymbol{x}_{n\times 1}=\mathbf{0}$ 与 $\mathbf{B}_{s\times n}\boldsymbol{x}_{n\times 1}=\mathbf{0}$ 同解，证明 $r(\mathbf{A})=r(\mathbf{B})$.

(4) 设 $\boldsymbol{\alpha}_1,\boldsymbol{\alpha}_2,\boldsymbol{\alpha}_3,\boldsymbol{\alpha}_4$ 是非齐次线性方程组 $\mathbf{A}\boldsymbol{x}=\boldsymbol{b}$ 的 4 个不同的解，$\mathbf{A}$ 为 n 阶方阵，$r(\mathbf{A})=n-2$，证明：

① $\mathbf{A}\boldsymbol{x}=\mathbf{0}$ 的解空间 $N(\mathbf{A})$ 的维数为 2.

② 向量组 $\boldsymbol{\alpha}_1-\boldsymbol{\alpha}_2,\boldsymbol{\alpha}_2-\boldsymbol{\alpha}_3,\boldsymbol{\alpha}_3-\boldsymbol{\alpha}_4$ 线性相关.

第5章　矩阵的对角化及二次型

本章是线性代数的应用部分,主要讨论如下几个问题.

(1) 方阵的特征值与特征向量的概念及求法.

(2) 矩阵的相似概念及相似对角化的条件.

(3) 二次型概念及正交变换化二次型为标准形.

(4) 二次型正定性及其判别.

5.1　方阵的特征值与特征向量

5.1.1　特征值与特征向量的概念

方阵的特征值与特征向量是讨论矩阵相似问题首先要建立的概念,它也是研究动力系统、最优控制、经济管理等问题要涉及的重要概念.

定义5.1　设 $\boldsymbol{A}$ 为 n 阶方阵,若存在数 λ 和非零 n 维向量 $\boldsymbol{x}$,使

$$\boldsymbol{A}\boldsymbol{x}=\lambda\boldsymbol{x}, \tag{5.1.1}$$

则称 λ 为 $\boldsymbol{A}$ 的**特征值**,$\boldsymbol{x}$ 为 $\boldsymbol{A}$ 对应于特征值 λ 的**特征向量**.

例如三阶方阵 $\boldsymbol{A}=\begin{bmatrix}1&1&0\\0&1&0\\0&0&-2\end{bmatrix}$ 和三维向量 $\begin{bmatrix}0\\0\\1\end{bmatrix}$,因有

$$\begin{bmatrix}1&1&0\\0&1&0\\0&0&-2\end{bmatrix}\begin{bmatrix}0\\0\\1\end{bmatrix}=\begin{bmatrix}0\\0\\-2\end{bmatrix}=(-2)\begin{bmatrix}0\\0\\1\end{bmatrix},$$

则 $\lambda=-2$ 是 $\boldsymbol{A}$ 的一个特征值,$\boldsymbol{x}=(0,0,1)^{\mathrm{T}}$ 是对应于 $\lambda=-2$ 的特征向量.

若将式(5.1.1)移项,并提取 $\boldsymbol{x}$,变成如下形式

$$(\lambda\boldsymbol{I}-\boldsymbol{A})\boldsymbol{x}=\boldsymbol{0}, \tag{5.1.2}$$

这是一个 n 个未知量 n 个方程的齐次线性方程组,特征向量就是该方程组的非零解,根据方程组解的定理知,该方程组有非零解的充要条件是其系数行列式等于零,即

$$|\lambda\boldsymbol{I}-\boldsymbol{A}|=0.$$

因为行列式

$$|\lambda \boldsymbol{I}-\boldsymbol{A}|=\begin{vmatrix}\lambda-a_{11} & -a_{12} & \cdots & -a_{1n}\\ -a_{21} & \lambda-a_{22} & \cdots & -a_{2n}\\ \vdots & \vdots & & \vdots\\ -a_{n1} & -a_{n2} & \cdots & \lambda-a_{nn}\end{vmatrix} \tag{5.1.3}$$

的展开式是一个 λ 的 n 次多项式，设为

$$f(\lambda)=|\lambda \boldsymbol{I}-\boldsymbol{A}|=\lambda^n+a_1\lambda^{n-1}+\cdots+a_{n-1}\lambda+a_n, \tag{5.1.4}$$

显然 $f(\lambda)=0$ 的 n 个根（实根或复数根）就是 $\boldsymbol{A}$ 的 n 个特征值.

定义 5.2　称 $f(\lambda)=|\lambda \boldsymbol{I}-\boldsymbol{A}|$ 为 $\boldsymbol{A}$ 的**特征多项式**，$|\lambda \boldsymbol{I}-\boldsymbol{A}|=0$ 为 $\boldsymbol{A}$ 的**特征方程**，矩阵 $(\lambda \boldsymbol{I}-\boldsymbol{A})$ 称为 $\boldsymbol{A}$ 的**特征矩阵**.

5.1.2　特征值与特征向量的计算

(1) 由 $\boldsymbol{A}$ 的特征方程 $|\lambda \boldsymbol{I}-\boldsymbol{A}|=0$，求出 $\boldsymbol{A}$ 的 n 个特征值 $\lambda_1,\lambda_2,\cdots,\lambda_n$（包括复根）.

(2) 将 $\boldsymbol{A}$ 的每一个特征值 λ_i 代入齐次线性方程组(5.1.2)，解 $(\lambda_i \boldsymbol{I}-\boldsymbol{A})\boldsymbol{x}=\boldsymbol{0}$，求出所有非零解就是 λ_i 对应的特征向量集.

例 5.1.1　求 $\boldsymbol{A}=\begin{bmatrix}1 & 2\\ 3 & 2\end{bmatrix}$ 的特征值与特征向量.

解　$\boldsymbol{A}$ 的特征多项式

$$|\lambda \boldsymbol{I}-\boldsymbol{A}|=\begin{vmatrix}\lambda-1 & -2\\ -3 & \lambda-2\end{vmatrix}=(\lambda-4)(\lambda+1),$$

$\boldsymbol{A}$ 的特征值 $\lambda_1=-1,\lambda_2=4$.

把 $\lambda_1=-1$ 代入 $(\lambda \boldsymbol{I}-\boldsymbol{A})\boldsymbol{x}=\boldsymbol{0}$，得

$$\begin{bmatrix}-2 & -2\\ -3 & -3\end{bmatrix}\begin{bmatrix}x_1\\ x_2\end{bmatrix}=\boldsymbol{0},$$

解得 $\lambda_1=-1$ 对应的特征向量集为

$$\boldsymbol{x}=k[1,-1]^{\mathrm{T}},\quad k\neq 0.$$

把 $\lambda_2=4$ 代入 $(\lambda \boldsymbol{I}-\boldsymbol{A})\boldsymbol{x}=\boldsymbol{0}$ 得

$$\begin{bmatrix}3 & -2\\ -3 & 2\end{bmatrix}\begin{bmatrix}x_1\\ x_2\end{bmatrix}=\boldsymbol{0},$$

解得 $\lambda_2=4$ 对应的特征向量集为

$$\boldsymbol{x}=k[2,3]^{\mathrm{T}},\quad k\neq 0.$$

例 5.1.2　求 $\boldsymbol{A}=\begin{bmatrix}-2 & 1 & 1\\ 0 & 2 & 0\\ -4 & 1 & 3\end{bmatrix}$ 的特征值与特征向量.

解　$|\lambda \boldsymbol{I}-\boldsymbol{A}|=\begin{vmatrix}\lambda+2 & -1 & -1\\ 0 & \lambda-2 & 0\\ 4 & -1 & \lambda-3\end{vmatrix}=(\lambda-2)\begin{vmatrix}\lambda+2 & -1\\ 4 & \lambda-3\end{vmatrix}=(\lambda+1)(\lambda-2)^2.$

得 $\lambda_1=-1,\lambda_2=\lambda_3=2$.

当 $\lambda_1=-1$ 时，求解 $(-\boldsymbol{I}-\boldsymbol{A})\boldsymbol{x}=\boldsymbol{0}$，即解

$$\begin{bmatrix}1 & -1 & -1\\ 0 & -3 & 0\\ 4 & -1 & -4\end{bmatrix}\begin{bmatrix}x_1\\ x_2\\ x_3\end{bmatrix}=\boldsymbol{0},$$

得 $\lambda_1=-1$ 的特征向量集为

$$\boldsymbol{x}=k(1,0,1)^{\mathrm{T}},\quad k\neq 0.$$

当 $\lambda_2=\lambda_3=2$ 时，求解 $(2\boldsymbol{I}-\boldsymbol{A})\boldsymbol{x}=\boldsymbol{0}$，即解

$$\begin{bmatrix}4 & -1 & -1\\ 0 & 0 & 0\\ 4 & -1 & -1\end{bmatrix}\begin{bmatrix}x_1\\ x_2\\ x_3\end{bmatrix}=\boldsymbol{0},$$

得 $\lambda_2=\lambda_3=2$ 对应的特征向量集为

$$\boldsymbol{x}=k_1(1,0,4)^{\mathrm{T}}+k_2(0,1,-1)^{\mathrm{T}},\quad k_1\neq 0 \text{ 或 } k_2\neq 0.$$

例 5.1.3　求矩阵 $\boldsymbol{A}=\begin{bmatrix}-3 & 1 & -1\\ -7 & 5 & -1\\ -6 & 6 & -2\end{bmatrix}$ 的特征值与特征向量.

解

$$|\lambda\boldsymbol{I}-\boldsymbol{A}|=\begin{vmatrix}\lambda+3 & -1 & 1\\ 7 & \lambda-5 & 1\\ 6 & -6 & \lambda+2\end{vmatrix}=\begin{vmatrix}\lambda+3 & 0 & 1\\ 7 & \lambda-4 & 1\\ 6 & \lambda-4 & \lambda+2\end{vmatrix}$$

$$=\begin{vmatrix}\lambda+3 & 0 & 1\\ 7 & \lambda-4 & 1\\ -1 & 0 & \lambda+1\end{vmatrix}=(\lambda-4)(\lambda+2)^2,$$

得 $\lambda_1=4,\lambda_2=\lambda_3=-2$.

当 $\lambda_1=4$ 时，求解 $(4\boldsymbol{I}-\boldsymbol{A})\boldsymbol{x}=\boldsymbol{0}$，即解

$$\begin{bmatrix}7 & -1 & 1\\ 7 & -1 & 1\\ 6 & -6 & 6\end{bmatrix}\begin{bmatrix}x_1\\ x_2\\ x_3\end{bmatrix}=\boldsymbol{0},$$

解得

$$\boldsymbol{x}=k(0,1,1)^{\mathrm{T}},\quad k\neq 0.$$

当 $\lambda_2=\lambda_3=-2$，求解 $(-2\boldsymbol{I}-\boldsymbol{A})\boldsymbol{x}=\boldsymbol{0}$，即解

$$\begin{bmatrix}1 & -1 & 1\\ 7 & -7 & 1\\ 6 & -6 & 0\end{bmatrix}\begin{bmatrix}x_1\\ x_2\\ x_3\end{bmatrix}=\boldsymbol{0},$$

因方程组的系数矩阵的秩为 2，解得

$$\boldsymbol{x}=k(1,1,0)^{\mathrm{T}},\quad k\neq 0.$$

注意：这里二重根 $\lambda=-2$ 只对应着一个线性无关的特征向量.

5.1.3　特征值与特征向量的性质

$\boldsymbol{A}$ 的特征值有如下性质：

定理 5.1　设 n 阶矩阵 $\boldsymbol{A}=(a_{ij})_{n\times n}$ 的 n 个特征值为 $\lambda_1,\lambda_2,\cdots,\lambda_n$，则

(1) $\lambda_1\lambda_2\cdots\lambda_n=|\boldsymbol{A}|$.　(5.1.5)

(2) $\lambda_1+\lambda_2+\cdots+\lambda_n=\sum_{i=1}^{n}a_{ii}$.

其中 $\sum_{i=1}^{n}a_{ii}$ 是 $\boldsymbol{A}$ 主对角线上元素之和，称为 $\boldsymbol{A}$ 的**迹**，记为 $\mathrm{tr}\boldsymbol{A}=\sum_{i=1}^{n}a_{ii}$.

证　$f(\lambda)=|\lambda\boldsymbol{I}-\boldsymbol{A}|=\begin{vmatrix}\lambda-a_{11} & -a_{12} & \cdots & -a_{1n}\\ -a_{21} & \lambda-a_{22} & \cdots & -a_{2n}\\ \vdots & \vdots & & \vdots\\ -a_{n1} & -a_{n2} & \cdots & \lambda-a_{nn}\end{vmatrix}$

$$=(\lambda-\lambda_1)(\lambda-\lambda_2)\cdots(\lambda-\lambda_n)$$

$$=\lambda^n-(\lambda_1+\lambda_2+\cdots+\lambda_n)\lambda^{n-1}+\cdots+(-1)^n\lambda_1\lambda_2\cdots\lambda_n.\quad(5.1.6)$$

(1) 把 $\lambda=0$ 代入式(5.1.6)得

$$|-\boldsymbol{A}|=(-1)^n\lambda_1\lambda_2\cdots\lambda_n,$$

即

$$(-1)^n|\boldsymbol{A}|=(-1)^n\lambda_1\lambda_2\cdots\lambda_n.$$

证得

$$|\boldsymbol{A}|=\lambda_1\lambda_2\cdots\lambda_n.$$

(2) 展开行列式 $|\lambda\boldsymbol{I}-\boldsymbol{A}|$，注意到 $|\lambda\boldsymbol{I}-\boldsymbol{A}|$ 的主对角线上元素的乘积项

$$(\lambda-a_{11})(\lambda-a_{22})\cdots(\lambda-a_{nn}),$$

由行列式定义，展开式中的其余项至多包含 $|\lambda\boldsymbol{I}-\boldsymbol{A}|$ 中的 $n-2$ 个主对角线上的元素，这些项的 λ 幂次都小于 $n-1$ 次，因此 $f(\lambda)=|\lambda\boldsymbol{I}-\boldsymbol{A}|$ 中含 λ^n 与 λ^{n-1} 的项只能在主对角线元素乘积项中出现，故有

$$|\lambda\boldsymbol{I}-\boldsymbol{A}|=\lambda^n-(a_{11}+a_{22}+\cdots+a_{nn})\lambda^{n-1}+\cdots+(-1)^n|\boldsymbol{A}|,$$

可见 $|\lambda\boldsymbol{I}-\boldsymbol{A}|$ 的 λ^{n-1} 的系数为 $-\sum_{i=1}^{n}a_{ii}$，将它与式(5.1.6)比较，即得

$$\sum_{i=1}^{n}\lambda_i=\sum_{i=1}^{n}a_{ii}.$$

推论　n 阶方阵可逆的充要条件是 $\boldsymbol{A}$ 的 n 个特征值非零.

矩阵的特征向量有如下性质：

定理 5.2　设 $\boldsymbol{x}_1,\boldsymbol{x}_2$ 是矩阵 $\boldsymbol{A}$ 对应于特征值 λ_0 的任两个特征向量，则

$$k_1\boldsymbol{x}_1+k_2\boldsymbol{x}_2,\quad k_1,k_2\text{ 不全为零}.$$

也是 $\boldsymbol{A}$ 对应于特征值 λ_0 的特征向量.

证　因为 $\boldsymbol{A}\boldsymbol{x}_1=\lambda_0\boldsymbol{x}_1,\boldsymbol{A}\boldsymbol{x}_2=\lambda_0\boldsymbol{x}_2$，则

$$\boldsymbol{A}(k_1\boldsymbol{x}_1+k_2\boldsymbol{x}_2)=k_1\boldsymbol{A}\boldsymbol{x}_1+k_2\boldsymbol{A}\boldsymbol{x}_2=k_1\lambda_0\boldsymbol{x}_1+k_2\lambda_0\boldsymbol{x}_2=\lambda_0(k_1\boldsymbol{x}_1+k_2\boldsymbol{x}_2).$$

故 $k_1\boldsymbol{x}_1+k_2\boldsymbol{x}_2\neq\boldsymbol{0}$ 是 $\boldsymbol{A}$ 对应于 λ_0 的特征向量.

定理 5.3 矩阵 $\boldsymbol{A}$ 的不同特征值对应的特征向量是线性无关的.

证 设 $\boldsymbol{A}$ 的 r 个不同特征值为 $\lambda_1,\lambda_2,\cdots,\lambda_r$，它们对应的特征向量分别为 $\boldsymbol{x}_1,\boldsymbol{x}_2,\cdots,\boldsymbol{x}_r$. 用归纳法证明之.

当 $r=2$ 时，$\boldsymbol{x}_1$ 与 $\boldsymbol{x}_2$ 为 $\boldsymbol{A}$ 对应于 λ_1 与 λ_2 的两个特征向量，即 $\boldsymbol{A}\boldsymbol{x}_1=\lambda_1\boldsymbol{x}_1,\boldsymbol{A}\boldsymbol{x}_2=\lambda_2\boldsymbol{x}_2,\lambda_1\neq\lambda_2$. 为证 $\boldsymbol{x}_1$ 与 $\boldsymbol{x}_2$ 线性无关，令

$$k_1\boldsymbol{x}_1+k_2\boldsymbol{x}_2=\boldsymbol{0}, \quad ①$$

则有

$$\boldsymbol{A}(k_1\boldsymbol{x}_1+k_2\boldsymbol{x}_2)=k_1\lambda_1\boldsymbol{x}_1+k_2\lambda_2\boldsymbol{x}_2=\boldsymbol{0}. \quad ②$$

$\lambda_2\times$①$-$②，得

$$k_1(\lambda_2-\lambda_1)\boldsymbol{x}_1=\boldsymbol{0},$$

因 $\boldsymbol{x}_1\neq\boldsymbol{0},\lambda_2\neq\lambda_1$，所以 $k_1=0$，再由①式得 $k_2=0$，即定理对 $r=2$ 成立.

设对 $r-1$ 时定理成立，下证对 r 也成立. 考虑线性组合式

$$k_1\boldsymbol{x}_1+k_2\boldsymbol{x}_2+\cdots+k_r\boldsymbol{x}_r=\boldsymbol{0}, \quad ③$$

用 $\boldsymbol{A}$ 左乘③得

$$k_1\lambda_1\boldsymbol{x}_1+k_2\lambda_2\boldsymbol{x}_2+\cdots+k_r\lambda_r\boldsymbol{x}_r=\boldsymbol{0}, \quad ④$$

$\lambda_r\times$③$-$④，得

$$k_1(\lambda_r-\lambda_1)\boldsymbol{x}_1+k_2(\lambda_r-\lambda_2)\boldsymbol{x}_2+\cdots+k_{r-1}(\lambda_r-\lambda_{r-1})\boldsymbol{x}_{r-1}=\boldsymbol{0},$$

由归纳假设，有 $\boldsymbol{x}_1,\boldsymbol{x}_2,\cdots,\boldsymbol{x}_{r-1}$ 线性无关，因此有

$$k_i(\lambda_r-\lambda_i)=0,\quad i=1,2,\cdots,r-1,$$

又 $\lambda_r-\lambda_i\neq0$，从而 $k_i=0,i=1,2,\cdots,r-1$. 代入③式，得 $k_r=0$，则 $\boldsymbol{x}_1,\boldsymbol{x}_2,\cdots,\boldsymbol{x}_r$ 线性无关. 定理得证.

对于具体的数值矩阵 $\boldsymbol{A}$ 的特征值，一般用 $|\lambda\boldsymbol{I}-\boldsymbol{A}|=0$ 求之，若要求具有某些性质的非数值矩阵的特征值，则往往需要用定义来求解.

例 5.1.4 设 n 阶方阵 $\boldsymbol{A}$ 满足 $\boldsymbol{A}^2=\boldsymbol{A}$，证明 $\boldsymbol{A}$ 的特征值为 1 或 0.

证 设 λ 为矩阵 $\boldsymbol{A}$ 的特征值，则存在向量 $\boldsymbol{x}\neq\boldsymbol{0}$，使 $\boldsymbol{A}\boldsymbol{x}=\lambda\boldsymbol{x}$. 将此式两边左乘 $\boldsymbol{A}$，得

$$\boldsymbol{A}^2\boldsymbol{x}=\boldsymbol{A}(\boldsymbol{A}\boldsymbol{x})=\boldsymbol{A}(\lambda\boldsymbol{x})=\lambda^2\boldsymbol{x},$$

又 $\boldsymbol{A}^2=\boldsymbol{A}$，故有

$$\lambda^2\boldsymbol{x}=\lambda\boldsymbol{x},\quad(\lambda^2-\lambda)\boldsymbol{x}=\boldsymbol{0},$$

因 $\boldsymbol{x}\neq\boldsymbol{0}$，所以 $\lambda^2-\lambda=0$，即 $\lambda=1$，或 $\lambda=0$.

例 5.1.5 设 λ_0 是方阵 $\boldsymbol{A}$ 对应于特征向量 $\boldsymbol{x}$ 的特征值，证明：

(1) 对数值 k，则 $k\lambda_0$ 是矩阵 $k\boldsymbol{A}$ 对应于特征向量 $\boldsymbol{x}$ 的特征值.

(2) 对于正整数 $l(l\geqslant2)$，则 λ_0^l 是矩阵 $\boldsymbol{A}^l$ 对应于特征向量 $\boldsymbol{x}$ 的特征值.

(3) 若 $\boldsymbol{A}$ 为可逆矩阵，则 $\dfrac{1}{\lambda_0}$ 是矩阵 $\boldsymbol{A}^{-1}$ 对应于特征向量 $\boldsymbol{x}$ 的特征值.

证 已知 $\boldsymbol{A}\boldsymbol{x}=\lambda_0\boldsymbol{x}$，则

(1) $(k\boldsymbol{A})\boldsymbol{x}=k(\boldsymbol{A}\boldsymbol{x})=(k\lambda_0)\boldsymbol{x}$,即 $k\lambda_0$ 是 $k\boldsymbol{A}$ 对应于 $\boldsymbol{x}$ 的特征值.

(2) $\boldsymbol{A}^l\boldsymbol{x}=\boldsymbol{A}^{l-1}(\boldsymbol{A}\boldsymbol{x})=\lambda_0\boldsymbol{A}^{l-1}\boldsymbol{x}=\lambda_0\boldsymbol{A}^{l-2}(\boldsymbol{A}\boldsymbol{x})=\lambda_0^2\boldsymbol{A}^{l-2}\boldsymbol{x}=\cdots=\lambda_0^l\boldsymbol{x}$,即 λ_0^l 是 $\boldsymbol{A}^l$ 对应于 $\boldsymbol{x}$ 的特征值.

(3) $\boldsymbol{A}$ 可逆时,$\lambda_0\neq0$,用 $\boldsymbol{A}^{-1}$ 左乘 $\boldsymbol{A}\boldsymbol{x}=\lambda_0\boldsymbol{x}$,得

$$\boldsymbol{x}=\lambda_0\boldsymbol{A}^{-1}\boldsymbol{x},\quad 即\quad \boldsymbol{A}^{-1}\boldsymbol{x}=\frac{1}{\lambda_0}\boldsymbol{x},$$

所以 $\frac{1}{\lambda_0}$ 为 $\boldsymbol{A}^{-1}$ 对应于 $\boldsymbol{x}$ 的特征值.

在例5.1.5的条件下,若 $g(x)$ 是一个多项式,设为

$$g(x)=b_0+b_1x+\cdots+b_mx^m,$$

则矩阵 $g(\boldsymbol{A})=b_0\boldsymbol{I}+b_1\boldsymbol{A}+\cdots+b_m\boldsymbol{A}^m$ 的特征值为

$$g(\lambda_0)=b_0+b_1\lambda_0+b_2\lambda_0^2+\cdots+b_m\lambda_0^m.$$

证 因为 $\boldsymbol{A}\boldsymbol{x}=\lambda_0\boldsymbol{x}$,由上例中(1)、(2)的结论,有

$$\begin{aligned}g(\boldsymbol{A})\boldsymbol{x}&=(b_0\boldsymbol{I}+b_1\boldsymbol{A}+\cdots+b_m\boldsymbol{A}^m)\boldsymbol{x}=b_0\boldsymbol{x}+b_1\boldsymbol{A}\boldsymbol{x}+\cdots+b_m\boldsymbol{A}^m\boldsymbol{x}\\&=b_0\boldsymbol{x}+b_1\lambda_0\boldsymbol{x}+\cdots+b_m\lambda_0^m\boldsymbol{x}=(b_0+b_1\lambda_0+b_2\lambda_0^2+\cdots+b_m\lambda_0^m)\boldsymbol{x},\end{aligned}$$

故 $g(\lambda_0)$ 是 $g(\boldsymbol{A})$ 对应于特征向量 $\boldsymbol{x}$ 的特征值.

例 5.1.6 设三阶方阵 $\boldsymbol{A}$ 的三个特征值为1、2、-1,

(1) 求矩阵 $\boldsymbol{B}=\boldsymbol{A}^2+3\boldsymbol{A}+2\boldsymbol{I}$ 的特征值;

(2) 求矩阵 $\boldsymbol{C}=\boldsymbol{A}^{-1}+2\boldsymbol{I}$ 的特征值.

解 (1) 因 $\boldsymbol{A}$ 的特征值为 λ_0,则由上题的结论知,$\boldsymbol{B}$ 的特征值为 $\lambda_0^2+3\lambda_0+2$,即

$$\begin{cases}\lambda_1(\boldsymbol{B})=1^2+3+2=6,\\ \lambda_2(\boldsymbol{B})=2^2+3\times2+2=12,\\ \lambda_3(\boldsymbol{B})=(-1)^2+3(-1)+2=0.\end{cases}$$

(2) $\boldsymbol{C}=\boldsymbol{A}^{-1}+2\boldsymbol{I}$ 的特征值为 $\frac{1}{\lambda_0}+2$,故

$$\begin{cases}\lambda_1(\boldsymbol{C})=1+2=3,\\ \lambda_2(\boldsymbol{C})=\dfrac{1}{2}+2=\dfrac{5}{2},\\ \lambda_3(\boldsymbol{C})=-1+2=1.\end{cases}$$

练习 5.1

1. 求下列矩阵的特征值和特征向量

(1) $\begin{bmatrix}-2&4\\-1&3\end{bmatrix}$; (2) $\begin{bmatrix}1&1&0\\1&1&2\\0&0&2\end{bmatrix}$; (3) $\begin{bmatrix}3&2&4\\2&0&2\\4&2&3\end{bmatrix}$.

2. $\boldsymbol{A}=\begin{bmatrix}1&2&0\\0&2&1\\0&1&2\end{bmatrix}$,求 $\boldsymbol{B}=3\boldsymbol{A}^2+2\boldsymbol{A}+\boldsymbol{I}$,$\boldsymbol{C}=\boldsymbol{A}^{-1}+2\boldsymbol{I}$ 的特征值.

3. 三阶方阵 $\boldsymbol{A}$ 的特征值为 1,2,3,求:

(1) $|\boldsymbol{A}|$; (2) $2\boldsymbol{A}^{-1}$ 的特征值; (3) $\boldsymbol{A}^2-2\boldsymbol{A}$ 的特征值.

4. 向量 $\boldsymbol{x}=(1,1,1)^{\mathrm{T}}$ 是 $\boldsymbol{A}=\begin{bmatrix}1&0&1\\a&1&0\\1&1&0\end{bmatrix}$ 的特征值 λ_1 对应的特征向量,求 λ_1,a 及其他特征值.

5. 证明题:

(1) 证明 $\boldsymbol{A}_{n\times n}$ 与 $\boldsymbol{A}^{\mathrm{T}}$ 的特征值相同.

(2) 设 λ_1,λ_2 是矩阵 $\boldsymbol{A}$ 的两个不同的特征值,它们对应的特征向量为 $\boldsymbol{\alpha}_1$,$\boldsymbol{\alpha}_2$,证明 $\boldsymbol{\alpha}_1+\boldsymbol{\alpha}_2$ 不是 $\boldsymbol{A}$ 的特征向量.

5.2 矩阵相似于对角形

5.2.1 矩阵相似

矩阵的相似化简在矩阵的计算及理论推导上起着极为重要的作用.

定义 5.3 设 $\boldsymbol{A}$,$\boldsymbol{B}$ 为 n 阶方阵,若存在 n 阶可逆矩阵 $\boldsymbol{P}$,使得

$$\boldsymbol{P}^{-1}\boldsymbol{A}\boldsymbol{P}=\boldsymbol{B}, \tag{5.2.1}$$

则称 $\boldsymbol{A}$ 与 $\boldsymbol{B}$ **相似**,记作 $\boldsymbol{A}\backsim\boldsymbol{B}$. 矩阵 $\boldsymbol{P}$ 称为相似变换矩阵.

因为相似变换矩阵 $\boldsymbol{P}$ 可逆,所以矩阵相似关系是一种等价关系,它满足等价关系的三个性质.

(1) 自反性:即 $\boldsymbol{A}\backsim\boldsymbol{A}$(因为 $\boldsymbol{A}=\boldsymbol{I}^{-1}\boldsymbol{A}\boldsymbol{I}$).

(2) 对称性:即 $\boldsymbol{A}\backsim\boldsymbol{B}$,则 $\boldsymbol{B}\backsim\boldsymbol{A}$.

(3) 传递性:即 $\boldsymbol{A}\backsim\boldsymbol{B}$,$\boldsymbol{B}\backsim\boldsymbol{C}$,则 $\boldsymbol{A}\backsim\boldsymbol{C}$.

矩阵相似还有以下重要性质.

定理 5.4 设 n 阶方阵 $\boldsymbol{A}$ 与 $\boldsymbol{B}$ 相似,则有

(1) $r(\boldsymbol{A})=r(\boldsymbol{B})$.

(2) $|\boldsymbol{A}|=|\boldsymbol{B}|$. (5.2.2)

(3) $\boldsymbol{A}$ 和 $\boldsymbol{B}$ 的特征多项式相同,即

$$|\lambda\boldsymbol{I}-\boldsymbol{A}|=|\lambda\boldsymbol{I}-\boldsymbol{B}|,$$

从而 $\boldsymbol{A}$ 与 $\boldsymbol{B}$ 的特征值相同.

证 性质(1)与(2)显然,下证性质(3). 因 $\boldsymbol{A}$ 与 $\boldsymbol{B}$ 相似,则存在可逆矩阵 $\boldsymbol{P}$,使 $\boldsymbol{P}^{-1}\boldsymbol{A}\boldsymbol{P}=\boldsymbol{B}$,于是

$$\begin{aligned}|\lambda\boldsymbol{I}-\boldsymbol{B}|&=|\lambda\boldsymbol{I}-\boldsymbol{P}^{-1}\boldsymbol{A}\boldsymbol{P}|=|\boldsymbol{P}^{-1}(\lambda\boldsymbol{I}-\boldsymbol{A})\boldsymbol{P}|\\&=|\boldsymbol{P}^{-1}|\,|\lambda\boldsymbol{I}-\boldsymbol{A}|\,|\boldsymbol{P}|=|\lambda\boldsymbol{I}-\boldsymbol{A}|.\end{aligned}$$

例 5.2.1　设三阶矩阵 $\boldsymbol{A}=\begin{bmatrix}2&0&0\\0&2&3\\0&3&2\end{bmatrix}$ 与 $\boldsymbol{B}$ 相似，求 $\boldsymbol{B}^{-1}$ 的特征值.

解　$|\lambda\boldsymbol{I}-\boldsymbol{A}|=\begin{vmatrix}\lambda-2&0&0\\0&\lambda-2&-3\\0&-3&\lambda-2\end{vmatrix}=(\lambda-2)(\lambda+1)(\lambda-5)$，

得 $\boldsymbol{A}$ 的特征值为 $\lambda_1=2,\lambda_2=-1,\lambda_3=5$. 因 $\boldsymbol{A}$ 与 $\boldsymbol{B}$ 相似，它们的特征值相同，$\boldsymbol{B}$ 的特征值 $\lambda_i(\boldsymbol{B})$ 也为 $2,-1,5$，则矩阵 $\boldsymbol{B}^{-1}$ 的特征值为 $u_i=\dfrac{1}{\lambda_i(\boldsymbol{B})}$：

$$u_1=\frac{1}{2},\quad u_2=-1,\quad u_3=\frac{1}{5}.$$

例 5.2.2　设 n 阶方阵 $\boldsymbol{A}$ 与 $\boldsymbol{B}$ 相似，即 $\boldsymbol{P}^{-1}\boldsymbol{A}\boldsymbol{P}=\boldsymbol{B}$，且 $\boldsymbol{x}_0$ 是 $\boldsymbol{A}$ 对应于特征值 λ_0 的特征向量，证明：$\boldsymbol{P}^{-1}\boldsymbol{x}_0$ 为 $\boldsymbol{B}$ 对应于 λ_0 的特征向量.

证　由 $\boldsymbol{A}\boldsymbol{x}_0=\lambda_0\boldsymbol{x}_0$，用 $\boldsymbol{P}^{-1}$ 左乘等式两边，得

$$\boldsymbol{P}^{-1}\boldsymbol{A}\boldsymbol{x}_0=\lambda_0\boldsymbol{P}^{-1}\boldsymbol{x}_0,$$
$$\boldsymbol{P}^{-1}\boldsymbol{A}\boldsymbol{P}(\boldsymbol{P}^{-1}\boldsymbol{x}_0)=\lambda_0\boldsymbol{P}^{-1}\boldsymbol{x}_0,$$
$$\boldsymbol{B}(\boldsymbol{P}^{-1}\boldsymbol{x}_0)=\lambda_0(\boldsymbol{P}^{-1}\boldsymbol{x}_0),$$

故矩阵 $\boldsymbol{B}$ 对应于 λ_0 的特征向量为 $\boldsymbol{P}^{-1}\boldsymbol{x}_0$.

5.2.2　方阵相似于对角矩阵的条件

矩阵运算和工程应用中，常常需要做相似变换，即找一个可逆矩阵 $\boldsymbol{P}$，使 $\boldsymbol{A}$ 相似于矩阵 $\boldsymbol{B}=\boldsymbol{P}^{-1}\boldsymbol{A}\boldsymbol{P}$ 为较简单的矩阵，从而简化矩阵运算，使研究的问题易于解决，显然最简单的矩阵是对角矩阵，即

$$\boldsymbol{P}^{-1}\boldsymbol{A}\boldsymbol{P}=\begin{bmatrix}\lambda_1&&\\&\ddots&\\&&\lambda_n\end{bmatrix}.$$

若 n 阶矩阵相似于对角形，就称矩阵 $\boldsymbol{A}$ **可对角化**. 现在提出的问题是：已知方阵 $\boldsymbol{A}$，具备何条件才能相似于对角矩阵？如果 $\boldsymbol{A}$ 能相似对角阵，则 $\boldsymbol{P}$ 和对角矩阵如何求？

定理 5.5　n 阶方阵 $\boldsymbol{A}$ 相似于对角矩阵的充要条件是 $\boldsymbol{A}$ 有 n 个线性无关的特征向量.

当 $\boldsymbol{A}$ 可对角化时，存在可逆矩阵 $\boldsymbol{P}$，使

$$\boldsymbol{P}^{-1}\boldsymbol{A}\boldsymbol{P}=\begin{bmatrix}\lambda_1&&&\\&\lambda_2&&\\&&\ddots&\\&&&\lambda_n\end{bmatrix},$$

其中对角线上 $\lambda_1,\lambda_2,\cdots,\lambda_n$ 是 $\boldsymbol{A}$ 的 n 个特征值，可逆矩阵 $\boldsymbol{P}=(\boldsymbol{x}_1,\boldsymbol{x}_2,\cdots,\boldsymbol{x}_n)$ 的 n 个列 $\boldsymbol{x}_1,\boldsymbol{x}_2,\cdots,\boldsymbol{x}_n$ 是对应于这些特征值的线性无关的特征向量.

证 充分性：设 $\boldsymbol{A}$ 有 n 个线性无关的特征向量 $\boldsymbol{x}_1,\boldsymbol{x}_2,\cdots,\boldsymbol{x}_n$，其对应的特征值为 $\lambda_1,\lambda_2,\cdots,\lambda_n$，即

$$\boldsymbol{A}\boldsymbol{x}_1=\lambda_1\boldsymbol{x}_1,\quad \boldsymbol{A}\boldsymbol{x}_2=\lambda_2\boldsymbol{x}_2,\quad \cdots,\quad \boldsymbol{A}\boldsymbol{x}_n=\lambda_n\boldsymbol{x}_n,$$

对应矩阵形式为

$$(\boldsymbol{A}\boldsymbol{x}_1,\boldsymbol{A}\boldsymbol{x}_2,\cdots,\boldsymbol{A}\boldsymbol{x}_n)=(\lambda_1\boldsymbol{x}_1,\lambda_2\boldsymbol{x}_2,\cdots,\lambda_n\boldsymbol{x}_n),$$

即有
$$\boldsymbol{A}(\boldsymbol{x}_1,\boldsymbol{x}_2,\cdots,\boldsymbol{x}_n)=(\boldsymbol{x}_1,\boldsymbol{x}_2,\cdots,\boldsymbol{x}_n)\begin{bmatrix}\lambda_1 & & & \\ & \lambda_2 & & \\ & & \ddots & \\ & & & \lambda_n\end{bmatrix}.$$

令 $\boldsymbol{P}=(\boldsymbol{x}_1,\boldsymbol{x}_2,\cdots,\boldsymbol{x}_n)$，因 $\boldsymbol{x}_1,\boldsymbol{x}_2,\cdots,\boldsymbol{x}_n$ 线性无关，则 $\boldsymbol{P}$ 是可逆矩阵，于是有

$$\boldsymbol{A}\boldsymbol{P}=\boldsymbol{P}\begin{bmatrix}\lambda_1 & & & \\ & \lambda_2 & & \\ & & \ddots & \\ & & & \lambda_n\end{bmatrix},\quad \boldsymbol{P}^{-1}\boldsymbol{A}\boldsymbol{P}=\begin{bmatrix}\lambda_1 & & & \\ & \lambda_2 & & \\ & & \ddots & \\ & & & \lambda_n\end{bmatrix}.$$

必要性：由上面逆推就可证得.

推论 1 若 n 阶矩阵 $\boldsymbol{A}$ 有 n 个相异的特征值，则 $\boldsymbol{A}$ 可对角化.

因为若 $\boldsymbol{A}$ 有 n 个相异的特征值，则 $\boldsymbol{A}$ 有 n 个线性无关的特征向量，故 $\boldsymbol{A}$ 可对角化.

但应注意的是，上述推论的逆命题不成立，即可对角化的 n 阶矩阵 $\boldsymbol{A}$ 不一定有 n 个相异的特征值.

例 5.2.3 判别下面矩阵能否相似于对角矩阵，若能相似于对角矩阵，求出 $\boldsymbol{P}$ 和对角矩阵 $\boldsymbol{\Lambda}$.

(1) $\boldsymbol{A}=\begin{bmatrix}-2 & 1 & 1\\ 0 & 2 & 0\\ -4 & 1 & 3\end{bmatrix}$；(2) $\boldsymbol{A}=\begin{bmatrix}-3 & 1 & -1\\ -7 & 5 & -1\\ -6 & 6 & -2\end{bmatrix}$.

解 (1) 矩阵 $\boldsymbol{A}$ 是 5.1 节中例 5.1.2 的三阶矩阵，特征多项式为

$$|\lambda\boldsymbol{I}-\boldsymbol{A}|=(\lambda+1)(\lambda-2)^2.$$

$\lambda_1=-1,\lambda_2=\lambda_3=2$，对应有三个线性无关的特征向量：

$$\boldsymbol{x}_1=(1,0,1)^{\mathrm{T}},\quad \boldsymbol{x}_2=(0,1,-1)^{\mathrm{T}},\quad \boldsymbol{x}_3=(1,0,4)^{\mathrm{T}}.$$

这些线性无关的特征向量组成可逆矩阵

$$\boldsymbol{P}=\begin{bmatrix}1 & 0 & 1\\ 0 & 1 & 0\\ 1 & -1 & 4\end{bmatrix},$$

使得
$$\boldsymbol{\Lambda}=\boldsymbol{P}^{-1}\boldsymbol{A}\boldsymbol{P}=\begin{bmatrix}-1 & & \\ & 2 & \\ & & 2\end{bmatrix}.$$

(2) 矩阵 $\boldsymbol{A}$ 是 5.1 节中例 5.1.3 的三阶矩阵，特征多项式为
$$|\lambda\boldsymbol{I}-\boldsymbol{A}|=(\lambda-4)(\lambda+2)^2.$$
$\lambda_1=4$ 对应的线性无关的特征向量为$(0,1,1)^{\mathrm{T}}$. 而二重根 $\lambda_2=\lambda_3=-2$ 对应的仅有一个线性无关的特征向量 $\boldsymbol{x}_2=(1,1,0)^{\mathrm{T}}$，此三阶方阵 $\boldsymbol{A}$ 只有两个线性无关的特征向量，不可能构成一个可逆矩阵 $\boldsymbol{P}$，所以 $\boldsymbol{A}$ 不能相似对角化.

从上面例子可以看到，若矩阵 $\boldsymbol{A}$ 的特征值 λ_0 是单根，则必对应一个线性无关的特征向量，但若 λ_0 是 k 重根，则问题就较复杂了，当 k 重特征值 λ_0 对应的线性无关的特征向量个数少于 k 时，那么 $\boldsymbol{A}$ 的线性无关的特征向量个数少于 n 个，则 $\boldsymbol{A}$ 不可对角化. 于是有：

推论 2　若矩阵 $\boldsymbol{A}$ 的每一个 k_i 重特征值 λ_i 有 k_i 个线性无关的特征向量，则 $\boldsymbol{A}$ 可对角化.

或者说，齐次线性方程组$(\lambda_i\boldsymbol{I}-\boldsymbol{A})\boldsymbol{x}=\boldsymbol{0}$ 有 k_i 个线性无关的解向量，则 $\boldsymbol{A}$ 可对角化.

例如：例 5.2.3(1)的矩阵 $\boldsymbol{A}$，$\lambda_2=\lambda_3=2$ 是二重根，有两个线性无关的特征向量，故 $\boldsymbol{A}$ 可对角化.

例 5.2.4　设三阶矩阵 $\boldsymbol{A}$ 的特征值 $\lambda_1=4$，$\lambda_2=\lambda_3=1$，对应的特征向量为 $\boldsymbol{\alpha}_1=(1,1,1)^{\mathrm{T}}$，$\boldsymbol{\alpha}_2=(1,-1,0)^{\mathrm{T}}$，$\boldsymbol{\alpha}_3=(1,0,-1)^{\mathrm{T}}$，求 $\boldsymbol{A}$.

解　由已知条件知，三个特征值对应的三个特征向量是线性无关的，由定理 5.5 知，$\boldsymbol{A}$ 可对角化为
$$\boldsymbol{P}^{-1}\boldsymbol{A}\boldsymbol{P}=\begin{bmatrix}4 & & \\ & 1 & \\ & & 1\end{bmatrix},$$
于是
$$\boldsymbol{A}=\boldsymbol{P}\begin{bmatrix}4 & & \\ & 1 & \\ & & 1\end{bmatrix}\boldsymbol{P}^{-1},$$
其中
$$\boldsymbol{P}=(\boldsymbol{\alpha}_1,\boldsymbol{\alpha}_2,\boldsymbol{\alpha}_3)=\begin{bmatrix}1 & 1 & 1\\ 1 & -1 & 0\\ 1 & 0 & -1\end{bmatrix},\quad \boldsymbol{P}^{-1}=\frac{1}{3}\begin{bmatrix}1 & 1 & 1\\ 1 & -2 & 1\\ 1 & 1 & -2\end{bmatrix}.$$
故有
$$\boldsymbol{A}=\frac{1}{3}\begin{bmatrix}1 & 1 & 1\\ 1 & -1 & 0\\ 1 & 0 & -1\end{bmatrix}\begin{bmatrix}4 & & \\ & 1 & \\ & & 1\end{bmatrix}\begin{bmatrix}1 & 1 & 1\\ 1 & -2 & 1\\ 1 & 1 & -2\end{bmatrix}=\begin{bmatrix}2 & 1 & 1\\ 1 & 2 & 1\\ 1 & 1 & 2\end{bmatrix}.$$

假定矩阵可对角化，则计算 $\boldsymbol{A}^k$ 就显得十分简单. 设存在可逆矩阵 $\boldsymbol{P}$，使得

$$P^{-1}AP=\begin{bmatrix}\lambda_1 & & \\ & \ddots & \\ & & \lambda_n\end{bmatrix},$$

就有

$$A=P\begin{bmatrix}\lambda_1 & & \\ & \ddots & \\ & & \lambda_n\end{bmatrix}P^{-1},$$

$$A^2=A\cdot A=P\begin{bmatrix}\lambda_1 & & \\ & \ddots & \\ & & \lambda_n\end{bmatrix}P^{-1}P\begin{bmatrix}\lambda_1 & & \\ & \ddots & \\ & & \lambda_n\end{bmatrix}P^{-1}=P\begin{bmatrix}\lambda_1^2 & & \\ & \ddots & \\ & & \lambda_n^2\end{bmatrix}P^{-1}.$$

同样可得

$$A^k=P\begin{bmatrix}\lambda_1^k & & \\ & \ddots & \\ & & \lambda_n^k\end{bmatrix}P^{-1}.$$

计算 A^k 就转化为求 A 的特征值与特征向量了.

例 5.2.5　假定某国的人口流动状态的统计规律是:每年城市中十分之一的人口流向农村,十分之二的人口从农村进入城市,并假定总人口保持不变,那么 k 年后,全国人口分布如何?

解　假定最初城市和农村人口分别为 y_0,z_0,第一年末城乡人口为

$$\begin{cases}y_1=0.9y_0+0.2z_0,\\ z_1=0.1y_0+0.8z_0.\end{cases}$$

令系数矩阵

$$A=\begin{bmatrix}0.9 & 0.2\\ 0.1 & 0.8\end{bmatrix},$$

上式可表为

$$\begin{bmatrix}y_1\\ z_1\end{bmatrix}=A\begin{bmatrix}y_0\\ z_0\end{bmatrix},$$

则第 k 年末城乡人口为

$$\begin{bmatrix}y_k\\ z_k\end{bmatrix}=A\begin{bmatrix}y_{k-1}\\ z_{k-1}\end{bmatrix}=A^2\begin{bmatrix}y_{k-2}\\ z_{k-2}\end{bmatrix}=\cdots=A^k\begin{bmatrix}y_0\\ z_0\end{bmatrix}.$$

现计算 A^k. 求 A 的特征值和特征向量

$$|\lambda I-A|=\begin{vmatrix}\lambda-0.9 & -0.2\\ -0.1 & \lambda-0.8\end{vmatrix}=(\lambda-1)(\lambda-0.7).$$

解得 $\lambda_1=1,\lambda_2=0.7$,它们对应的特征向量分别为

$$x_1=(2,1)^{\mathrm T},\quad x_2=(1,-1)^{\mathrm T}.$$

构造矩阵 P,再求 P^{-1},得

$$P=\begin{bmatrix}2 & 1\\ 1 & -1\end{bmatrix},\quad P^{-1}=\frac{1}{3}\begin{bmatrix}1 & 1\\ 1 & -2\end{bmatrix}.$$

$$A^k=P\begin{bmatrix}\lambda_1^k & 0\\ 0 & \lambda_2^k\end{bmatrix}P^{-1}=\frac{1}{3}\begin{bmatrix}2 & 1\\ 1 & -1\end{bmatrix}\begin{bmatrix}1^k & 0\\ 0 & 0.7^k\end{bmatrix}\begin{bmatrix}1 & 1\\ 1 & -2\end{bmatrix}$$

$$=\begin{bmatrix}\frac{2}{3}+\frac{1}{3}0.7^k & \frac{2}{3}-\frac{2}{3}0.7^k\\ \frac{1}{3}-\frac{1}{3}0.7^k & \frac{1}{3}+\frac{2}{3}0.7^k\end{bmatrix}.$$

k 年末人口分布为

$$\begin{bmatrix}y_k\\ z_k\end{bmatrix}=A^k\begin{bmatrix}y_0\\ z_0\end{bmatrix}=(y_0+z_0)\begin{bmatrix}\frac{2}{3}\\ \frac{1}{3}\end{bmatrix}+0.7^k(y_0-2z_0)\begin{bmatrix}\frac{1}{3}\\ -\frac{1}{3}\end{bmatrix}.$$

当 $k\to\infty$ 时，$0.7^k\to 0$，则

$$\begin{bmatrix}y_\infty\\ z_\infty\end{bmatrix}=(y_0+z_0)\begin{bmatrix}\frac{2}{3}\\ \frac{1}{3}\end{bmatrix}=\begin{bmatrix}\frac{2}{3}(y_0+z_0)\\ \frac{1}{3}(y_0+z_0)\end{bmatrix},$$

即当 $k\to\infty$ 时，城市与农村人口比例稳定于 $2:1$.

练习 5.2

1. 若 $P^{-1}AP=\begin{bmatrix}1 & & \\ & 3 & \\ & & 2\end{bmatrix}$，$P=\begin{bmatrix}1 & 1 & 0\\ 2 & 0 & 1\\ 1 & 1 & 1\end{bmatrix}$，求 A 的特征值及特征向量.

2. 判别下列哪些矩阵可对角化：

(1) $\begin{bmatrix}1 & 2\\ 0 & 1\end{bmatrix}$；　(2) $\begin{bmatrix}3 & 2 & 4\\ 2 & 0 & 2\\ 4 & 2 & 3\end{bmatrix}$.

3. $A=\begin{bmatrix}1 & 0 & 1\\ 0 & 1 & 0\\ 1 & 0 & 1\end{bmatrix}$，求可逆矩阵 P，使 $P^{-1}AP$ 为对角矩阵 Λ.

4. $A=\begin{bmatrix}-3 & 2\\ -2 & 2\end{bmatrix}$，求 A^k.

5. $A=\begin{bmatrix}1 & 0\\ 0 & 1\end{bmatrix}$ 与 $B=\begin{bmatrix}1 & 2\\ 0 & 1\end{bmatrix}$ 相似吗？为什么？

6. 若矩阵 A 与 B 相似，证明：

(1) $A-3I$ 与 $B-3I$ 相似.

(2) A^m 与 B^m 相似.

7. 判断题.

(1) n 阶方阵 $\boldsymbol{A}$ 与 $\boldsymbol{B}$ 相似,则 $\boldsymbol{A}$ 与 $\boldsymbol{B}$ 的特征向量相同.

(2) n 阶方阵 $\boldsymbol{A}$ 与 $\boldsymbol{B}$ 相似,则 $\boldsymbol{A}^{-1}$ 与 $\boldsymbol{B}^{-1}$ 相似.

(3) n 阶方阵 $\boldsymbol{A}$ 与 $\boldsymbol{B}$ 相似,则 $\boldsymbol{A}$ 与 $\boldsymbol{B}$ 必相似于对角矩阵.

(4) n 阶方阵 $\boldsymbol{A}$ 与 $\boldsymbol{B}$ 相似,则 $\lambda\boldsymbol{I}-\boldsymbol{A}=\lambda\boldsymbol{I}-\boldsymbol{B}$.

5.3　二次型的标准形

二次型的理论起源于解析几何中对有心二次曲线和二次曲面的研究. 例如在直角坐标系中,为了判别一般二次曲线

$$ax^2+bxy+cy^2=1$$

的类型并研究它的性质,用坐标旋转变换

$$\begin{cases}x=x'\cos\theta-y'\sin\theta,\\ y=x'\sin\theta+y'\cos\theta,\end{cases}$$

通知适当选取 θ,代入原曲线方程,消去 x 与 y 的乘积项,即把曲线化为在新坐标系 $Ox'y'$中的标准形式

$$a'x'^2+b'y'^2=1.$$

例如,对平面曲线 $x^2+3xy+y^2=1$,取 $\theta=\frac{\pi}{4}$,将坐标式 $x=\frac{1}{\sqrt{2}}(x'-y')$,$y=\frac{1}{\sqrt{2}}(x'+y')$代入,得$\frac{5}{2}x'^2-\frac{1}{2}y'^2=1$,该曲线为双曲线.

从代数观点看,这一过程实际上就是通过适当的可逆线性变换化简一个二次齐次多项式,使它仅含新变量的平方项. 这种方法可推广到 n 个变量的情况.

5.3.1　二次型及其矩阵

定义 5.4　n 个变量 $x_1,x_2,\cdots,x_n$ 的二次齐次多项式称为 n 元**二次型**. 一般表示为

$$\begin{aligned}f(x_1,x_2,\cdots,x_n)=&a_{11}x_1^2+a_{12}x_1x_2+\cdots+a_{1n}x_1x_n\\&+a_{21}x_2x_1+a_{22}x_2^2+\cdots+a_{2n}x_2x_n\\&+\cdots\\&+a_{n1}x_nx_1+a_{n2}x_nx_2+\cdots+x_{nn}x_n^2\\=&\sum_{i=1}^{n}\sum_{j=1}^{n}a_{ij}x_ix_j,\end{aligned}$$

其中规定 $a_{ij}=a_{ji}$,$i,j=1,2,\cdots,n$,当 a_{ij} 为实数时,称为**实二次型**.

为了利用矩阵工具研究二次型,将上式用矩阵乘积来表示

$$\begin{aligned}f(x_1,x_2,\cdots,x_n)=&x_1(a_{11}x_1+a_{12}x_2+\cdots+a_{1n}x_n)\\&+x_2(a_{21}x_1+a_{22}x_2+\cdots+a_{2n}x_n)\end{aligned}$$

$$
\begin{aligned}
&+\cdots\\
&+x_n(a_{n1}x_1+a_{n2}x_2+\cdots+a_{nn}x_n)\\
&=(x_1,x_2,\cdots,x_n)\begin{bmatrix} a_{11} & a_{12} & \cdots & a_{1n}\\ a_{21} & a_{22} & \cdots & a_{2n}\\ \vdots & \vdots & & \vdots\\ a_{n1} & a_{n2} & \cdots & a_{nn}\end{bmatrix}\begin{bmatrix} x_1\\ x_2\\ \vdots\\ x_n\end{bmatrix}\\
&=\boldsymbol{x}^{\mathrm{T}}\boldsymbol{A}\boldsymbol{x},
\end{aligned}
\tag{5.3.1}
$$

其中 $\boldsymbol{x}=(x_1,x_2,\cdots,x_n)^{\mathrm{T}}$，$\boldsymbol{A}=(a_{ij})_{n\times n}$. 由于 $a_{ij}=a_{ji}$，故 $\boldsymbol{A}^{\mathrm{T}}=\boldsymbol{A}$，即矩阵 $\boldsymbol{A}$ 是一个 n 阶实对称矩阵.

这样任给一个 n 元二次型 $f(x_1,x_2,\cdots,x_n)$，就可得到一个 n 阶对称矩阵；反之，任给一个 n 阶对称矩阵也可确定一个如式(5.3.1)的二次型. 于是 n 元二次型就与 n 阶对称矩阵之间建立了一一对应的关系，称 $\boldsymbol{A}$ 为二次型 f 的矩阵，因而就可以用矩阵理论来研究二次型问题了.

只含平方项的二次型

$$
f(x_1,x_2,\cdots,x_n)=d_1x_1^2+d_2x_2^2+\cdots+d_rx_r^2,\quad r\leqslant n
$$

称为**标准形**.

例 5.3.1　写出下列二次型的矩阵：

(1) $f(x_1,x_2,x_3)=2x_1^2+3x_2^2+4x_3^2$.

(2) $f(x_1,x_2,x_3)=x_1^2+3x_2^2-x_3^2-2x_1x_2+4x_2x_3$.

(3) $f(x_1,x_2,x_3,x_4)=2x_1x_2+2x_2x_3+2x_3x_4$.

解　(1) 因 $a_{11}=2,a_{22}=3,a_{33}=4,a_{ij}=0,i\neq j$. 故有标准形对应的对角矩阵为

$$
\boldsymbol{A}=\begin{bmatrix} 2 & & \\ & 3 & \\ & & 4\end{bmatrix}.
$$

(2) 因 f 对应的矩阵 $\boldsymbol{A}$ 的对角线上元素 a_{ii} 是 f 中 x_i^2 的系数，主对角线外的元素 $a_{ij}=a_{ji}$ 是 f 中 x_ix_j 的系数的一半，则 $a_{11}=1,a_{22}=3,a_{33}=-1,a_{12}=a_{21}=-1,a_{13}=a_{31}=0,a_{23}=a_{32}=2$，故有

$$
f(x_1,x_2,x_3)=(x_1,x_2,x_3)\begin{bmatrix} 1 & -1 & 0\\ -1 & 3 & 2\\ 0 & 2 & -1\end{bmatrix}\begin{bmatrix} x_1\\ x_2\\ x_3\end{bmatrix},
$$

f 对应的矩阵为

$$
\boldsymbol{A}=\begin{bmatrix} 1 & -1 & 0\\ -1 & 3 & 2\\ 0 & 2 & -1\end{bmatrix}.
$$

(3) 同样的分析

$$f=\boldsymbol{x}^{\mathrm{T}}\boldsymbol{A}\boldsymbol{x}=(x_1,x_2,x_3,x_4)\begin{bmatrix}0&1&0&0\\1&0&1&0\\0&1&0&1\\0&0&1&0\end{bmatrix}\begin{bmatrix}x_1\\x_2\\x_3\\x_4\end{bmatrix}.$$

f 对应的矩阵为

$$\boldsymbol{A}=\begin{bmatrix}0&1&0&0\\1&0&1&0\\0&1&0&1\\0&0&1&0\end{bmatrix}.$$

5.3.2　可逆线性变换化二次型为标准形

设一组变量 $x_1,x_2,\cdots,x_n$ 与另一组变量 $y_1,y_2,\cdots,y_n$ 的变换式为

$$\begin{cases}x_1=p_{11}y_1+p_{12}y_2+\cdots+p_{1n}y_n,\\x_2=p_{21}y_1+p_{22}y_2+\cdots+p_{2n}y_n,\\\quad\vdots\\x_n=p_{n1}y_1+p_{n2}y_2+\cdots+p_{nn}y_n,\end{cases}\tag{5.3.2}$$

简记为 $\boldsymbol{x}=\boldsymbol{P}\boldsymbol{y}$，其中 $\boldsymbol{x}=(x_1,x_2,\cdots,x_n)^{\mathrm{T}}$，$\boldsymbol{y}=(y_1,y_2,\cdots,y_n)^{\mathrm{T}}$，$\boldsymbol{P}=(p_{ij})_{n\times n}$ 为可逆矩阵，称式(5.3.2)为可逆(满秩)线性变换.

将式(5.3.2)代入式(5.3.1)，二次型变换为

$$f(x_1,x_2,\cdots,x_n)=\boldsymbol{x}^{\mathrm{T}}\boldsymbol{A}\boldsymbol{x}=(\boldsymbol{P}\boldsymbol{y})^{\mathrm{T}}\boldsymbol{A}(\boldsymbol{P}\boldsymbol{y})=\boldsymbol{y}^{\mathrm{T}}\boldsymbol{P}^{\mathrm{T}}\boldsymbol{A}\boldsymbol{P}\boldsymbol{y}=\boldsymbol{y}^{\mathrm{T}}\boldsymbol{B}\boldsymbol{y},$$

其中 $\boldsymbol{B}=\boldsymbol{P}^{\mathrm{T}}\boldsymbol{A}\boldsymbol{P}$. 可见通过可逆线性代换，$f(x_1,x_2,\cdots,x_n)$ 变为一个以 $y_1,y_2,\cdots,y_n$ 为变量的新的二次型 $\boldsymbol{y}^{\mathrm{T}}\boldsymbol{B}\boldsymbol{y}$.

定义 5.5　设 $\boldsymbol{A},\boldsymbol{B}$ 为 n 阶矩阵，若存在可逆矩阵 $\boldsymbol{P}$，使得

$$\boldsymbol{P}^{\mathrm{T}}\boldsymbol{A}\boldsymbol{P}=\boldsymbol{B},\tag{5.3.3}$$

称 $\boldsymbol{A}$ 与 $\boldsymbol{B}$ **合同.**

合同是方阵之间的又一个等价关系，即具有下列性质：(1) 自反性. (2) 对称性. (3) 传递性. 另外还具有如下性质：(4) 合同不改变矩阵的秩. 这是因为 $\boldsymbol{P}$ 是可逆矩阵，$r(\boldsymbol{B})=r(\boldsymbol{P}^{\mathrm{T}}\boldsymbol{A}\boldsymbol{P})=r(\boldsymbol{A})$. (5) 合同不改变矩阵的对称性. 这是因为 $\boldsymbol{A}^{\mathrm{T}}=\boldsymbol{A}$，则 $\boldsymbol{B}^{\mathrm{T}}=(\boldsymbol{P}^{\mathrm{T}}\boldsymbol{A}\boldsymbol{P})^{\mathrm{T}}=\boldsymbol{P}^{\mathrm{T}}\boldsymbol{A}^{\mathrm{T}}(\boldsymbol{P}^{\mathrm{T}})^{\mathrm{T}}=\boldsymbol{P}^{\mathrm{T}}\boldsymbol{A}\boldsymbol{P}=\boldsymbol{B}$.

设二次型 $f=\boldsymbol{x}^{\mathrm{T}}\boldsymbol{A}\boldsymbol{x}$，称对称矩阵 $\boldsymbol{A}$ 的秩为 f 的秩.

由此可知，可逆线性变换 $\boldsymbol{x}=\boldsymbol{P}\boldsymbol{y}$ 把二次型 $f=\boldsymbol{x}^{\mathrm{T}}\boldsymbol{A}\boldsymbol{x}$ 变为新的二次型 $f=\boldsymbol{y}^{\mathrm{T}}\boldsymbol{B}\boldsymbol{y}$，它们对应的矩阵是合同的，即 $\boldsymbol{P}^{\mathrm{T}}\boldsymbol{A}\boldsymbol{P}=\boldsymbol{B}$，而且它们的秩不变.

给定一个二次型 $f=\boldsymbol{x}^{\mathrm{T}}\boldsymbol{A}\boldsymbol{x}$，一般关心的是如何寻找一个适当的可逆线性变换，把它化为标准形，即

$$f(x_1,x_2,\cdots,x_n)=d_1y_1^2+d_2y_2^2+\cdots+d_ry_r^2,\quad r\leqslant n,d_i\neq0,i=1,2,\cdots,r.$$

显然二次型 f 的标准形对应的矩阵是一个对角矩阵

$$\boldsymbol{\Lambda}=\begin{bmatrix} d_1 & & & & & \\ & \ddots & & & & \\ & & d_r & & & \\ & & & 0 & & \\ & & & & \ddots & \\ & & & & & 0 \end{bmatrix}, \quad d_i\neq 0, i=1,2,\cdots,r. \tag{5.3.4}$$

假定能够选取适当可逆线性变换 $\boldsymbol{x}=\boldsymbol{P}\boldsymbol{y}$，把秩为 r 的二次型 $f=\boldsymbol{x}^{\mathrm{T}}\boldsymbol{A}\boldsymbol{x}$ 化为标准形

$$f=\boldsymbol{x}^{\mathrm{T}}\boldsymbol{A}\boldsymbol{x}=\boldsymbol{y}^{\mathrm{T}}\boldsymbol{P}^{\mathrm{T}}\boldsymbol{A}\boldsymbol{P}\boldsymbol{y}=d_1y_1^2+d_2y_2^2+\cdots+d_ry_r^2=\boldsymbol{y}^{\mathrm{T}}\boldsymbol{\Lambda}\boldsymbol{y},$$

这等价于：对于对称矩阵 $\boldsymbol{A}$，存在可逆矩阵 $\boldsymbol{P}$，使得

$$\boldsymbol{P}^{\mathrm{T}}\boldsymbol{A}\boldsymbol{P}=\boldsymbol{\Lambda}.$$

即 n 阶对称矩阵 $\boldsymbol{A}$ 合同于对角矩阵. 由于对角矩阵的秩等于对角线上非零元素的个数，即 $r(\boldsymbol{A})=r$. 可见二次型的标准形中平方项的个数 r 正是矩阵 $\boldsymbol{A}$ 的秩，也即二次型的秩.

定理 5.6 秩为 r 的 n 元实二次型 $f=\boldsymbol{x}^{\mathrm{T}}\boldsymbol{A}\boldsymbol{x}$，总存在可逆线性变换 $\boldsymbol{x}=\boldsymbol{P}\boldsymbol{y}$，使 f 化为标准形，即

$$f(x_1,x_2,\cdots,x_n)=d_1y_1^2+d_2y_2^2+\cdots+d_ry_r^2,\quad r\leqslant n, d_i\neq 0. \tag{5.3.5}$$

这等价于对任一个实对称矩阵 $\boldsymbol{A}$，总存在可逆矩阵 $\boldsymbol{P}$，使 $\boldsymbol{A}$ 合同于如式(5.3.4)的对角矩阵，即 $\boldsymbol{P}^{\mathrm{T}}\boldsymbol{A}\boldsymbol{P}=\boldsymbol{\Lambda}$.

在式(5.3.5)中，不妨设变量正的系数为 $d_1,d_2,\cdots,d_p$，负的系数为 $d_{p+1},\cdots,d_r$，再做一个可逆线性变换：

$$y_1=\frac{1}{\sqrt{d_1}}z_1,y_2=\frac{1}{\sqrt{d_2}}z_2,\cdots,y_p=\frac{1}{\sqrt{d_p}}z_p,y_{p+1}=\frac{1}{\sqrt{-d_{p+1}}}z_{p+1},\cdots,y_r=\frac{1}{\sqrt{-d_r}}z_r,$$

$$y_{r+1}=z_{r+1},\cdots,y_n=z_n,$$

则二次型 f 化为

$$f(x_1,x_2,\cdots,x_n)=z_1^2+z_2^2+\cdots+z_p^2+(-1)z_{p+1}^2+\cdots+(-1)z_r^2,$$

称为二次型 f 的**规范型**.

把二次型化为标准形有多种方法，这里先介绍**拉格朗日**(Lagrange)**配方法**，下一节将介绍更为实用的正交变换法.

拉格朗日配方法是通过逐个把变量配成平方，使二次型化为只含有完全平方项的一种方法.

例 5.3.2 用配方法化二次型为标准形. 设

$$f=x_1^2-2x_1x_2+3x_2^2-4x_1x_3+6x_3^2.$$

解 f 中含有变量平方项，例如 x_1^2，故可先将含 x_1 的各项集中并进行配平方.

$$\begin{aligned} f&=(x_1^2-2x_1x_2-4x_1x_3)+3x_2^2+6x_3^2\\ &=(x_1-x_2-2x_3)^2-4x_2x_3-x_2^2-4x_3^2+3x_2^2+6x_3^2 \end{aligned}$$

$$
\begin{aligned}
&=(x_1-x_2-2x_3)^2+2x_2^2-4x_2x_3+2x_3^2\\
&=(x_1-x_2-2x_3)^2+2(x_2-x_3)^2.
\end{aligned}
$$

令可逆线性变换：

$$
\begin{cases} y_1=x_1-x_2-2x_3, \\ y_2=x_2-x_3, \\ y_3=x_3, \end{cases} \quad \text{即} \quad \begin{cases} x_1=y_1+y_2+3y_3, \\ x_2=y_2+y_3, \\ x_3=y_3. \end{cases}
$$

便使得 $f(x_1,x_2,x_3)=y_1^2+2y_2^2$.

例 5.3.3　用配方法把下面二次型化为标准形

$$f=x_1x_2+x_1x_3-3x_2x_3.$$

解　因为 f 中不含变量的平方项，所以先做一个简单的可逆线性变换使新二次型出现平方项. 为此设

$$
\begin{cases} x_1=y_1+y_2, \\ x_2=y_1-y_2, \\ x_3=y_3, \end{cases}
$$

即

$$
\boldsymbol{x}=\begin{bmatrix} 1 & 1 & 0 \\ 1 & -1 & 0 \\ 0 & 0 & 1 \end{bmatrix}\boldsymbol{y}. \tag{①}
$$

代入原二次型得

$$f=y_1^2-y_2^2+y_1y_3+y_2y_3-3y_1y_3+3y_2y_3=y_1^2-2y_1y_3-y_2^2+4y_2y_3.$$

用例 5.3.2 配方步骤得

$$f=(y_1-y_3)^2-y_2^2+4y_2y_3-y_3^2=(y_1-y_3)^2-(y_2-2y_3)^2+3y_3^2,$$

令可逆线性变换

$$
\begin{cases} z_1=y_1-y_3, \\ z_2=y_2-2y_3, \\ z_3=y_3. \end{cases} \tag{②}
$$

代入上式，得 $f=z_1^2-z_2^2+3z_3^2$. 由上面①、②式，得可逆线性变换

$$
\begin{cases} x_1=z_1+z_2+3z_3, \\ x_2=z_1-z_2-z_3, \\ x_3=z_3, \end{cases}
$$

即

$$
\boldsymbol{x}=\begin{bmatrix} 1 & 1 & 3 \\ 1 & -1 & -1 \\ 0 & 0 & 1 \end{bmatrix}\boldsymbol{z}, \quad \text{其中 } \boldsymbol{z}=\begin{bmatrix} z_1 \\ z_2 \\ z_3 \end{bmatrix},
$$

使得

$$f=z_1^2-z_2^2+3z_3^2.$$

用配方法时，二次型一般可分成两种形式：一种是 f 中含有某变量的平方项，则把含有此变量的所有项归并起来，配成完全平方项，然后再对其他变量进行配方，直至二次型被完全配为平方项为止；第二种是 f 中不含变量的平方项，则先用一个简

单可逆线性变换使 f 中含有新变量的平方项，再继续按第一种情况进行配方.

值得指出的是，二次型化为标准形不是唯一的，它与所做的可逆线性变换有关.由于二次型经可逆线性变换不改变二次型的秩，而二次型的秩等于标准形中非零平方项的个数，故一个二次型的标准形中非零平方项的个数是唯一的，不仅如此，二次型还有如下结论.

定理 5.7(惯性定理)　设秩为 r 的实二次型 $f=\boldsymbol{x}^{\mathrm{T}}\boldsymbol{A}\boldsymbol{x}$，经可逆线性变换化为标准形时，正的平方项数 p 一定，负的平方项数 q 一定.

二次型 f 的标准形中正的平方项数 p 称为二次型的**正惯性指数**，负平方项数 q 称为**负惯性指数**，$p-q$ 称为二次型的**符号差**.

例如：在例 5.3.3 中，二次型 f 的正惯性指数为 2，负惯性指数为 1.

练习 5.3

1. 求下面二次型对应的矩阵和二次型的秩：

(1) $f=x_1^2+2x_2^2-2x_3^2-4x_1x_2-4x_2x_3$.

(2) $f=5x_1^2+5x_2^2+3x_3^2-2x_1x_2+6x_1x_3-6x_2x_3$.

2. 用配方法化以下二次型为标准形：

(1) $f(x_1,x_2,x_3)=x_1^2+3x_2^2+3x_3^2+2x_1x_2-2x_2x_3+2x_1x_3$.

(2) $f(x_1,x_2,x_3)=2x_1x_2+x_1x_3-x_2x_3$.

3. 下面哪些矩阵具有合同关系？

$$\boldsymbol{A}=\begin{bmatrix}1 & & \\ & 2 & \\ & & -3\end{bmatrix},\quad \boldsymbol{B}=\begin{bmatrix}1 & & \\ & -2 & \\ & & -3\end{bmatrix},\quad \boldsymbol{C}=\begin{bmatrix}4 & & \\ & -3 & \\ & & 2\end{bmatrix}.$$

4. 求本练习第 2 题中的二次型的正、负惯性指数.

5.4　欧氏空间的内积与正交变换

为了研究正交变换化二次型为标准形的问题，必须定义向量的度量，即向量的长度、夹角、正交性，从而引入内积的概念.

5.4.1　内积的概念

在几何空间，可由向量的长度 $|\boldsymbol{\alpha}|$、$|\boldsymbol{\beta}|$ 和两向量的夹角 θ 定义两向量 $\boldsymbol{\alpha},\boldsymbol{\beta}$ 的数量积：

$$\boldsymbol{\alpha}\cdot\boldsymbol{\beta}=|\boldsymbol{\alpha}||\boldsymbol{\beta}|\cos\theta,$$

利用坐标得到下面的计算公式. 设 $\boldsymbol{\alpha}=(a_1,a_2,a_3)^{\mathrm{T}}$，$\boldsymbol{\beta}=(b_1,b_2,b_3)^{\mathrm{T}}$，则有

$$\boldsymbol{\alpha}\cdot\boldsymbol{\beta}=a_1b_1+a_2b_2+a_3b_3,\quad |\boldsymbol{\alpha}|=\sqrt{a_1^2+a_2^2+a_3^2},\quad |\boldsymbol{\beta}|=\sqrt{b_1^2+b_2^2+b_3^2},$$

$$\cos\theta=\frac{\boldsymbol{\alpha}\cdot\boldsymbol{\beta}}{|\boldsymbol{\alpha}||\boldsymbol{\beta}|}=\frac{a_1b_1+a_2b_2+a_3b_3}{\sqrt{a_1^2+a_2^2+a_3^2}\cdot\sqrt{b_1^2+b_2^2+b_3^2}}.$$

现在把数量积推广到一般 n 维向量空间上，就有

定义 5.6　n 维空间 $\mathbf{R}^n$ 的任意两个向量 $\boldsymbol{\alpha}=(x_1,x_2,\cdots,x_n)^{\mathrm{T}}$，$\boldsymbol{\beta}=(y_1,y_2,\cdots,y_n)^{\mathrm{T}}$ 确定一个数，记为

$$(\boldsymbol{\alpha},\boldsymbol{\beta})=\boldsymbol{\alpha}^{\mathrm{T}}\boldsymbol{\beta}=\boldsymbol{\beta}^{\mathrm{T}}\boldsymbol{\alpha}=x_1y_1+x_2y_2+\cdots+x_ny_n.$$

称 $(\boldsymbol{\alpha},\boldsymbol{\beta})$ 为向量 $\boldsymbol{\alpha}$ 与 $\boldsymbol{\beta}$ 的**内积**，称定义了内积的 $\mathbf{R}^n$ 为**欧氏空间**.

内积具有下列性质.

(1) $(\boldsymbol{\alpha},\boldsymbol{\beta})=(\boldsymbol{\beta},\boldsymbol{\alpha})$.

(2) $(k\boldsymbol{\alpha},\boldsymbol{\beta})=k(\boldsymbol{\alpha},\boldsymbol{\beta})$ 或 $(\boldsymbol{\alpha},k\boldsymbol{\beta})=k(\boldsymbol{\alpha},\boldsymbol{\beta})$，$k$ 为数.

(3) $(\boldsymbol{\alpha}_1+\boldsymbol{\alpha}_2,\boldsymbol{\beta})=(\boldsymbol{\alpha}_1,\boldsymbol{\beta})+(\boldsymbol{\alpha}_2,\boldsymbol{\beta})$，或 $(\boldsymbol{\alpha},\boldsymbol{\beta}_1+\boldsymbol{\beta}_2)=(\boldsymbol{\alpha},\boldsymbol{\beta}_1)+(\boldsymbol{\alpha},\boldsymbol{\beta}_2)$.

(4) $(\boldsymbol{\alpha},\boldsymbol{\alpha})\geqslant 0$，且 $(\boldsymbol{\alpha},\boldsymbol{\alpha})=0$，当且仅当 $\boldsymbol{\alpha}=\mathbf{0}$.

定义 5.7　设 $\boldsymbol{\alpha}=(x_1,x_2,\cdots,x_n)^{\mathrm{T}}$，

$$|\boldsymbol{\alpha}|=\sqrt{(\boldsymbol{\alpha},\boldsymbol{\alpha})}=\sqrt{x_1^2+x_2^2+\cdots+x_n^2}$$

称为向量 $\boldsymbol{\alpha}$ 的**长度**. 长度为 1 的向量称为**单位向量**.

对 $\boldsymbol{\alpha}\neq\mathbf{0}$，$\boldsymbol{\alpha}^0=\boldsymbol{\alpha}/|\boldsymbol{\alpha}|$ 就是 $\boldsymbol{\alpha}$ 的单位向量.

向量的长度有如下性质.

(1) 非负性：$|\boldsymbol{\alpha}|\geqslant 0$，$|\boldsymbol{\alpha}|=0$ 当且仅当 $\boldsymbol{\alpha}=\mathbf{0}$.

(2) 齐次性：$|k\boldsymbol{\alpha}|=|k||\boldsymbol{\alpha}|$.

(3) 三角不等式：$|\boldsymbol{\alpha}+\boldsymbol{\beta}|\leqslant|\boldsymbol{\alpha}|+|\boldsymbol{\beta}|$.

定理 5.8(柯西-许瓦兹不等式)

$$|(\boldsymbol{\alpha},\boldsymbol{\beta})|\leqslant|\boldsymbol{\alpha}||\boldsymbol{\beta}|.$$

证　作向量 $\boldsymbol{\alpha}-t\boldsymbol{\beta}$，$t$ 为任意实数，当 $\boldsymbol{\beta}=\mathbf{0}$ 时定理显然成立.

当 $\boldsymbol{\beta}\neq\mathbf{0}$ 时，则由内积运算性质(4)，有

$$(\boldsymbol{\alpha}-t\boldsymbol{\beta},\boldsymbol{\alpha}-t\boldsymbol{\beta})\geqslant 0,$$

$$(\boldsymbol{\alpha},\boldsymbol{\alpha})-2t(\boldsymbol{\alpha},\boldsymbol{\beta})+t^2(\boldsymbol{\beta},\boldsymbol{\beta})\geqslant 0,$$

因 t 是任意的，设 $t=\dfrac{(\boldsymbol{\alpha},\boldsymbol{\beta})}{(\boldsymbol{\beta},\boldsymbol{\beta})}$，代入上式，得

$$(\boldsymbol{\alpha},\boldsymbol{\beta})^2\leqslant(\boldsymbol{\alpha},\boldsymbol{\alpha})(\boldsymbol{\beta},\boldsymbol{\beta}),$$

即有 $|(\boldsymbol{\alpha},\boldsymbol{\beta})|\leqslant|\boldsymbol{\alpha}||\boldsymbol{\beta}|$. 由此可得

$$\left|\frac{(\boldsymbol{\alpha},\boldsymbol{\beta})}{|\boldsymbol{\alpha}|\cdot|\boldsymbol{\beta}|}\right|\leqslant 1.$$

仿照几何空间数量积 $\boldsymbol{\alpha}\cdot\boldsymbol{\beta}=|\boldsymbol{\alpha}|\cdot|\boldsymbol{\beta}|\cos\theta$ 中向量 $\boldsymbol{\alpha},\boldsymbol{\beta}$ 的夹角 θ 的定义，可以定义两个 n 维非零向量的夹角：

$$\theta=\arccos\frac{(\boldsymbol{\alpha},\boldsymbol{\beta})}{|\boldsymbol{\alpha}|\cdot|\boldsymbol{\beta}|}.$$

定义 5.8　若 $(\boldsymbol{\alpha},\boldsymbol{\beta})=0$，称 $\boldsymbol{\alpha}$ 与 $\boldsymbol{\beta}$ 正交，记为 $\boldsymbol{\alpha}\perp\boldsymbol{\beta}$. 若向量组 $\boldsymbol{\alpha}_1,\boldsymbol{\alpha}_2,\cdots,\boldsymbol{\alpha}_r$ 两两

正交，称此向量组为**正交组**，又若它们都是单位向量，则称此向量组为**标准正交组**. 即

$$(\boldsymbol{\alpha}_i,\boldsymbol{\alpha}_j)=\begin{cases}1, & i=j,\\ 0, & i\neq j.\end{cases}\quad i,j=1,2,\cdots,r.$$

显然零向量与任何一个向量正交.

定理 5.9　设 $\boldsymbol{\alpha}_1,\boldsymbol{\alpha}_2,\cdots,\boldsymbol{\alpha}_r$ 是非零向量正交组，则 $\boldsymbol{\alpha}_1,\boldsymbol{\alpha}_2,\cdots,\boldsymbol{\alpha}_r$ 是线性无关的.

证　设

$$k_1\boldsymbol{\alpha}_1+k_2\boldsymbol{\alpha}_2+\cdots+k_r\boldsymbol{\alpha}_r=\mathbf{0},$$

用 $\boldsymbol{\alpha}_i$ 对两边作内积，且由内积的运算性质，

$$(k_1\boldsymbol{\alpha}_1+k_2\boldsymbol{\alpha}_2+\cdots+k_r\boldsymbol{\alpha}_r,\boldsymbol{\alpha}_i)=(\mathbf{0},\boldsymbol{\alpha}_i)=0,$$

$$k_1(\boldsymbol{\alpha}_1,\boldsymbol{\alpha}_i)+k_2(\boldsymbol{\alpha}_2,\boldsymbol{\alpha}_i)+\cdots+k_r(\boldsymbol{\alpha}_r,\boldsymbol{\alpha}_i)=0,$$

由 $(\boldsymbol{\alpha}_i,\boldsymbol{\alpha}_j)=0,i\neq j$，得

$$k_i(\boldsymbol{\alpha}_i,\boldsymbol{\alpha}_i)=0,$$

由于 $(\boldsymbol{\alpha}_i,\boldsymbol{\alpha}_i)\neq 0$，得 $k_i=0,i=1,2,\cdots,r$，于是证明了正交向量组线性无关.

例 5.4.1　$\boldsymbol{\alpha}=(1,0,2,2)^{\mathrm{T}},\boldsymbol{\beta}=(-2,1,0,2)^{\mathrm{T}}$，求 $(\boldsymbol{\alpha}+\boldsymbol{\beta},\boldsymbol{\alpha}-\boldsymbol{\beta})$，及 $\boldsymbol{\alpha}$ 与 $\boldsymbol{\beta}$ 的夹角.

解

$$\boldsymbol{\alpha}+\boldsymbol{\beta}=(-1,1,2,4)^{\mathrm{T}},\quad (\boldsymbol{\alpha}-\boldsymbol{\beta})=(3,-1,2,0)^{\mathrm{T}},$$

则

$$(\boldsymbol{\alpha}+\boldsymbol{\beta},\boldsymbol{\alpha}-\boldsymbol{\beta})=-3-1+4+0=0,$$

$$|\boldsymbol{\alpha}|=\sqrt{\boldsymbol{\alpha}^{\mathrm{T}}\boldsymbol{\alpha}}=\sqrt{1+2^2+2^2}=3,\quad |\boldsymbol{\beta}|=\sqrt{\boldsymbol{\beta}^{\mathrm{T}}\boldsymbol{\beta}}=\sqrt{(-2)^2+1+2^2}=3,$$

$$(\boldsymbol{\alpha},\boldsymbol{\beta})=2.$$

所以

$$\theta=\arccos\frac{2}{3\times 3}=\arccos\frac{2}{9}.$$

例 5.4.2　求与向量 $\boldsymbol{\alpha}_1=(1,1,1,1)^{\mathrm{T}}$ 和 $\boldsymbol{\alpha}_2=(1,0,1,1)^{\mathrm{T}}$ 都正交的向量集.

解　设与 $\boldsymbol{\alpha}_1,\boldsymbol{\alpha}_2$ 均正交的向量为 $\boldsymbol{x}=(x_1,x_2,x_3,x_4)^{\mathrm{T}}$，由 $\boldsymbol{\alpha}_1^{\mathrm{T}}\boldsymbol{x}=0,\boldsymbol{\alpha}_2^{\mathrm{T}}\boldsymbol{x}=0$，得齐次线性方程组

$$\begin{cases}x_1+x_2+x_3+x_4=0,\\ x_1\qquad\;\;+x_3+x_4=0.\end{cases}$$

解得 $\boldsymbol{x}=k_1(-1,0,1,0)^{\mathrm{T}}+k_2(-1,0,0,1)^{\mathrm{T}}$ 就是与 $\boldsymbol{\alpha}_1,\boldsymbol{\alpha}_2$ 正交的向量集合.

例 5.4.3　在欧氏空间 $\mathbf{R}^n$ 中，$\boldsymbol{\alpha},\boldsymbol{\beta}\in\mathbf{R}^n$，则

$$|\boldsymbol{\alpha}+\boldsymbol{\beta}|^2=|\boldsymbol{\alpha}|^2+|\boldsymbol{\beta}|^2$$

的充要条件是 $\boldsymbol{\alpha}$ 与 $\boldsymbol{\beta}$ 正交，称上式为勾股公式.

证

$$|\boldsymbol{\alpha}+\boldsymbol{\beta}|^2=(\boldsymbol{\alpha}+\boldsymbol{\beta},\boldsymbol{\alpha}+\boldsymbol{\beta})=|\boldsymbol{\alpha}|^2+|\boldsymbol{\beta}|^2+2(\boldsymbol{\alpha},\boldsymbol{\beta}),$$

故 $|\boldsymbol{\alpha}+\boldsymbol{\beta}|^2=|\boldsymbol{\alpha}|^2+|\boldsymbol{\beta}|^2$ 的充要条件是 $(\boldsymbol{\alpha},\boldsymbol{\beta})=0$，即 $\boldsymbol{\alpha}$ 与 $\boldsymbol{\beta}$ 正交.

5.4.2　标准正交基与正交化方法

定义 5.9　在欧氏空间 $\mathbf{R}^n$ 中，若一组基 $\boldsymbol{\varepsilon}_1,\boldsymbol{\varepsilon}_2,\cdots,\boldsymbol{\varepsilon}_n$ 是标准正交的，即 $|\boldsymbol{\varepsilon}_i|=1$，$(\boldsymbol{\varepsilon}_i,\boldsymbol{\varepsilon}_j)\xlongequal{i\neq j}0,i,j=1,2,\cdots,n$，则称 $\boldsymbol{\varepsilon}_1,\boldsymbol{\varepsilon}_2,\cdots,\boldsymbol{\varepsilon}_n$ 为**标准正交基**.

例 5.4.4 设 $\boldsymbol{\alpha}_1=\left(\frac{-1}{\sqrt{2}},\frac{1}{\sqrt{2}},0\right)^{\mathrm{T}}$，$\boldsymbol{\alpha}_2=\left(\frac{1}{\sqrt{3}},\frac{1}{\sqrt{3}},\frac{1}{\sqrt{3}}\right)^{\mathrm{T}}$，$\boldsymbol{\alpha}_3=\left(\frac{1}{\sqrt{6}},\frac{1}{\sqrt{6}},\frac{-2}{\sqrt{6}}\right)^{\mathrm{T}}$，证明 $\boldsymbol{\alpha}_1,\boldsymbol{\alpha}_2,\boldsymbol{\alpha}_3$ 是 $\mathbf{R}^3$ 的一个标准正交基.

证

$$|\boldsymbol{\alpha}_1|^2=\left(\frac{-1}{\sqrt{2}}\right)^2+\left(\frac{1}{\sqrt{2}}\right)^2=1,$$

$$|\boldsymbol{\alpha}_2|^2=\left(\frac{1}{\sqrt{3}}\right)^2+\left(\frac{1}{\sqrt{3}}\right)^2+\left(\frac{1}{\sqrt{3}}\right)^2=1,$$

$$|\boldsymbol{\alpha}_3|^2=\left(\frac{1}{\sqrt{6}}\right)^2+\left(\frac{1}{\sqrt{6}}\right)^2+\left(\frac{-2}{\sqrt{6}}\right)^2=1,$$

$$(\boldsymbol{\alpha}_1,\boldsymbol{\alpha}_2)=\frac{-1}{\sqrt{2}}\times\frac{1}{\sqrt{3}}+\frac{1}{\sqrt{2}}\times\frac{1}{\sqrt{3}}=0,$$

$$(\boldsymbol{\alpha}_1,\boldsymbol{\alpha}_3)=\frac{-1}{\sqrt{2}}\times\frac{1}{\sqrt{6}}+\frac{1}{\sqrt{2}}\times\frac{1}{\sqrt{6}}=0,$$

$$(\boldsymbol{\alpha}_2,\boldsymbol{\alpha}_3)=\frac{1}{\sqrt{3}}\times\frac{1}{\sqrt{6}}+\frac{1}{\sqrt{3}}\times\frac{1}{\sqrt{6}}+\frac{1}{\sqrt{3}}\times\frac{-2}{\sqrt{6}}=0,$$

$\boldsymbol{\alpha}_1,\boldsymbol{\alpha}_2,\boldsymbol{\alpha}_3$ 既是单位向量，又是两两正交的，故 $\boldsymbol{\alpha}_1,\boldsymbol{\alpha}_2,\boldsymbol{\alpha}_3$ 是 $\mathbf{R}^3$ 的一个标准正交基.

已知 n 维向量空间的任一组基 $\boldsymbol{\alpha}_1,\boldsymbol{\alpha}_2,\cdots,\boldsymbol{\alpha}_n$，可以在这组基上构造一组与它等价的正交基 $\boldsymbol{\beta}_1,\boldsymbol{\beta}_2,\cdots,\boldsymbol{\beta}_n$，然后单位化为标准正交基 $\boldsymbol{\varepsilon}_1,\boldsymbol{\varepsilon}_2,\cdots,\boldsymbol{\varepsilon}_n$. 可以采用下面的做法.

第一步：设 $\boldsymbol{\beta}_1=\boldsymbol{\alpha}_1$.

第二步：求 $\boldsymbol{\beta}_2$，使 $\boldsymbol{\beta}_2$ 与 $\boldsymbol{\beta}_1$ 正交，即满足 $(\boldsymbol{\beta}_2,\boldsymbol{\beta}_1)=0$. 令

$$\boldsymbol{\beta}_2=\boldsymbol{\alpha}_2+k\boldsymbol{\beta}_1,$$

上式两边与 $\boldsymbol{\beta}_1$ 做内积

$$(\boldsymbol{\beta}_2,\boldsymbol{\beta}_1)=(\boldsymbol{\alpha}_2,\boldsymbol{\beta}_1)+k(\boldsymbol{\beta}_1,\boldsymbol{\beta}_1)=0,$$

得

$$k=-\frac{(\boldsymbol{\alpha}_2,\boldsymbol{\beta}_1)}{(\boldsymbol{\beta}_1,\boldsymbol{\beta}_1)},$$

$$\boldsymbol{\beta}_2=\boldsymbol{\alpha}_2-\frac{(\boldsymbol{\alpha}_2,\boldsymbol{\beta}_1)}{(\boldsymbol{\beta}_1,\boldsymbol{\beta}_1)}\boldsymbol{\beta}_1.$$

再求 $\boldsymbol{\beta}_3$，使之与 $\boldsymbol{\beta}_1,\boldsymbol{\beta}_2$ 正交，即满足 $(\boldsymbol{\beta}_3,\boldsymbol{\beta}_1)=0,(\boldsymbol{\beta}_3,\boldsymbol{\beta}_2)=0$. 设

$$\boldsymbol{\beta}_3=\boldsymbol{\alpha}_3+k_1\boldsymbol{\beta}_1+k_2\boldsymbol{\beta}_2,$$

由

$$(\boldsymbol{\beta}_3,\boldsymbol{\beta}_1)=(\boldsymbol{\alpha}_3,\boldsymbol{\beta}_1)+k_1(\boldsymbol{\beta}_1,\boldsymbol{\beta}_1)+k_2(\boldsymbol{\beta}_2,\boldsymbol{\beta}_1)=0,$$

$$(\boldsymbol{\beta}_3,\boldsymbol{\beta}_2)=(\boldsymbol{\alpha}_3,\boldsymbol{\beta}_2)+k_1(\boldsymbol{\beta}_1,\boldsymbol{\beta}_2)+k_2(\boldsymbol{\beta}_2,\boldsymbol{\beta}_2)=0,$$

得

$$k_1=-\frac{(\boldsymbol{\alpha}_3,\boldsymbol{\beta}_1)}{(\boldsymbol{\beta}_1,\boldsymbol{\beta}_1)},\quad k_2=-\frac{(\boldsymbol{\alpha}_3,\boldsymbol{\beta}_2)}{(\boldsymbol{\beta}_2,\boldsymbol{\beta}_2)},$$

$$\boldsymbol{\beta}_3=\boldsymbol{\alpha}_3-\frac{(\boldsymbol{\alpha}_3,\boldsymbol{\beta}_1)}{(\boldsymbol{\beta}_1,\boldsymbol{\beta}_1)}\boldsymbol{\beta}_1-\frac{(\boldsymbol{\alpha}_3,\boldsymbol{\beta}_2)}{(\boldsymbol{\beta}_2,\boldsymbol{\beta}_2)}\boldsymbol{\beta}_2.$$

同样做法，有计算式

$$\boldsymbol{\beta}_k = \boldsymbol{\alpha}_k - \sum_{i=1}^{k-1} \frac{(\boldsymbol{\alpha}_k, \boldsymbol{\beta}_i)}{(\boldsymbol{\beta}_i, \boldsymbol{\beta}_i)} \boldsymbol{\beta}_i, \quad k = 1, 2, \cdots, n.$$

其中 $k-1$ 个向量 $\boldsymbol{\beta}_1, \boldsymbol{\beta}_2, \cdots, \boldsymbol{\beta}_{k-1}$ 已正交，这样就得到 n 个正交的向量 $\boldsymbol{\beta}_1, \boldsymbol{\beta}_2, \cdots, \boldsymbol{\beta}_n$.

第三步，把 $\boldsymbol{\beta}_1, \boldsymbol{\beta}_2, \cdots, \boldsymbol{\beta}_n$ 单位化

$$\boldsymbol{\varepsilon}_i = \boldsymbol{\beta}_i / |\boldsymbol{\beta}_i|, \quad i = 1, 2, \cdots, n.$$

则 $\boldsymbol{\varepsilon}_1, \boldsymbol{\varepsilon}_2, \cdots, \boldsymbol{\varepsilon}_n$ 是一个标准正交基，它们与 $\boldsymbol{\alpha}_1, \boldsymbol{\alpha}_2, \cdots, \boldsymbol{\alpha}_n$ 等价. 上述把一组线性无关的向量变成另一组两两正交的单位向量的方法，称为**施密特**(Schmidt)**正交化过程**.

例 5.4.5　设 $\boldsymbol{\alpha}_1 = (1,0,1)^{\mathrm{T}}, \boldsymbol{\alpha}_2 = (1,1,0)^{\mathrm{T}}, \boldsymbol{\alpha}_3 = (0,1,1)^{\mathrm{T}}$，用 Schmidt 正交化过程把它们化为标准正交组.

解　(1) 取

$$\boldsymbol{\beta}_1 = \boldsymbol{\alpha}_1 = (1,0,1)^{\mathrm{T}}.$$

(2) 求

$$\boldsymbol{\beta}_2 = \boldsymbol{\alpha}_2 - \frac{(\boldsymbol{\alpha}_2, \boldsymbol{\beta}_1)}{(\boldsymbol{\beta}_1, \boldsymbol{\beta}_1)} \boldsymbol{\beta}_1 = \begin{bmatrix} 1 \\ 1 \\ 0 \end{bmatrix} - \frac{1}{2} \begin{bmatrix} 1 \\ 0 \\ 1 \end{bmatrix} = \begin{bmatrix} 1/2 \\ 1 \\ -1/2 \end{bmatrix},$$

$$\boldsymbol{\beta}_3 = \boldsymbol{\alpha}_3 - \frac{(\boldsymbol{\alpha}_3, \boldsymbol{\beta}_1)}{(\boldsymbol{\beta}_1, \boldsymbol{\beta}_1)} \boldsymbol{\beta}_1 - \frac{(\boldsymbol{\alpha}_3, \boldsymbol{\beta}_2)}{(\boldsymbol{\beta}_2, \boldsymbol{\beta}_2)} \boldsymbol{\beta}_2 = \begin{bmatrix} 0 \\ 1 \\ 1 \end{bmatrix} - \frac{1}{2} \begin{bmatrix} 1 \\ 0 \\ 1 \end{bmatrix} - \frac{1}{3} \begin{bmatrix} 1/2 \\ 1 \\ -1/2 \end{bmatrix} = \begin{bmatrix} -2/3 \\ 2/3 \\ 2/3 \end{bmatrix}.$$

(3) 单位化，因 $|\boldsymbol{\beta}_1| = \sqrt{2}, |\boldsymbol{\beta}_2| = \sqrt{6}/2, |\boldsymbol{\beta}_3| = 2/\sqrt{3}$，则有

$$\begin{cases} \boldsymbol{\varepsilon}_1 = \boldsymbol{\beta}_1 / |\boldsymbol{\beta}_1| = (1/\sqrt{2}, 0, 1/\sqrt{2})^{\mathrm{T}}, \\ \boldsymbol{\varepsilon}_2 = \boldsymbol{\beta}_2 / |\boldsymbol{\beta}_2| = (1/\sqrt{6}, 2/\sqrt{6}, -1/\sqrt{6})^{\mathrm{T}}, \\ \boldsymbol{\varepsilon}_3 = \boldsymbol{\beta}_3 / |\boldsymbol{\beta}_3| = (-1/\sqrt{3}, 1/\sqrt{3}, 1/\sqrt{3})^{\mathrm{T}}. \end{cases}$$

5.4.3　正交矩阵与正交变换

定义 5.10　n 阶方阵 $\boldsymbol{C}$ 满足

$$\boldsymbol{C}\boldsymbol{C}^{\mathrm{T}} = \boldsymbol{C}^{\mathrm{T}}\boldsymbol{C} = \boldsymbol{I}$$

则称 $\boldsymbol{C}$ 为正交矩阵.

例如，$\boldsymbol{A} = \begin{bmatrix} \cos\theta & \sin\theta \\ -\sin\theta & \cos\theta \end{bmatrix}, \boldsymbol{B} = \begin{bmatrix} \frac{1}{\sqrt{2}} & 0 & \frac{1}{\sqrt{2}} \\ \frac{-1}{\sqrt{2}} & 0 & \frac{1}{\sqrt{2}} \\ 0 & 1 & 0 \end{bmatrix}$，有 $\boldsymbol{A}^{\mathrm{T}}\boldsymbol{A} = \boldsymbol{A}\boldsymbol{A}^{\mathrm{T}} = \boldsymbol{I}, \boldsymbol{B}^{\mathrm{T}}\boldsymbol{B} = \boldsymbol{B}\boldsymbol{B}^{\mathrm{T}} = \boldsymbol{I}$，故它们都是正交矩阵.

正交矩阵 $\boldsymbol{C}$ 有如下性质.

(1) 正交矩阵的行列式等于 1 或 −1.

(2) 正交矩阵的逆矩阵等于其转置矩阵，即 $\boldsymbol{C}^{-1} = \boldsymbol{C}^{\mathrm{T}}$.

(3) 两个正交矩阵的乘积仍是正交矩阵，即若 $\boldsymbol{C}_1, \boldsymbol{C}_2$ 为正交矩阵，则 $\boldsymbol{C}_1\boldsymbol{C}_2$ 也是

正交矩阵.

(4) $\boldsymbol{C}$ 为正交矩阵的充要条件是 $\boldsymbol{C}$ 的 n 个列(行)向量是标准正交向量组.

证 只证(4). 把正交矩阵 $\boldsymbol{C}$ 按列分块为 $\boldsymbol{C}=(\boldsymbol{C}_1,\boldsymbol{C}_2,\cdots,\boldsymbol{C}_n)$,则

$$\boldsymbol{C}^{\mathrm{T}}\boldsymbol{C}=\begin{bmatrix}\boldsymbol{C}_1^{\mathrm{T}}\\\boldsymbol{C}_2^{\mathrm{T}}\\\vdots\\\boldsymbol{C}_n^{\mathrm{T}}\end{bmatrix}(\boldsymbol{C}_1,\boldsymbol{C}_2,\cdots,\boldsymbol{C}_n)=\begin{bmatrix}\boldsymbol{C}_1^{\mathrm{T}}\boldsymbol{C}_1 & \boldsymbol{C}_1^{\mathrm{T}}\boldsymbol{C}_2 & \cdots & \boldsymbol{C}_1^{\mathrm{T}}\boldsymbol{C}_n\\\boldsymbol{C}_2^{\mathrm{T}}\boldsymbol{C}_1 & \boldsymbol{C}_2^{\mathrm{T}}\boldsymbol{C}_2 & \cdots & \boldsymbol{C}_2^{\mathrm{T}}\boldsymbol{C}_n\\\vdots & \vdots & & \vdots\\\boldsymbol{C}_n^{\mathrm{T}}\boldsymbol{C}_1 & \boldsymbol{C}_n^{\mathrm{T}}\boldsymbol{C}_2 & \cdots & \boldsymbol{C}_n^{\mathrm{T}}\boldsymbol{C}_n\end{bmatrix}=\begin{bmatrix}1 & & & \\ & 1 & & \\ & & \ddots & \\ & & & 1\end{bmatrix}.$$

比较上面等式两边,得

$$\boldsymbol{C}_i^{\mathrm{T}}\boldsymbol{C}_j=(\boldsymbol{C}_i,\boldsymbol{C}_j)=\begin{cases}1, & i=j,\\0, & i\neq j.\end{cases}$$

即 $\boldsymbol{C}$ 的列向量组是标准正交组.

定义 5.11 设 $\boldsymbol{C}$ 为 n 阶正交矩阵,$\boldsymbol{x}$ 和 $\boldsymbol{y}$ 是欧氏空间 $\mathbf{R}^n$ 中的 n 维向量,称线性变换 $\boldsymbol{x}=\boldsymbol{C}\boldsymbol{y}$ 为 $\mathbf{R}^n$ 上的正交变换.

例 5.4.6 证明下面线性变换是正交变换.

$$\begin{cases}x_1=\dfrac{4}{3\sqrt{2}}y_2+\dfrac{1}{3}y_3,\\[2mm] x_2=\dfrac{1}{\sqrt{2}}y_1+\dfrac{1}{3\sqrt{2}}y_2+\dfrac{-2}{3}y_3,\\[2mm] x_3=\dfrac{1}{\sqrt{2}}y_1+\dfrac{-1}{3\sqrt{2}}y_2+\dfrac{2}{3}y_3.\end{cases}$$

证 线性变换 $\boldsymbol{x}=\boldsymbol{C}\boldsymbol{y}$ 的矩阵为

$$\boldsymbol{C}=\begin{bmatrix}0 & \dfrac{4}{3\sqrt{2}} & \dfrac{1}{3}\\[2mm] \dfrac{1}{\sqrt{2}} & \dfrac{1}{3\sqrt{2}} & \dfrac{-2}{3}\\[2mm] \dfrac{1}{\sqrt{2}} & \dfrac{-1}{3\sqrt{2}} & \dfrac{2}{3}\end{bmatrix},$$

由计算知 $\boldsymbol{C}^{\mathrm{T}}\boldsymbol{C}=\boldsymbol{I}$,或 $\boldsymbol{C}\boldsymbol{C}^{\mathrm{T}}=\boldsymbol{I}$. $\boldsymbol{C}$ 为正交矩阵,故该变换为正交变换.

又如平面坐标旋转变换

$$\begin{bmatrix}x\\y\end{bmatrix}=\begin{bmatrix}\cos\theta & -\sin\theta\\\sin\theta & \cos\theta\end{bmatrix}\begin{bmatrix}x'\\y'\end{bmatrix}$$

的系数矩阵 $\boldsymbol{C}$ 是正交矩阵,故它是一个正交变换.

设 $\boldsymbol{x}=\boldsymbol{C}\boldsymbol{y}$ 是一个正交变换,

$$|\boldsymbol{x}|^2=\boldsymbol{x}^{\mathrm{T}}\boldsymbol{x}=\boldsymbol{y}^{\mathrm{T}}\boldsymbol{C}^{\mathrm{T}}\boldsymbol{C}\boldsymbol{y}=\boldsymbol{y}^{\mathrm{T}}\boldsymbol{y}=|\boldsymbol{y}|^2,$$

即 $|\boldsymbol{x}|=|\boldsymbol{y}|$,这就是说在正交变换下,向量的长度不变.

另一方面,若 $\boldsymbol{x}=\boldsymbol{C}\boldsymbol{y}$ 为正交变换,则对 $\forall\ \boldsymbol{y}_1,\boldsymbol{y}_2\in\mathbf{R}^n$,有

$$\boldsymbol{x}_1=\boldsymbol{C}\boldsymbol{y}_1,\quad \boldsymbol{x}_2=\boldsymbol{C}\boldsymbol{y}_2,$$

$$(\boldsymbol{x}_1,\boldsymbol{x}_2)=(\boldsymbol{C}\boldsymbol{y}_1)^{\mathrm{T}}(\boldsymbol{C}\boldsymbol{y}_2)=\boldsymbol{y}_1^{\mathrm{T}}\boldsymbol{C}^{\mathrm{T}}\boldsymbol{C}\boldsymbol{y}_2=\boldsymbol{y}_1^{\mathrm{T}}\boldsymbol{y}_2=(\boldsymbol{y}_1,\boldsymbol{y}_2).$$

这表明，正交变换下向量的内积保持不变.

由于正交变换保持向量长度不变，内积不变，因而保持两向量之间的夹角不变及正交性不变. 由于这些特征，使正交变换化二次型为标准形时，保持曲线或曲面的图形的几何形状不变性，这是其优点之一.

练习 5.4

1. 已知向量 $\boldsymbol{\alpha}=(1,2,-1,1)^{\mathrm{T}}$，$\boldsymbol{\beta}=(2,3,1,-1)^{\mathrm{T}}$，求

(1) $|\boldsymbol{\alpha}|,|\boldsymbol{\beta}|$；　(2) $(\boldsymbol{\alpha},\boldsymbol{\beta})$；　(3) $(3\boldsymbol{\alpha}-2\boldsymbol{\beta},2\boldsymbol{\alpha}-3\boldsymbol{\beta})$；　(4) $\boldsymbol{\alpha}$ 与 $\boldsymbol{\beta}$ 的夹角.

2. 设 $\boldsymbol{\alpha},\boldsymbol{\beta}\in\mathbf{R}^n$，$|\boldsymbol{\alpha}|=1$，$|\boldsymbol{\beta}|=2$，求 $|\boldsymbol{\alpha}+\boldsymbol{\beta}|^2+|\boldsymbol{\alpha}-\boldsymbol{\beta}|^2$.

3. 求与 $\boldsymbol{\alpha}=(1,1,1)^{\mathrm{T}}$ 正交的向量集合.

4. 把下列向量组用 Schmidt 法正交化为标准正交组.

(1) $(-1,1,1),(1,-1,1),(1,1,-1)$；

(2) $(1,1,0,0),(1,0,0,-1),(1,1,1,1)$.

5. 证明 $\boldsymbol{\alpha}_1=\left(0,\dfrac{1}{\sqrt{2}},\dfrac{1}{\sqrt{2}}\right)^{\mathrm{T}}$，$\boldsymbol{\alpha}_2=\left(\dfrac{4}{3\sqrt{2}},\dfrac{1}{3\sqrt{2}},\dfrac{-1}{3\sqrt{2}}\right)^{\mathrm{T}}$，$\boldsymbol{\alpha}_3=\left(\dfrac{1}{3},\dfrac{-2}{3},\dfrac{2}{3}\right)^{\mathrm{T}}$ 是 $\mathbf{R}^3$ 的一个标准正交组.

6. 设 $\boldsymbol{\alpha},\boldsymbol{\beta}\in\mathbf{R}^n$，$\boldsymbol{A}$ 为 n 阶方阵，证明 $(\boldsymbol{A}\boldsymbol{\alpha},\boldsymbol{\beta})=(\boldsymbol{\alpha},\boldsymbol{A}^{\mathrm{T}}\boldsymbol{\beta})$.

7. 证明 $\boldsymbol{A}=\begin{bmatrix}0&0&1\\1&0&0\\0&1&0\end{bmatrix}$ 是正交矩阵.

8. 证明线性变换 $\begin{cases}x_1=\dfrac{1}{\sqrt{3}}y_1+\dfrac{-2}{\sqrt{6}}y_3,\\[2mm] x_2=\dfrac{1}{\sqrt{3}}y_1-\dfrac{1}{\sqrt{2}}y_2+\dfrac{1}{\sqrt{6}}y_3,\\[2mm] x_3=\dfrac{1}{\sqrt{3}}y_1+\dfrac{1}{\sqrt{2}}y_2+\dfrac{1}{\sqrt{6}}y_3\end{cases}$ 是正交变换.

9. 设向量 $\boldsymbol{\alpha}_1=\begin{bmatrix}1/\sqrt{5}\\2/\sqrt{5}\end{bmatrix}$，求向量 $\boldsymbol{\alpha}_2$，使 $\boldsymbol{A}=(\boldsymbol{\alpha}_1,\boldsymbol{\alpha}_2)$ 为正交矩阵.

5.5　正交变换化二次型为标准形

由 5.3 节的定理 5.6 知，假若能用正交变换 $\boldsymbol{x}=\boldsymbol{C}\boldsymbol{y}$ 化二次型 $f=\boldsymbol{x}^{\mathrm{T}}\boldsymbol{A}\boldsymbol{x}$ 为标准形

$$f=\lambda_1 y_1^2+\lambda_2 y_2^2+\cdots+\lambda_n y_n^2,$$

则等价于对实对称矩阵 $\boldsymbol{A}$，有正交矩阵 $\boldsymbol{C}$，使得

$$C^{\mathrm{T}}AC=C^{-1}AC=\begin{bmatrix}\lambda_1 & & & \\ & \lambda_2 & & \\ & & \ddots & \\ & & & \lambda_n\end{bmatrix}.$$

上式表明,A 与对角矩阵既是合同关系,又是相似关系. 由 A 相似对角化定理可知,对角矩阵的对角线上元素是 A 的 n 个特征值. 相似变换矩阵 C 的 n 个列向量是 A 对应于这些特征值的线性无关的特征向量. 又由 C 是正交矩阵,则这 n 个列还是标准正交的特征向量.

定理 5.10 实二次型 $x^{\mathrm{T}}Ax$ 必存在正交变换 $x=Cy$ 化为标准形

$$f(x_1,x_2,\cdots,x_n)=x^{\mathrm{T}}Ax\xlongequal{x=Cy}\lambda_1 y_1^2+\lambda_2 y_2^2+\cdots+\lambda_n y_n^2. \tag{5.5.1}$$

等价于对 n 阶实对称矩阵 A,必存在正交矩阵 C,使 A 合同相似于对角矩阵:

$$C^{\mathrm{T}}AC=C^{-1}AC=\begin{bmatrix}\lambda_1 & & & \\ & \lambda_2 & & \\ & & \ddots & \\ & & & \lambda_n\end{bmatrix}. \tag{5.5.2}$$

其中 $\lambda_1,\lambda_2,\cdots,\lambda_n$ 为 A 的特征值,C 的 n 个列向量是 A 对应于特征值 λ_i 的标准正交的特征向量.

证明从略.

在具体求正交变换之前,先给出实对称矩阵两个有用的性质.

(1) 实对称矩阵的特征值都是实数.

(2) 实对称矩阵属于不同特征值的特征向量是正交的.

证(2) 设 λ_1,λ_2 是 A 的两个不同特征值,x_1,x_2 是对应于 λ_1,λ_2 的两个特征向量,即

$$Ax_1=\lambda_1 x_1,\quad Ax_2=\lambda_2 x_2,$$

则

$$\lambda_1 x_2^{\mathrm{T}}x_1=x_2^{\mathrm{T}}\lambda_1 x_1=x_2^{\mathrm{T}}Ax_1=x_2^{\mathrm{T}}A^{\mathrm{T}}x_1=(Ax_2)^{\mathrm{T}}x_1=\lambda_2 x_2^{\mathrm{T}}x_1,$$

$$(\lambda_1-\lambda_2)x_2^{\mathrm{T}}x_1=0,$$

由于 $\lambda_1\neq\lambda_2$,就有 $x_2^{\mathrm{T}}x_1=0$,即 x_1 与 x_2 正交.

二次型用正交变换化为标准形,一般有如下步骤.

第一步:写出二次型 f 的矩阵 A.

第二步:由 $|\lambda I-A|=0$,求出 A 的 n 个特征值 $\lambda_1,\lambda_2,\cdots,\lambda_n$.

第三步:对 λ_i,由 $(\lambda_i I-A)x=\mathbf{0}$,求 A 关于 λ_i 的特征向量.

① 当 λ_i 为单根时,取一个非零的特征向量,并使之单位化.

② 当 λ_i 为 k_i 重根时,可求得 k_i 个线性无关的特征向量. 若这 k_i 个特征向量不正交,施以 Schmidt 正交化;若它们已是正交的,则只需单位化就行了.

第四步:将正交单位化的特征向量排成 n 阶正交矩阵 C,写出正交变换 $x=Cy$,并写出二次型的标准形.

例 5.5.1　用正交变换把二次型 $f=2x_1^2+2x_2^2-2x_1x_2$ 化为标准形.

解　f 对应的矩阵为

$$\boldsymbol{A}=\begin{bmatrix}2&-1\\-1&2\end{bmatrix}.$$

$$|\lambda\boldsymbol{I}-\boldsymbol{A}|=\begin{vmatrix}\lambda-2&1\\1&\lambda-2\end{vmatrix}=(\lambda-1)(\lambda-3),$$

得特征值 $\lambda_1=1,\lambda_2=3$.

当 $\lambda_1=1$，求解 $(\boldsymbol{I}-\boldsymbol{A})\boldsymbol{x}=\boldsymbol{0}$，即解

$$\begin{bmatrix}-1&1\\1&-1\end{bmatrix}\boldsymbol{x}=\boldsymbol{0},$$

得解
$$\boldsymbol{x}=k(1,1)^{\mathrm{T}}.$$

当 $\lambda_2=3$ 时，求解 $(3\boldsymbol{I}-\boldsymbol{A})\boldsymbol{x}=\boldsymbol{0}$，即解

$$\begin{bmatrix}1&1\\1&1\end{bmatrix}\boldsymbol{x}=\boldsymbol{0},$$

得解
$$\boldsymbol{x}=k(1,-1)^{\mathrm{T}}.$$

取特征向量 $\boldsymbol{x}_1=(1,1)^{\mathrm{T}},\boldsymbol{x}_2=(1,-1)^{\mathrm{T}}$，它们已是正交的，故只要单位化

$$\boldsymbol{\varepsilon}_1=\frac{1}{\sqrt{2}}(1,1)^{\mathrm{T}},\quad \boldsymbol{\varepsilon}_2=\frac{1}{\sqrt{2}}(1,-1)^{\mathrm{T}}.$$

正交矩阵为
$$\boldsymbol{C}=\begin{bmatrix}1/\sqrt{2}&1/\sqrt{2}\\1/\sqrt{2}&-1/\sqrt{2}\end{bmatrix}.$$

故有正交变换 $\boldsymbol{x}=\boldsymbol{C}\boldsymbol{y}$，使得

$$f=y_1^2+3y_2^2.$$

例 5.5.2　设实对称矩阵 $\boldsymbol{A}=\begin{bmatrix}1&2&2\\2&1&2\\2&2&1\end{bmatrix}$，求正交矩阵 $\boldsymbol{C}$，使 $\boldsymbol{C}^{-1}\boldsymbol{A}\boldsymbol{C}$ 为对角矩阵.

解　$\boldsymbol{A}$ 的特征多项式

$$|\lambda\boldsymbol{I}-\boldsymbol{A}|=\begin{vmatrix}\lambda-1&-2&-2\\-2&\lambda-1&-2\\-2&-2&\lambda-1\end{vmatrix}=\begin{vmatrix}\lambda-5&-2&-2\\\lambda-5&\lambda-1&-2\\\lambda-5&-2&\lambda-1\end{vmatrix}$$

$$=(\lambda-5)\begin{vmatrix}1&-2&-2\\1&\lambda-1&-2\\1&-2&\lambda-1\end{vmatrix}=(\lambda-5)\begin{vmatrix}1&-2&-2\\0&\lambda+1&0\\0&0&\lambda+1\end{vmatrix}$$

$$=(\lambda-5)(\lambda+1)^2.$$

解得 $\boldsymbol{A}$ 的特征值为 $\lambda_{1,2}=-1,\lambda_3=5$.

当 $\lambda_1=\lambda_2=-1$，求解齐次方程组 $(-\boldsymbol{I}-\boldsymbol{A})\boldsymbol{x}=\boldsymbol{0}$，即解

$$(-\boldsymbol{I}-\boldsymbol{A})=\begin{bmatrix}-2&-2&-2\\-2&-2&-2\\-2&-2&-2\end{bmatrix}\Longrightarrow\begin{bmatrix}1&1&1\\0&0&0\\0&0&0\end{bmatrix},$$

由此解方程组 $x_1+x_2+x_3=0$，得解

$$\boldsymbol{x}=k_1(-1,1,0)^{\mathrm{T}}+k_2(-1,0,1)^{\mathrm{T}}.$$

取 $\boldsymbol{\alpha}_1=(-1,1,0)^{\mathrm{T}}$，$\boldsymbol{\alpha}_2=(-1,0,1)^{\mathrm{T}}$，它们不是正交的，用 Schmidt 正交化方法把它们正交化.

取 $\boldsymbol{\beta}_1=\boldsymbol{\alpha}_1$，则

$$(\boldsymbol{\beta}_1,\boldsymbol{\beta}_1)=2,\quad(\boldsymbol{\alpha}_2,\boldsymbol{\beta}_1)=1,$$

$$\boldsymbol{\beta}_2=\boldsymbol{\alpha}_2-\frac{(\boldsymbol{\alpha}_2,\boldsymbol{\beta}_1)}{(\boldsymbol{\beta}_1,\boldsymbol{\beta}_1)}\boldsymbol{\beta}_1=\left(\frac{-1}{2},\frac{-1}{2},1\right)^{\mathrm{T}}.$$

再单位化为

$$\boldsymbol{\varepsilon}_1=\frac{1}{\sqrt{2}}(-1,1,0)^{\mathrm{T}},\quad\boldsymbol{\varepsilon}_2=\frac{1}{\sqrt{6}}(-1,-1,2)^{\mathrm{T}}.$$

当 $\lambda_3=5$，求解 $(5\boldsymbol{I}-\boldsymbol{A})\boldsymbol{x}=\boldsymbol{0}$. 因

$$5\boldsymbol{I}-\boldsymbol{A}=\begin{bmatrix}4&-2&-2\\-2&4&-2\\-2&-2&4\end{bmatrix}\Longrightarrow\begin{bmatrix}2&-1&-1\\0&1&-1\\0&0&0\end{bmatrix},$$

由此得方程组
$$\begin{cases}2x_1-x_2-x_3=0,\\ \qquad\ \ x_2-x_3=0,\end{cases}$$

解得 $\boldsymbol{x}=k(1,1,1)^{\mathrm{T}}$，取 $\boldsymbol{\alpha}_3=(1,1,1)^{\mathrm{T}}$，单位化为

$$\boldsymbol{\varepsilon}_3=\frac{1}{\sqrt{3}}(1,1,1)^{\mathrm{T}}.$$

故得 $\boldsymbol{\varepsilon}_1,\boldsymbol{\varepsilon}_2,\boldsymbol{\varepsilon}_3$ 为标准正交的特征向量，排成正交矩阵

$$\boldsymbol{C}=(\boldsymbol{\varepsilon}_1,\boldsymbol{\varepsilon}_2,\boldsymbol{\varepsilon}_3)=\begin{bmatrix}-1/\sqrt{2}&-1/\sqrt{6}&1/\sqrt{3}\\1/\sqrt{2}&-1/\sqrt{6}&1/\sqrt{3}\\0&2/\sqrt{6}&1/\sqrt{3}\end{bmatrix},$$

可使得
$$\boldsymbol{C}^{-1}\boldsymbol{A}\boldsymbol{C}=\begin{bmatrix}-1&&\\&-1&\\&&5\end{bmatrix}.$$

例 5.5.3 用正交变换将二次型

$$f(x_1,x_2,x_3)=2x_1x_2+2x_2x_3-2x_1x_3$$

化为标准形. 若设 $f(x_1,x_2,x_3)=1$，问该曲面为何种类型的曲面？

解 f 的矩阵
$$\boldsymbol{A}=\begin{bmatrix}0&1&-1\\1&0&1\\-1&1&0\end{bmatrix}.$$

$$|\lambda \boldsymbol{I}-\boldsymbol{A}|=\begin{vmatrix}\lambda & -1 & 1\\ -1 & \lambda & -1\\ 1 & -1 & \lambda\end{vmatrix}=(\lambda-1)^2(\lambda+2),$$

得 $\boldsymbol{A}$ 的特征值 $\lambda_{1,2}=1,\lambda_3=-2$.

当 $\lambda_1=\lambda_2=1$，求解 $(\boldsymbol{I}-\boldsymbol{A})\boldsymbol{x}=\boldsymbol{0}$，得两个线性无关的特征向量为

$$\boldsymbol{x}_1=(-1,0,1)^{\mathrm{T}},\quad \boldsymbol{x}_2=(1,2,1)^{\mathrm{T}}.$$

因为它们已正交，故只需单位化为

$$\boldsymbol{\varepsilon}_1=\frac{1}{\sqrt{2}}(-1,0,1)^{\mathrm{T}},\quad \boldsymbol{\varepsilon}_2=\frac{1}{\sqrt{6}}(1,2,1)^{\mathrm{T}}.$$

当 $\lambda_3=-2$，求解 $(-2\boldsymbol{I}-\boldsymbol{A})\boldsymbol{x}=\boldsymbol{0}$，得一个解 $\boldsymbol{x}_3=(1,-1,1)^{\mathrm{T}}$，单位化得

$$\boldsymbol{\varepsilon}_3=\frac{1}{\sqrt{3}}(1,-1,1)^{\mathrm{T}}.$$

所求正交矩阵

$$\boldsymbol{C}=(\boldsymbol{\varepsilon}_1,\boldsymbol{\varepsilon}_2,\boldsymbol{\varepsilon}_3)=\begin{bmatrix}-1/\sqrt{2} & 1/\sqrt{6} & 1/\sqrt{3}\\ 0 & 2/\sqrt{6} & -1/\sqrt{3}\\ 1/\sqrt{2} & 1/\sqrt{6} & 1/\sqrt{3}\end{bmatrix},$$

正交变换 $\boldsymbol{x}=\boldsymbol{C}\boldsymbol{y}$ 为

$$\begin{cases}x_1=\dfrac{-1}{\sqrt{2}}y_1+\dfrac{1}{\sqrt{6}}y_2+\dfrac{1}{\sqrt{3}}y_3,\\ x_2=\dfrac{2}{\sqrt{6}}y_2+\dfrac{-1}{\sqrt{3}}y_3,\\ x_3=\dfrac{1}{\sqrt{2}}y_1+\dfrac{1}{\sqrt{6}}y_2+\dfrac{1}{\sqrt{3}}y_3.\end{cases}$$

可化 f 为标准形

$$f=y_1^2+y_2^2-2y_3^2.$$

显然，由解析几何知，$f=y_1^2+y_2^2-2y_3^2=1$ 是一个单叶双曲面方程.

由于实对称矩阵 $\boldsymbol{A}$ 必存在正交矩阵 $\boldsymbol{C}$，使之相似于对角矩阵，$\boldsymbol{C}$ 的 n 个列是 n 个标准正交的特征向量，因而对 n 阶实对称矩阵 $\boldsymbol{A}$，必存在 n 个线性无关的特征向量，它们构成可逆矩阵 $\boldsymbol{P}$，使得 $\boldsymbol{A}$ 相似于对角矩阵

$$\boldsymbol{P}^{-1}\boldsymbol{A}\boldsymbol{P}=\begin{bmatrix}\lambda_1 & & & \\ & \lambda_2 & & \\ & & \ddots & \\ & & & \lambda_n\end{bmatrix},$$

其中 $\lambda_1,\lambda_2,\cdots,\lambda_n$ 是 $\boldsymbol{A}$ 的 n 个特特征值. 简言之：**实对称矩阵可相似于对角矩阵.**

例 5.5.4　设三阶实对称矩阵 $\boldsymbol{A}$ 的三个特征值为 1,1,0，且特征值 $\lambda_1=\lambda_2=1$ 对应的两个特征向量为 $\boldsymbol{\alpha}_1=(1,1,1)^{\mathrm{T}}$，$\boldsymbol{\alpha}_2=(1,1,0)^{\mathrm{T}}$，求特征值 0 对应的特征向量，且

求矩阵 $\boldsymbol{A}$.

解　(1) 设 $\lambda_3=0$ 对应的特征向量 $\boldsymbol{x}=(x_1,x_2,x_3)^{\mathrm{T}}$，因为实对称矩阵不同特征值对应的特征向量正交，故有

$$\boldsymbol{\alpha}_1^{\mathrm{T}}\boldsymbol{x}=0,\quad \boldsymbol{\alpha}_2^{\mathrm{T}}\boldsymbol{x}=0,$$

即
$$\begin{cases}x_1+x_2+x_3=0,\\ x_1+x_2\qquad\ =0,\end{cases}$$

解得 $\boldsymbol{x}=k(-1,1,0)^{\mathrm{T}}$，取 $k=1$，$\lambda_3=0$ 对应的特征向量为

$$\boldsymbol{\alpha}_3=(-1,1,0)^{\mathrm{T}}.$$

(2) 因为 $\boldsymbol{A}$ 为实对称矩阵，必可求得可逆矩阵 $\boldsymbol{P}$，使 $\boldsymbol{P}^{-1}\boldsymbol{A}\boldsymbol{P}=\boldsymbol{\Lambda}$，则 $\boldsymbol{A}=\boldsymbol{P}\boldsymbol{\Lambda}\boldsymbol{P}^{-1}$. 由(1)中三个线性无关的特征向量构成矩阵

$$\boldsymbol{P}=(\boldsymbol{\alpha}_1,\boldsymbol{\alpha}_2,\boldsymbol{\alpha}_3)=\begin{bmatrix}1&1&-1\\1&1&1\\1&0&0\end{bmatrix},$$

求 $\boldsymbol{P}$ 的逆矩阵

$$\boldsymbol{P}^{-1}=\frac{1}{2}\begin{bmatrix}0&0&2\\1&1&-2\\-1&1&0\end{bmatrix},$$

则

$$\boldsymbol{A}=\boldsymbol{P}\begin{bmatrix}1&&\\&1&\\&&0\end{bmatrix}\boldsymbol{P}^{-1}=\frac{1}{2}\begin{bmatrix}1&1&-1\\1&1&1\\1&0&0\end{bmatrix}\begin{bmatrix}1&0&0\\0&1&0\\0&0&0\end{bmatrix}\begin{bmatrix}0&0&2\\1&1&-2\\-1&1&0\end{bmatrix}=\begin{bmatrix}\frac{1}{2}&\frac{1}{2}&0\\\frac{1}{2}&\frac{1}{2}&0\\0&0&1\end{bmatrix}.$$

练习 5.5

1. 求正交矩阵 $\boldsymbol{C}$，使得 $\boldsymbol{C}^{-1}\boldsymbol{A}\boldsymbol{C}=\boldsymbol{\Lambda}$.

(1) $\boldsymbol{A}=\begin{bmatrix}1&2\\2&1\end{bmatrix}$；　　(2) $\boldsymbol{A}=\begin{bmatrix}-1&0&2\\0&1&2\\2&2&0\end{bmatrix}$.

2. 求正交变换 $\boldsymbol{x}=\boldsymbol{C}\boldsymbol{y}$，把二次型 $f=2x_1x_2+2x_1x_3+2x_2x_3$ 化为标准形.

3. 用正交变换，把曲面 $3x_1^2+4x_1x_3+x_2^2=1$ 化为标准曲面.

4. 设三阶实对称矩阵 $\boldsymbol{A}$ 的特征值 $\lambda_1=1,\lambda_2=0,\lambda_3=-1$，其中 $\lambda_1=1,\lambda_2=0$ 对应的特征向量为 $\boldsymbol{\alpha}_1=(1,1,1)^{\mathrm{T}}$，$\boldsymbol{\alpha}_2=(a,a+1,1)^{\mathrm{T}}$，求数值 a 及 $\lambda_3=-1$ 对应的特征向量.

5. 设二阶实对称矩阵的两个特征值为 $\lambda_1=1,\lambda_2=2$，且 $\lambda_1=1$ 对应的特征向量为 $\boldsymbol{\alpha}_1=(1,1)^{\mathrm{T}}$，求 $\lambda_2=2$ 对应的特征向量 $\boldsymbol{\alpha}_2$，并求矩阵 $\boldsymbol{A}$.

5.6　二次型的正定性

实二次型 $f(x_1,x_2,\cdots,x_n)=\boldsymbol{x}^{\mathrm{T}}\boldsymbol{A}\boldsymbol{x}$ 是关于 $x_1,x_2,\cdots,x_n$ 的二次多项式函数，当 $\boldsymbol{x}=\boldsymbol{0}$ 时，$f=0$；当任取 $\boldsymbol{x}\neq\boldsymbol{0}$ 时，$f(x_1,x_2,\cdots,x_n)$ 是一个实数.二次型的正定性主要讨论的是任取向量 $\boldsymbol{x}\neq\boldsymbol{0}$，$f(x_1,x_2,\cdots,x_n)=\boldsymbol{x}^{\mathrm{T}}\boldsymbol{A}\boldsymbol{x}$ 是否恒取正值的问题.

定义 5.12　设 n 元实二次型 $f=\boldsymbol{x}^{\mathrm{T}}\boldsymbol{A}\boldsymbol{x}$，若对任意 $\boldsymbol{x}\neq\boldsymbol{0}$，恒有 $f=\boldsymbol{x}^{\mathrm{T}}\boldsymbol{A}\boldsymbol{x}>0$，则称 f 为**正定二次型**，$\boldsymbol{A}$ **称为正定矩阵**.

若对任意 $\boldsymbol{x}\neq\boldsymbol{0}$，恒有 $f=\boldsymbol{x}^{\mathrm{T}}\boldsymbol{A}\boldsymbol{x}<0$，则称 f 为**负定二次型**，$\boldsymbol{A}$ 称为**负定矩阵**.

若对任意 $\boldsymbol{x}\neq\boldsymbol{0}$，有 $f=\boldsymbol{x}^{\mathrm{T}}\boldsymbol{A}\boldsymbol{x}\geqslant 0(\leqslant 0)$，则称 f 为**半正定(半负定)二次型**，$\boldsymbol{A}$ 称为**半正定(半负定)矩阵**.

若存在 $\boldsymbol{x}\neq\boldsymbol{0}$，使 $f=\boldsymbol{x}^{\mathrm{T}}\boldsymbol{A}\boldsymbol{x}>0$，又存在 $\boldsymbol{x}\neq\boldsymbol{0}$，使 $f=\boldsymbol{x}^{\mathrm{T}}\boldsymbol{A}\boldsymbol{x}<0$，则称 f 为**不定二次型**，$\boldsymbol{A}$ 称为**不定矩阵**.

由于二次型 $f=\boldsymbol{x}^{\mathrm{T}}\boldsymbol{A}\boldsymbol{x}$ 与实对称矩阵 $\boldsymbol{A}$ 一一对应，所以讨论二次型 $f=\boldsymbol{x}^{\mathrm{T}}\boldsymbol{A}\boldsymbol{x}$ 的正定性与讨论实对称矩阵 $\boldsymbol{A}$ 的正定性是等价的.

例 5.6.1　判别下面二次型的正定性.

(1) $f_1(x_1,x_2,x_3)=2x_1^2+x_2^2+5x_3^2$；

(2) $f_2(x_1,x_2,x_3)=2x_1^2+x_3^2$；

(3) $f_3(x_1,x_2,x_3)=2x_1^2-4x_2^2+x_3^2$.

解　(1) 对 $\forall\,\boldsymbol{x}=(x_1,x_2,x_3)^{\mathrm{T}}\neq\boldsymbol{0}$，至少有一个分量 $x_i\neq 0$，使得 $f_1>0$，故 f_1 是正定的.

(2) 因 $f_2(x_1,x_2,x_3)$ 中不含变量 x_2，取向量 $\boldsymbol{x}_0=(0,1,0)\neq\boldsymbol{0}$，使得 $f_2(\boldsymbol{x}_0)=0$，但对 $\forall\,\boldsymbol{x}\neq\boldsymbol{0}$，有 $f\geqslant 0$，故 f_2 是半正定的.

(3) 由于 f_3 中的平方项的系数既有正的，又有负的，若取 $\boldsymbol{x}_1=(1,0,0)^{\mathrm{T}}$，$\boldsymbol{x}_2=(0,1,0)^{\mathrm{T}}$，有 $f_3(1,0,0)=2>0$，$f_3(0,1,0)=-4<0$. 故 f_3 是不定的二次型.

下面主要讨论判别二次型的正定性.

定理 5.11　n 个变量的实二次型 $f=\boldsymbol{x}^{\mathrm{T}}\boldsymbol{A}\boldsymbol{x}$ 为正定的充要条件是正惯性指数 $p=n$.

证　设二次型 $f=\boldsymbol{x}^{\mathrm{T}}\boldsymbol{A}\boldsymbol{x}$ 经可逆线性变换 $\boldsymbol{x}=\boldsymbol{P}\boldsymbol{y}$ 化为标准形

$$f=\boldsymbol{x}^{\mathrm{T}}\boldsymbol{A}\boldsymbol{x}=d_1y_1^2+d_2y_2^2+\cdots+d_ny_n^2,$$

因 $\boldsymbol{P}$ 是可逆矩阵，对 $\forall\,\boldsymbol{x}\neq\boldsymbol{0}$，则 $\forall\,\boldsymbol{y}=\boldsymbol{P}^{-1}\boldsymbol{x}=(y_1,y_2,\cdots,y_n)^{\mathrm{T}}\neq\boldsymbol{0}$，故

$$f=\sum_{i=1}^{n}d_iy_i^2>0\Leftrightarrow d_i>0,\quad i=1,2,\cdots,n.$$

即 f 的正惯性指数为 n.

定理 5.12　n 阶实对称矩阵正定的充要条件是 $\boldsymbol{A}$ 的 n 个特征值皆大于零.

证　对于二次型 $f=\boldsymbol{x}^{\mathrm{T}}\boldsymbol{A}\boldsymbol{x}$，存在正交变换 $\boldsymbol{x}=\boldsymbol{C}\boldsymbol{y}$，使之化为标准形

$$f=\lambda_1 y_1^2+\lambda_2 y_2^2+\cdots+\lambda_n y_n^2,$$

其中 λ_i 为 $\boldsymbol{A}$ 的特征值. 由定理 5.11 证明过程知对 $\forall\, \boldsymbol{x}\neq \boldsymbol{0}$,

$$f=\boldsymbol{x}^{\mathrm{T}}\boldsymbol{A}\boldsymbol{x}>0\Leftrightarrow \lambda_i>0,\quad i=1,2,\cdots,n.$$

故 $\boldsymbol{A}$ 正定的充要条件是 $\boldsymbol{A}$ 的 n 个特征值皆大于零.

定理 5.13　实对称矩阵 $\boldsymbol{A}$ 正定的充要条件是存在可逆矩阵 $\boldsymbol{P}$,使 $\boldsymbol{A}$ 合同于单位矩阵,即

$$\boldsymbol{P}^{\mathrm{T}}\boldsymbol{A}\boldsymbol{P}=\boldsymbol{I}.$$

证　由定理 5.11 知,$f=\boldsymbol{x}^{\mathrm{T}}\boldsymbol{A}\boldsymbol{x}$ 正定的充要条件是存在可逆线性变换 $\boldsymbol{x}=\boldsymbol{Q}_1\boldsymbol{y}$,使对 $\forall\, \boldsymbol{x}\neq\boldsymbol{0}$,有

$$f=\boldsymbol{x}^{\mathrm{T}}\boldsymbol{A}\boldsymbol{x}=\boldsymbol{y}^{\mathrm{T}}\boldsymbol{Q}_1^{\mathrm{T}}\boldsymbol{A}\boldsymbol{Q}_1\boldsymbol{y}=d_1 y_1^2+d_2 y_2^2+\cdots+d_n y_n^2,\quad d_i>0,i=1,2,\cdots,n,$$

即等价于存在可逆矩阵 $\boldsymbol{Q}_1$,使

$$\boldsymbol{Q}_1^{-1}\boldsymbol{A}\boldsymbol{Q}_1=\begin{bmatrix} d_1 & & \\ & \ddots & \\ & & d_n \end{bmatrix},\quad d_i>0,i=1,2,\cdots,n.$$

令
$$\boldsymbol{Q}_2=\begin{bmatrix} \frac{1}{\sqrt{d_1}} & & \\ & \ddots & \\ & & \frac{1}{\sqrt{d_n}} \end{bmatrix},$$

则
$$\boldsymbol{Q}_2^{\mathrm{T}}(\boldsymbol{Q}_1^{\mathrm{T}}\boldsymbol{A}\boldsymbol{Q}_1)\boldsymbol{Q}_2=\begin{bmatrix} \frac{1}{\sqrt{d_1}} & & \\ & \ddots & \\ & & \frac{1}{\sqrt{d_n}} \end{bmatrix}\begin{bmatrix} d_1 & & \\ & \ddots & \\ & & d_n \end{bmatrix}\cdot\begin{bmatrix} \frac{1}{\sqrt{d_1}} & & \\ & \ddots & \\ & & \frac{1}{\sqrt{d_n}} \end{bmatrix}=\boldsymbol{I}.$$

令 $\boldsymbol{P}=\boldsymbol{Q}_1\boldsymbol{Q}_2$,因 $\boldsymbol{Q}_1,\boldsymbol{Q}_2$ 可逆,故 $\boldsymbol{P}$ 可逆,于是证得

$$\boldsymbol{P}^{\mathrm{T}}\boldsymbol{A}\boldsymbol{P}=\boldsymbol{I}.$$

推论　$\boldsymbol{A}$ 正定,则 $\boldsymbol{A}$ 的行列式 $|\boldsymbol{A}|>0$.

因为 $\boldsymbol{A}$ 正定,则有可逆矩阵 $\boldsymbol{P}$,使 $\boldsymbol{P}^{\mathrm{T}}\boldsymbol{A}\boldsymbol{P}=\boldsymbol{I}$. $|\boldsymbol{P}^{\mathrm{T}}\boldsymbol{A}\boldsymbol{P}|=|\boldsymbol{I}|$,$|\boldsymbol{P}^{\mathrm{T}}||\boldsymbol{P}||\boldsymbol{A}|=1$,故有

$$|\boldsymbol{A}|=\frac{1}{|\boldsymbol{P}|^2}>0.$$

例 5.6.2　判别二次型 $f(x_1,x_2)=3x_1^2+2x_1x_2+3x_2^2$ 的正定性.

解　方法一:利用定理 5.12,求 f 的矩阵 $\boldsymbol{A}$ 的特征值.

$$\boldsymbol{A}=\begin{bmatrix} 3 & 1 \\ 1 & 3 \end{bmatrix},\quad |\lambda\boldsymbol{I}-\boldsymbol{A}|=(\lambda-2)(\lambda-4),$$

即得 $\lambda_1=2,\lambda_2=4$,$\boldsymbol{A}$ 的特征值皆大于零,故 $\boldsymbol{A}$ 正定,f 正定.

方法二：用配方法化 f 为标准形

$$f=3x_1^2+2x_1x_2+3x_2^2=3\left(x_1^2+\frac{2}{3}x_1x_2+\frac{1}{9}x_2^2\right)-\frac{1}{3}x_2^2+3x_2^2$$

$$=3\left(x_1+\frac{1}{3}x_2\right)^2+\frac{8}{3}x_2^2.$$

令 $y_1=x_1+\frac{1}{3}x_2$，$y_2=x_2$，则 $f=3y_1^2+\frac{8}{3}y_2^2$，$f$ 的正惯性指数为 2，故 f 正定.

定义 5.13　n 阶方阵 $\boldsymbol{A}$ 的前 k 行 k 列元素构成的 k 阶行列式，称为 $\boldsymbol{A}$ 的 k 阶顺序主子式.

定理 5.14　n 阶实对称矩阵 $\boldsymbol{A}$ 正定的充要条件是 $\boldsymbol{A}$ 的 n 个顺序主子式全大于零，即按自然顺序取 $\boldsymbol{A}$ 的前 k 行 k 列构成的 k 阶行列式

$$|\boldsymbol{A}_1|=a_{11}>0,\quad |\boldsymbol{A}_2|=\begin{vmatrix}a_{11}&a_{12}\\a_{21}&a_{22}\end{vmatrix}>0,\cdots,$$

$$|\boldsymbol{A}_k|=\begin{vmatrix}a_{11}&a_{12}&\cdots&a_{1k}\\a_{21}&a_{22}&\cdots&a_{2k}\\\vdots&\vdots&&\vdots\\a_{k1}&a_{k2}&\cdots&a_{kk}\end{vmatrix}>0,\cdots,|\boldsymbol{A}_n|=|\boldsymbol{A}|>0.$$

例 5.6.3　判别二次型 $f=x_1^2+2x_2^2+3x_3^2-2x_1x_2+2x_2x_3$ 的正定性.

解　f 的矩阵为

$$\boldsymbol{A}=\begin{bmatrix}1&-1&0\\-1&2&1\\0&1&3\end{bmatrix},$$

它的三个顺序主子式分别是

$$a_{11}=1>0,\quad \begin{vmatrix}1&-1\\-1&2\end{vmatrix}=1>0,\quad |\boldsymbol{A}|=2>0,$$

故 $\boldsymbol{A}$ 正定，f 正定.

与判别 f 的正定性类似，判别 f 负定也有如下结论.

(1) n 个变量的二次型 $f=\boldsymbol{x}^{\mathrm{T}}\boldsymbol{A}\boldsymbol{x}$ 负定的充要条件是 f 的负惯性指数为 n.

(2) $\boldsymbol{A}$ 负定的充要条件是 $\boldsymbol{A}$ 的 n 个特征值皆小于零.

(3) $\boldsymbol{A}$ 负定的充要条件是存在可逆矩阵 $\boldsymbol{P}$，使 $\boldsymbol{P}^{\mathrm{T}}\boldsymbol{A}\boldsymbol{P}=-\boldsymbol{I}$.

(4) $\boldsymbol{A}$ 负定的充要条件是**奇数阶顺序主子式小于零，偶数阶顺序主子式大于零.**

例 5.6.4　判别下面二次型的正定性.

(1) $f=-5x_1-6x_2^2-4x_3^2+4x_1x_2+4x_1x_3$；

(2) $f=2x_1^2+x_2^2-4x_1x_2-4x_2x_3$.

解　(1) f 的矩阵为

$$\boldsymbol{A}=\begin{bmatrix}-5&2&2\\2&-6&0\\2&0&-4\end{bmatrix},$$

$$a_{11}=-5<0,\quad \begin{vmatrix} -5 & 2 \\ 2 & -6 \end{vmatrix}=26>0,\quad |\boldsymbol{A}|=-80<0,$$

故 f 是负定的.

(2) f 的矩阵为

$$\boldsymbol{A}=\begin{bmatrix} 2 & -2 & 0 \\ -2 & 1 & -2 \\ 0 & -2 & 0 \end{bmatrix},$$

$$a_{11}=2>0,\quad \begin{vmatrix} 2 & -2 \\ -2 & 1 \end{vmatrix}=-2<0,$$

故 f 既非正定,也非负定.

例 5.6.5 λ 取何值,$f=x_1^2+4x_2^2+4x_3^2+2\lambda x_1x_2-2x_1x_3+4x_2x_3$ 是正定的?

解

$$\boldsymbol{A}=\begin{bmatrix} 1 & \lambda & -1 \\ \lambda & 4 & 2 \\ -1 & 2 & 4 \end{bmatrix},$$

要使 f 正定,则 $\boldsymbol{A}$ 正定,则必须使

$$\begin{vmatrix} 1 & \lambda \\ \lambda & 4 \end{vmatrix}=4-\lambda^2>0,$$

且

$$|\boldsymbol{A}|=-4(\lambda+2)(\lambda-1)>0,$$

联立解上面两不等式得

$$-2<\lambda<1.$$

例 5.6.6 设 n 阶实对称矩阵 $\boldsymbol{A}=(a_{ij})_{n\times n}$ 正定,则 $a_{ii}>0$.

证 $\boldsymbol{A}$ 正定,则对 $\forall\ \boldsymbol{x}\neq\boldsymbol{0}$,二次型 $f=\boldsymbol{x}^{\mathrm{T}}\boldsymbol{A}\boldsymbol{x}=\sum\limits_{i=1}^{n}\sum\limits_{j=1}^{n}a_{ij}x_ix_j>0$. 令

$$\boldsymbol{x}=\boldsymbol{e}_i=(\underbrace{0,\cdots,0,}_{i}1,0,\cdots,0)^{\mathrm{T}},$$

代入得

$$f=\boldsymbol{e}_i^{\mathrm{T}}\boldsymbol{A}\boldsymbol{e}_i=a_{ii}>0.$$

同样有:若 $\boldsymbol{A}=(a_{ij})_{n\times n}$ 负定,则 $a_{ii}<0$.

例 5.6.7 证明实对称矩阵 $\boldsymbol{A}$ 正定的充要条件是存在可逆矩阵 $\boldsymbol{B}$,使 $\boldsymbol{A}=\boldsymbol{B}^{\mathrm{T}}\boldsymbol{B}$.

证 必要性:因 $\boldsymbol{A}$ 正定,则存在可逆矩阵 $\boldsymbol{P}$,使得

$$\boldsymbol{P}^{\mathrm{T}}\boldsymbol{A}\boldsymbol{P}=\boldsymbol{I}.$$

上式左乘$(\boldsymbol{P}^{\mathrm{T}})^{-1}$,右乘 $\boldsymbol{P}^{-1}$,得

$$(\boldsymbol{P}^{\mathrm{T}})^{-1}\boldsymbol{P}^{\mathrm{T}}\boldsymbol{A}\boldsymbol{P}\boldsymbol{P}^{-1}=(\boldsymbol{P}^{-1})^{\mathrm{T}}\boldsymbol{I}\boldsymbol{P}^{-1}=(\boldsymbol{P}^{-1})^{\mathrm{T}}(\boldsymbol{P}^{-1}).$$

令 $\boldsymbol{B}=\boldsymbol{P}^{-1}$,则有 $\boldsymbol{A}=\boldsymbol{B}^{\mathrm{T}}\boldsymbol{B}$.

充分性:已知 $\boldsymbol{A}=\boldsymbol{B}^{\mathrm{T}}\boldsymbol{B}$,相应的二次型

$$f(\boldsymbol{x})=\boldsymbol{x}^{\mathrm{T}}\boldsymbol{A}\boldsymbol{x}=\boldsymbol{x}^{\mathrm{T}}\boldsymbol{B}^{\mathrm{T}}\boldsymbol{B}\boldsymbol{x}=(\boldsymbol{B}\boldsymbol{x})^{\mathrm{T}}(\boldsymbol{B}\boldsymbol{x}).$$

因为 $\boldsymbol{B}$ 可逆,故对 $\forall\ \boldsymbol{x}\neq\boldsymbol{0}$,$\boldsymbol{B}\boldsymbol{x}\neq\boldsymbol{0}$. 设 n 维向量 $\boldsymbol{B}\boldsymbol{x}=(a_1,a_2,\cdots,a_n)^{\mathrm{T}}\neq\boldsymbol{0}$,则

$$f(\boldsymbol{x})=(\boldsymbol{Bx})^{\mathrm{T}}(\boldsymbol{Bx})=a_1^2+a_2^2+\cdots+a_n^2>0,$$

故 f 正定，$\boldsymbol{A}$ 正定.

***正(负)定性在函数极值判别上的应用**

设二元函数 $F(x,y)$，点 (x_0,y_0) 是 $F(x,y)$ 的一个驻点，即 $F(x,y)$ 在点 (x_0,y_0) 处的偏导数 $F_x(x_0,y_0)=0$，$F_y(x_0,y_0)=0$，若 $F(x,y)$ 在点 (x_0,y_0) 处的一个邻域中有二阶连续偏导数，要判别点 (x_0,y_0) 是极大、极小或是马鞍点. 为此，将 $F(x,y)$ 在点 (x_0,y_0) 处展开成泰劳级数：

$$\begin{aligned}F(x_0+h,y_0+k)=&F(x_0,y_0)+[hF_x(x_0,y_0)+kF_y(x_0,y_0)]\\&+\frac{1}{2}[h^2F_{xx}(x_0,y_0)+2hkF_{xy}(x_0,y_0)+k^2F_{yy}(x_0,y_0)]+R.\end{aligned}$$

令
$$a=F_{xx}(x_0,y_0),\quad b=F_{xy}(x_0,y_0),\quad c=F_{yy}(x_0,y_0),$$

则
$$F(x_0+h,y_0+k)-F(x_0,y_0)=\frac{1}{2}(ah^2+2bhk+ck^2)+R,$$

其中 R 表示展开式的余项，当 h、k 充分小时，R 远小于 $\frac{1}{2}(ah^2+2bhk+ck^2)$，故 $F(x_0+h,y_0+k)-F(x_0,y_0)$ 与 $ah^2+2bhk+ck^2$ 同号，而后者是一个以 h、k 为变量的二次型.

对于二次型

$$f(h,k)=ah^2+2bhk+ck^2=(h,k)\begin{bmatrix}a&b\\b&c\end{bmatrix}\begin{bmatrix}h\\k\end{bmatrix}.$$

(1) 若 $f(h,k)$ 正定，即 $f(h,k)>0$，$F(x_0+h,y_0+k)>F(x_0,y_0)$，则 $F(x,y)$ 在点 (x_0,y_0) 处有极小值.

(2) 若 $f(h,k)$ 负定，即 $f(h,k)<0$，$F(x_0+h,y_0+k)<F(x_0,y_0)$，则 $F(x,y)$ 在点 (x_0,y_0) 处有极大值.

设矩阵

$$\boldsymbol{H}=\begin{bmatrix}a&b\\b&c\end{bmatrix}=\begin{bmatrix}F_{xx}(x_0,y_0)&F_{xy}(x_0,y_0)\\F_{xy}(x_0,y_0)&F_{yy}(x_0,y_0)\end{bmatrix},$$

称 $\boldsymbol{H}$ 为**海赛矩阵**，则对矩阵 $\boldsymbol{H}$ 的正(负)定性有如下的结论.

(1) 若矩阵 $\boldsymbol{H}$ 正定，则 $F(x,y)$ 在点 (x_0,y_0) 处有极小值.

(2) 若矩阵 $\boldsymbol{H}$ 负定，则 $F(x,y)$ 在点 (x_0,y_0) 处有极大值.

例 5.6.8　用矩阵方法求 $F(x,y)=\frac{1}{3}x^3+xy^2-4xy+1$ 的极值点.

解　(1) 求 F 的驻点：

$$\begin{cases}F_x=x^2+y^2-4y=0,\\F_y=2xy-4x=2x(y-2)=0,\end{cases}$$

得
$$\begin{cases}x=0,\\y=0,\end{cases}\quad\begin{cases}x=0,\\y=4,\end{cases}\quad\begin{cases}x=2,\\y=2,\end{cases}\quad\begin{cases}x=-2,\\y=2.\end{cases}$$

即驻点为(0,0),(0,4),(2,2),(−2,2).

(2) 求 $\boldsymbol{H}$ 矩阵.

$$a=F_{xx}=2x,\quad b=F_{xy}=2y-4,\quad c=F_{yy}=2x,$$

$$\boldsymbol{H}=\begin{bmatrix}2x_0 & 2y_0-4\\ 2y_0-4 & 2x_0\end{bmatrix}.$$

(3) 把上面 4 个驻点分别代入上述矩阵,则知点(0,0)、点(0,4)不是极值点.而在点(2,2)处,$\boldsymbol{H}$ 是正定矩阵,故在点(2,2)处,$F(x,y)$取极小值;在点(−2,2)处,$\boldsymbol{H}$ 是负定矩阵,故在点(−2,2)处,$F(x,y)$取极大值.

对于三元函数 $F(x,y,z)$,同样先求出其驻点(x_0,y_0,z_0),再求出 $F(x,y,z)$在此点的二阶偏导数,构成三阶海赛矩阵

$$\boldsymbol{H}=\begin{bmatrix}F_{xx}(x_0,y_0,z_0) & F_{xy}(x_0,y_0,z_0) & F_{xz}(x_0,y_0,z_0)\\ F_{xy}(x_0,y_0,z_0) & F_{yy}(x_0,y_0,z_0) & F_{yz}(x_0,y_0,z_0)\\ F_{xz}(x_0,y_0,z_0) & F_{yz}(x_0,y_0,z_0) & F_{zz}(x_0,y_0,z_0)\end{bmatrix}.$$

(1) 若矩阵 $\boldsymbol{H}$ 正定,则 $F(x,y,z)$在点(x_0,y_0,z_0)处是极小的.

(2) 若矩阵 $\boldsymbol{H}$ 负定,则 $F(x,y,z)$在点(x_0,y_0,z_0)处是极大的.

练习 5.6

1. 判别下列矩阵的正定性:

(1) $\boldsymbol{A}=\begin{bmatrix}3&1&0\\1&3&1\\0&1&3\end{bmatrix}$;　　(2) $\boldsymbol{B}=\begin{bmatrix}-5&1&2\\1&-6&0\\2&0&-4\end{bmatrix}$.

2. 判别下列二次型的正定性:

(1) $f=3x_1^2+4x_1x_2+2x_1x_3+8x_3^2+4x_2^2$,

(2) $f=-x_1^2+2x_1x_2-4x_2^2+2x_2x_3-3x_3^2$.

3. (1) t 取何值 $\boldsymbol{A}=\begin{bmatrix}1&t&1\\t&2&0\\1&0&1-t\end{bmatrix}$是正定矩阵.

(2) k 取何值,二次型 $f=x_1^2+kx_2^2+2x_1x_2+k^2x_3^2$ 是正定的.

4. 证明:n 阶实对称矩阵 $\boldsymbol{A}$ 正定,则 $\boldsymbol{A}^{-1}$ 正定.

内容小结

主要概念

特征值与特征向量,特征多项式,相似矩阵,向量的内积,长度,角度,正交性与标准正交基,正交矩阵与正交变换,两矩阵合同,二次型的秩,正(负)惯性指数,正定性.

基本内容

1. 特征值与特征向量

$\boldsymbol{Ax}=\lambda\boldsymbol{x},\boldsymbol{x}\neq\boldsymbol{0}$,称 λ 是 $\boldsymbol{A}$ 的特征值,称 $\boldsymbol{x}$ 是 $\boldsymbol{A}$ 对应于 λ 的特征向量.

(1) 特征值与特征向量的求法.

① 由 $f(\lambda)=|\lambda\boldsymbol{I}-\boldsymbol{A}|=0$,求出 n 个特征值 $\lambda_1,\lambda_2,\cdots,\lambda_n$.

② 对每一个 λ_i,求解 $(\lambda_i\boldsymbol{I}-\boldsymbol{A})\boldsymbol{x}=\boldsymbol{0}$ 的所有非零解向量就是 $\boldsymbol{A}$ 的 λ_i 对应的特征向量集.

(2) 特征值与特征向量的性质.

① $|\boldsymbol{A}|=\lambda_1\lambda_2\cdots\lambda_n$;$\mathrm{tr}\boldsymbol{A}=\sum\limits_{i=1}^{n}a_{ii}=\lambda_1+\lambda_2+\cdots+\lambda_n$;

$\boldsymbol{A}$ 可逆$\Leftrightarrow\boldsymbol{A}$ 的 n 个特征值皆非零.

② $\boldsymbol{A}$ 的同一个特征值 λ_0 对应的特征向量的非零线性组合仍是 λ_0 对应的特征向量.

③ $\boldsymbol{A}$ 的不同特征值对应的特征向量是线性无关的.

2. A 相似于对角矩阵的条件

(1) 两矩阵相似性质.

设 $\boldsymbol{B}=\boldsymbol{P}^{-1}\boldsymbol{AP}$,则

① $|\lambda\boldsymbol{I}-\boldsymbol{A}|=|\lambda\boldsymbol{I}-\boldsymbol{B}|$.

② $|\boldsymbol{A}|=|\boldsymbol{B}|,r(\boldsymbol{A})=r(\boldsymbol{B})$.

(2) **定理**　n 阶方阵 $\boldsymbol{A}$ 相似于对角矩阵的充要条件是 $\boldsymbol{A}$ 有 n 个无关的特征向量.若

$$\boldsymbol{P}^{-1}\boldsymbol{AP}=\begin{bmatrix}\lambda_1 & & \\ & \ddots & \\ & & \lambda_n\end{bmatrix},$$

则 $\lambda_1,\lambda_2,\cdots,\lambda_n$ 是 $\boldsymbol{A}$ 的特征值,$\boldsymbol{P}$ 的 n 个列是对应于 λ_i 的 n 个线性无关的特征向量.

① 若 $\boldsymbol{A}$ 的每一个 k_i 重特征值 λ_i 有 k_i 个线性无关的特征向量,则 $\boldsymbol{A}$ 可对角化.

② 若 $\boldsymbol{A}$ 有 n 个相异的特征值,则 $\boldsymbol{A}$ 可对角化.

(3) 求 $\boldsymbol{A}^k$.若 $\boldsymbol{A}$ 可对角化,$\boldsymbol{P}^{-1}\boldsymbol{AP}=\boldsymbol{\Lambda}$,则 $\boldsymbol{A}^k=\boldsymbol{P\Lambda}^k\boldsymbol{P}^{-1}$.

3. 二次型化为标准形

实二次型 $f(\boldsymbol{x})=\boldsymbol{x}^{\mathrm{T}}\boldsymbol{Ax}=\sum\limits_{i=1}^{n}\sum\limits_{j=1}^{n}a_{ij}x_ix_j$ 与实对称矩阵 $\boldsymbol{A}$ 对应,$\boldsymbol{A}$ 的秩称为二次型的秩.

若 $\boldsymbol{P}^{\mathrm{T}}\boldsymbol{AP}=\boldsymbol{B}$,称 $\boldsymbol{A}$ 与 $\boldsymbol{B}$ 合同,合同不改变秩及对称性.

(1) 秩为 r 的实二次型 $f=\boldsymbol{x}^{\mathrm{T}}\boldsymbol{Ax}$,存在可逆线性变换 $\boldsymbol{x}=\boldsymbol{Py}$,使 f 化为标准形

$$f=d_1y_1^2+\cdots+d_py_p^2-d_{p+1}y_{p+1}^2-\cdots-d_ry_r^2,\quad d_i>0.$$

且正平方项数(正惯性指数)唯一,负平方项数(负惯性指数)唯一.

等价于实对称矩阵 $\boldsymbol{A}$,存在可逆矩阵 $\boldsymbol{P}$,使 $\boldsymbol{A}$ 合同于对角矩阵.

$$\boldsymbol{P}^{\mathrm{T}}\boldsymbol{A}\boldsymbol{P}=\begin{bmatrix} d_1 & & & & & & & & \\ & \ddots & & & & & & & \\ & & d_p & & & & & & \\ & & & -d_{p+1} & & & & & \\ & & & & \ddots & & & & \\ & & & & & -d_r & & & \\ & & & & & & 0 & & \\ & & & & & & & \ddots & \\ & & & & & & & & 0 \end{bmatrix}.$$

(2) 正交变换化二次型为标准形.

实二次型 $f=\boldsymbol{x}^{\mathrm{T}}\boldsymbol{A}\boldsymbol{x}$,存在正交变换 $\boldsymbol{x}=\boldsymbol{C}\boldsymbol{y}$ 化 f 为标准形,

$$f=\lambda_1 y_1^2+\lambda_2 y_2^2+\cdots+\lambda_n y_n^2.$$

等价于:对 n 阶实对称矩阵 $\boldsymbol{A}$,存在正交矩阵 $\boldsymbol{C}$,使

$$\boldsymbol{C}^{-1}\boldsymbol{A}\boldsymbol{C}=\boldsymbol{C}^{\mathrm{T}}\boldsymbol{A}\boldsymbol{C}=\begin{bmatrix} \lambda_1 & & & \\ & \lambda_2 & & \\ & & \ddots & \\ & & & \lambda_n \end{bmatrix},$$

其中 $\lambda_1,\lambda_2,\cdots,\lambda_n$ 是 $\boldsymbol{A}$ 的 n 个特征值,$\boldsymbol{C}$ 的 n 个列向量是对应于这些特征值的标准正交的特征向量.

用正交变换化二次型是本章中重要问题,其方法步骤见 5.5 节.

4. 欧氏空间的内积及正交变换

(1) 向量内积,长度,夹角与正交性.

① 设 $\boldsymbol{\alpha}=(x_1,x_2,\cdots,x_n)^{\mathrm{T}},\boldsymbol{\beta}=(y_1,y_2,\cdots,y_n)^{\mathrm{T}},(\boldsymbol{\alpha},\boldsymbol{\beta})=\boldsymbol{\alpha}^{\mathrm{T}}\boldsymbol{\beta}=\boldsymbol{\beta}^{\mathrm{T}}\boldsymbol{\alpha}=\sum\limits_{i=1}^{n}x_i y_i$.

② $\boldsymbol{\alpha}$ 的长度:$|\boldsymbol{\alpha}|=\sqrt{(\boldsymbol{\alpha},\boldsymbol{\alpha})}=\sqrt{x_1^2+x_2^2+\cdots+x_n^2}$.

③ $\boldsymbol{\alpha}$ 与 $\boldsymbol{\beta}$ 的夹角:$\theta=\arccos\dfrac{(\boldsymbol{\alpha},\boldsymbol{\beta})}{|\boldsymbol{\alpha}||\boldsymbol{\beta}|}$.

④ $\boldsymbol{\alpha}$ 与 $\boldsymbol{\beta}$ 正交:$(\boldsymbol{\alpha},\boldsymbol{\beta})=0\Leftrightarrow\boldsymbol{\alpha}$ 与 $\boldsymbol{\beta}$ 正交.

⑤ 正交组:$\boldsymbol{\alpha}_1,\boldsymbol{\alpha}_2,\cdots,\boldsymbol{\alpha}_r$ 为正交组$\Leftrightarrow(\boldsymbol{\alpha}_i,\boldsymbol{\alpha}_j)=0,i\neq j$.

(2) Schmidt 正交化.

把线性无关向量组 $\boldsymbol{\alpha}_1,\boldsymbol{\alpha}_2,\cdots,\boldsymbol{\alpha}_m$ 正交化($m=3$).

$$\boldsymbol{\beta}_1=\boldsymbol{\alpha}_1,$$

$$\boldsymbol{\beta}_2=\boldsymbol{\alpha}_2-\frac{(\boldsymbol{\alpha}_2,\boldsymbol{\beta}_1)}{(\boldsymbol{\beta}_1,\boldsymbol{\beta}_1)}\boldsymbol{\beta}_1,$$

$$\boldsymbol{\beta}_3=\boldsymbol{\alpha}_3-\frac{(\boldsymbol{\alpha}_3,\boldsymbol{\beta}_1)}{(\boldsymbol{\beta}_1,\boldsymbol{\beta}_1)}\boldsymbol{\beta}_1-\frac{(\boldsymbol{\alpha}_3,\boldsymbol{\beta}_2)}{(\boldsymbol{\beta}_2,\boldsymbol{\beta}_2)}\boldsymbol{\beta}_2.$$

单位化为 $\boldsymbol{\varepsilon}_1=\frac{\boldsymbol{\beta}_1}{|\boldsymbol{\beta}_1|},\boldsymbol{\varepsilon}_2=\frac{\boldsymbol{\beta}_2}{|\boldsymbol{\beta}_2|},\boldsymbol{\varepsilon}_3=\frac{\boldsymbol{\beta}_3}{|\boldsymbol{\beta}_3|}$，则 $\boldsymbol{\varepsilon}_1,\boldsymbol{\varepsilon}_2,\boldsymbol{\varepsilon}_3$ 就是一组标准正交组.

(3) 正交阵与正交变换.

若 $\boldsymbol{C}^{\mathrm{T}}\boldsymbol{C}=\boldsymbol{I}$ 或 $\boldsymbol{C}\boldsymbol{C}^{\mathrm{T}}=\boldsymbol{I}$，称矩阵 $\boldsymbol{C}$ 为正交阵.

正交阵有如下性质.

① $|\boldsymbol{C}|=\pm 1$.

② $\boldsymbol{C}^{-1}=\boldsymbol{C}^{\mathrm{T}}$.

③ 若 $\boldsymbol{C}_1,\boldsymbol{C}_2$ 为正交阵，则 $\boldsymbol{C}_1\boldsymbol{C}_2$ 为正交阵.

④ 正交阵 $\boldsymbol{C}$ 的 n 个列向量是标准正交向量组.

若 $\boldsymbol{C}$ 为正交阵，称线性变换 $\boldsymbol{x}=\boldsymbol{C}\boldsymbol{y}$ 为正交变换.

5. 二次型正定的判别

二次型 $f=\boldsymbol{x}^{\mathrm{T}}\boldsymbol{A}\boldsymbol{x}$ 正定（$\boldsymbol{A}_{n\times n}$ 正定）

$\Leftrightarrow \forall\, \boldsymbol{x}_{n\times 1}\neq \boldsymbol{0}, f=\boldsymbol{x}^{\mathrm{T}}\boldsymbol{A}\boldsymbol{x}>0$.

$\Leftrightarrow f$ 的正惯性指数为 n.

$\Leftrightarrow$ 存在可逆矩阵 $\boldsymbol{P}$，使 $\boldsymbol{P}^{\mathrm{T}}\boldsymbol{A}\boldsymbol{P}=\boldsymbol{I}$.

$\Leftrightarrow \boldsymbol{A}$ 的 n 个特征值全大于零.

$\Leftrightarrow \boldsymbol{A}$ 的 n 个顺序主子式全大于零.

对于具体矩阵 $\boldsymbol{A}$，主要用 $\boldsymbol{A}$ 的 n 个顺序主子式全大于零来判别 f 或 $\boldsymbol{A}$ 的正定性.

综合练习 5

1. 填空题：

(1) n 阶可逆矩阵 $\boldsymbol{A}$ 与 $\boldsymbol{B}$ 相似，且 $|2\boldsymbol{I}-\boldsymbol{A}|=0$，则 $\boldsymbol{B}$ 有一个特征值为______，$\boldsymbol{B}^{-1}$ 有一个特征值为______.

(2) 矩阵 $\boldsymbol{A}=\begin{bmatrix}3&0&-1\\1&a&3\\1&2&3\end{bmatrix}$ 有一个特征值为 2，则 $a=$______.

(3) $\boldsymbol{A}=\begin{bmatrix}0&1&0\\ \frac{1}{2}&0&b\\ a&0&\frac{1}{2}\end{bmatrix}$ 是正交矩阵，则 a,b 为______.

(4) 二次型 $f=2x_1^2+2x_2^2+2x_3^2-2x_1x_2-2x_1x_3-2x_2x_3$ 的秩为______. 正惯性指数为______.

(5) 正交变换 $\boldsymbol{x}=\boldsymbol{C}\boldsymbol{y}$ 把二次型 $f=\boldsymbol{x}^{\mathrm{T}}\boldsymbol{A}\boldsymbol{x}$ 化为标准形 $f=\boldsymbol{x}^{\mathrm{T}}\boldsymbol{A}\boldsymbol{x}=y_1^2+2y_2^2+5y_3^2$，

则 $\boldsymbol{A}$ 的特征值为______.

2. 判断题：

(1) n 阶矩阵 $\boldsymbol{A}$ 与 $\boldsymbol{B}$ 合同，则 $\boldsymbol{A}$ 与 $\boldsymbol{B}$ 等价.

(2) n 阶方阵 $\boldsymbol{A}$ 与 $\boldsymbol{A}^{\mathrm{T}}$ 的特征值相同，且特征向量也相同.

(3) n 阶方阵 $\boldsymbol{A}$ 与 $\boldsymbol{B}$ 合同，则它们的特征向量相同.

(4) n 阶可逆矩阵 $\boldsymbol{A}$ 与 $\boldsymbol{A}^{-1}$ 有相同的特征向量.

(5) n 阶实对称矩阵 $\boldsymbol{A}$ 与 $\boldsymbol{B}$ 合同，则它们的特征值相同.

(6) $\boldsymbol{C}$ 为正交矩阵，且 $\boldsymbol{C}^{\mathrm{T}}\boldsymbol{A}\boldsymbol{C}=\boldsymbol{B}$，则 $\boldsymbol{A}$ 与 $\boldsymbol{B}$ 有相同的特征值.

(7) 两个 n 阶实对称矩阵 $\boldsymbol{A}$ 与 $\boldsymbol{B}$ 的秩相同，则 $\boldsymbol{A}$ 与 $\boldsymbol{B}$ 合同.

(8) 设两个 n 元二次型 $f_1=\boldsymbol{x}^{\mathrm{T}}\boldsymbol{A}\boldsymbol{x}$，$f_2=\boldsymbol{x}^{\mathrm{T}}\boldsymbol{B}\boldsymbol{x}$ 的秩相同，且正惯性指数相同，则矩阵 $\boldsymbol{A}$ 与 $\boldsymbol{B}$ 合同.

3. 计算题：

(1) $\boldsymbol{A}=\begin{bmatrix}1&2&2\\0&1&1\\0&1&1\end{bmatrix}$，

① 求 $\boldsymbol{B}=\boldsymbol{A}^2+\boldsymbol{A}+2\boldsymbol{I}$ 的特征值.

② 求 $|\boldsymbol{B}|$.

③ 求 $|5\boldsymbol{I}-\boldsymbol{A}|$.

(2) 四阶方阵 $\boldsymbol{A}$ 的每一个元素均为 $a\neq0$，

① 求 $\boldsymbol{A}$ 的特征值.

② 求 $\boldsymbol{P}$，使 $\boldsymbol{P}^{-1}\boldsymbol{A}\boldsymbol{P}$ 为对角矩阵 $\boldsymbol{\Lambda}$.

(3) 设矩阵 $\boldsymbol{A}$ 与 $\boldsymbol{B}$ 相似，$\boldsymbol{A}=\begin{bmatrix}2&0&0\\0&0&1\\0&1&x\end{bmatrix}$，$\boldsymbol{B}=\begin{bmatrix}2&0&0\\0&y&0\\0&0&-1\end{bmatrix}$，求 x,y 的值.

(4) 设 $\boldsymbol{A}=\begin{bmatrix}1&0&1\\x&0&y\\1&0&1\end{bmatrix}$ 有三个线性无关的特征向量，求 x,y 满足的关系.

(5) 设二次型 $f=2x_1^2+3x_2^2+3x_3^2+2ax_2x_3\,(a>0)$，通过正交变换化为标准形 $f=y_1^2+2y_2^2+5y_3^2$，求 a 及所用的正交变换.

(6) 设三阶方阵 $\boldsymbol{A}$ 的三个特征值为 $1,-1,2$，它们对应的特征向量为 $\boldsymbol{\alpha}_1=(1,1,1)^{\mathrm{T}}$，$\boldsymbol{\alpha}_2=(0,1,1)^{\mathrm{T}}$，$\boldsymbol{\alpha}_3=(0,0,1)^{\mathrm{T}}$，求 $\boldsymbol{A}$.

(7) 已知三阶实对称矩阵 $\boldsymbol{A}$ 的特征值为 $0,1,1$，特征值为 0 对应的特征向量为 $(0,1,1)^{\mathrm{T}}$，求特征值为 1 对应的特征向量及矩阵 $\boldsymbol{A}$.（提示：利用实对称矩阵不同特征值对应的特征向量正交性）

4. 证明题：

(1) 设 $\boldsymbol{A}$ 为 n 阶方阵，证明 $\boldsymbol{A}\boldsymbol{x}=\boldsymbol{0}$ 有非零解的充要条件是 $\boldsymbol{A}$ 有零特征值.

(2) 设非零 n 维列向量 $\boldsymbol{\alpha}$，$\boldsymbol{A}=\boldsymbol{\alpha}\boldsymbol{\alpha}^{\mathrm{T}}$.

① 证明 $\boldsymbol{A}^2=k\boldsymbol{A}$，其中数 $k=\boldsymbol{\alpha}^{\mathrm{T}}\boldsymbol{\alpha}$.

② 证明 $\boldsymbol{A}$ 的特征值为 k 或零.

③ 证明 $\boldsymbol{A}$ 可相似于对角矩阵，写出此对角矩阵.

(3) 设 $\boldsymbol{A}$ 为 n 阶正定矩阵，证明 $|\boldsymbol{A}+\boldsymbol{I}|>1$.

(4) 设 $\boldsymbol{A}$、$\boldsymbol{B}$ 为 n 阶正定矩阵，证明 $\boldsymbol{A}+\boldsymbol{B}$ 为正定矩阵.

(5) 设 $\boldsymbol{A}$ 为可逆矩阵，证明 $\boldsymbol{A}^{\mathrm{T}}\boldsymbol{A}$ 为正定矩阵.

第 6 章　Matlab 软件及其在线性代数计算中的应用

6.1　Matlab 软件简介

6.1.1　Matlab 概述

Matlab 是 Matrix 和 Laboratory 两个英语单词的前 3 个字母的组合，它是 Mathworks(http://www.Mathorks.tom)公司的产品，是一个为科学和工程计算而专门设计的高级交互式软件包. 它集成了数值计算与精确求解，并且有丰富的绘图功能，是一个可以完成各种计算和数据可视化的强有力的工具.

Matlab 的特点可以简要地归纳如下.

1. 高效方便的矩阵与数组运算

Matlab 默认的运算对象为矩阵和数组，Matlab 提供了大量的有关矩阵和数组运算的库函数. 值得一提的是 Matlab 中矩阵和数组的使用均无需事先进行维数定义.

2. 编程效率高

Matlab 允许用数学形式的语言编写程序. 用它编程犹如在纸上书写计算公式，编程时间大大减少.

3. 使用方便

Matlab 语言可以直接在命令行输入语句命令，每输入一条语句，就立即对其进行处理，完成编辑、连接和运行的全过程. 另外，Matlab 可以将源程序编辑为 M 文件，并且可以直接运行，而不需进行编辑和连接.

4. 易于扩充

Matlab 有丰富的库函数，并提供了许多解决各种科学和工程计算问题的工具箱.

5. 方便的绘图功能

Matlab 提供了一系列绘图函数命令，可以非常方便地实现二维、三维图像绘制的功能。

6.1.2　数组(向量)

作为一个基本的数据格式，Matlab 中的数组与其他编程语言中的数组区别不大，但其运算却有很大区别，这主要体现在 Matlab 中的数组与向量是等价的，两者可以互换称呼. 因此可以应用于许多向量运算.

1. 数组(向量)的创建

(1) 直接输入.

当数组(向量)中元素的个数比较少时,可以通过直接键入数组(向量)中的每个元素的值来建立,以中括号作为界定符,元素用空格(" ")或逗号(",")进行分隔.

例 6.1.1　>>A=[1,2,3,4,5] (">>"为 Matlab 命令行提示符)

```
A=
   1  2  3  4  5
>>B=[1 2 3 4 5]
B=
   1  2  3  4  5
```

(2) 冒号法.

冒号操作符在 Matlab 中非常有用,也提供了很大的方便,其基本格式为

S=初值:增量:终值

产生以初值为第一个元素,以增量为步长,直到不超过终值的所有元素组成的数组(向量)S.(步长为 1 的格式 s=x1:x2)

例 6.1.2　>>E=10:-2:6

```
E=
   10  8  6
>>F=0:pi/2:2*pi
```
("pi"为 Matlab 中定义的常数 π)

```
F=
   0  1.5708  3.1416  4.7124  6.2832
```

2. 数组(向量)中元素的引用与修改

数组(向量)元素的引用通过其下标进行. Matlab 中数组(向量)元素下标从 1 开始编号. $\boldsymbol{X}(n)$表示数组(向量)$\boldsymbol{X}$ 的第 n 个元素,利用冒号运算可以同时访问数组(向量)中的多个元素.

例 6.1.3　>>x=[5 4 3 2 1];　(语句末尾跟";"表示此命令不产生输出)

```
>>x(5)
ans=                  (不指明输出变量时,Matlab 将回应"ans")
    1
>>x(2:4)
ans=
    4  3  2
>>x(2)=5              (将第二个元素的值改为 5)
x=
   5  5  3  2  1
```

另外,可以使用“[]”操作符进行数组(向量)元素的删除.

例 6.1.4 >>x=[5 4 3 2 1];

```
>>x(2)=[]
x=
   5   3   2   1                (x 的维数同时减 1)
```

3. 数组运算

Matlab 中的数组运算是数组元素与对应数组元素之间的运算(其中乘运算采用“.*”,除运算又分为“./”或“.\”运算).标量与数组的运算是标量分别与数组中的各个元素进行运算.

例 6.1.5 >>a=1:5　　　　(步长为 1 的数组)

```
a=
   1   2   3   4   5
>>c=3*a                         (3 为常数,标量)
c=
   3   6   9   12   15
>>b=5:-1:1
b=
   5   4   3   2   1
>>a+b
ans=
     6   6   6   6   6
>>a.*b                          (a,b 均为数组,对应元素相乘用“.*”)
ans=
     5   8   9   8   5
>>a./b                          (表示 a 中元素除以 b 中对应元素)
ans=
     0.2000   0.5000   1.0000   2.0000   5.0000
>>a.\b                          (表示 b 中元素除以 a 中对应元素)
ans=                            (相当于“b./a”)
     5.0000   2.0000   1.0000   0.5000   0.2000
```

4. 数组作为向量运算

数组还可以看成向量,进行向量运算.主要有:向量相乘、向量内积、向量交叉积等.

例 6.1.6 >>a=[1 0 1];b=[0 1 0];

```
>>a*b                           (向量相乘,即为应分量相乘之和)
ans=
```

```
     0
>>dot(a,b)                 (向量内积,即数量积)
ans=
     0
>>cross(a,b)
ans=
    -1   0   1             (向量交叉积)
```

6.1.3 矩阵

矩阵是 Matlab 中最基本的数据类型. 数组也可以看做矩阵的特例. Matlab 提供了许多矩阵运算的函数和命令.

1. 矩阵的创建

(1) 直接输入.

当矩阵中元素的个数比较少时,可以通过直接键入每个元素的值来建立. 以中括号作为界定符,同一行的元素用空格(" ")或逗号(",")分隔. 不同行元素用分号(";")或回车("↵")分隔.

例 6.1.7　>>A=[1,2,3;4,5,6]

```
A=
    1   2   3
    4   5   6
>>B=[1 2 3 4 5]            (生成一个 1×5 矩阵,又称行向量,也称数组)
B=
    1   2   3   4   5
>>C=[1;2;3]                (生成一个 3×1 矩阵,又称列向量)
C=
    1
    2
    3
```

(2) 函数法.

Matlab 提供了很多函数来生成特殊的矩阵.

例 6.1.8　>>I=eye(3)　　　(生成一个三阶单位阵)

```
I=
    1   0   0
    0   1   0
    0   0   1
>>F=ones(2,3)              (生成一个 2×3 全 1 矩阵)
```

```
F=
    1  1  1
    1  1  1
```

2. 矩阵中元素的引用与修改

与数组元素的引用相同,矩阵元素的引用通过其下标进行.同样,利用冒号运算可以同时访问矩阵中的多个元素构成的分块矩阵(子块).

例 6.1.9

```
>>x=[12  11  10;9  8  7;6  5  4;3  2  1];
x=
   12  11  10
    9   8   7
    6   5   4
    3   2   1
>>x(3,2)
ans=
    5
>>x(:,2:3)                    (单独的一个冒号,表示全部,此处等价于1:4)
ans=
    11  10
     8   7
     5   4
     2   1
>>x(2,3)=8                    (将矩阵中的第2行第3列元素的值改为8)
x=
   12  11  10
    9   8   8
    6   5   4
    3   2   1
```

同样可以调用"[]" 操作符,将矩阵中的一(多)行或一(多)列元素删除,但不能单独删除一个元素.

例 6.1.10

```
>>x=[12  11  10;9  8  7;6  5  4;3  2  1];
>>x(2:4,:)=[]                 (将矩阵x中的第2行到第4行全部删除)
x=
    12  11  10
```

另外,还可以合并两个矩阵的元素,组成一个大的矩阵.

例 6.1.11

```
>>x=[1  2  3;4  5  6];y=[0  1;1  0];
>>z=[xy]                      (行数相同,可以进行横向合并,之间加","或空格)
```

```
  z=
  1  2  3  0  1
  4  5  6  1  0
>>x=[1  2  3;4  5  6];y=[0  0  1];
>>z=[x;y]
```
（列数相同，可以进行纵向合并，之间加“;”）

```
  z=
     1  2  3
     4  5  6
     0  0  1
```

3. 矩阵运算

与线性代数一样，Matlab 中的矩阵运算同样需要满足一定的条件.

（1）加减运算.

矩阵与矩阵之间的加减运算必须满足两个矩阵同维数.

例 6.1.12　>>x=[1　2　3;4　5　6];y=[4　5　6;1　2　3];

```
>>z=x+y
  z=
     5  7  9
     5  7  9
```

（2）乘法运算.

矩阵与矩阵之间的乘法运算 A * B 必须满足矩阵 A 的列数等于矩阵 B 的行数.

例 6.1.13　>>A=[1　2　3;4　5　6];B=[1　2;3　4;5　6];

```
>>A*B
ans=
    22  28
    49  64
```

（3）除法运算.

由于矩阵不满足交换率，矩阵的除法在线性代数中是以矩阵的逆矩阵形式给出的. 与其他程序设计语言一样，Matlab 中也有除法运算符“/”（右除）和“\”（左除），但其含义是通过矩阵的逆矩阵给出的. “A\B”的结果为“inv(A) * B”（求解 AX=B），式中“inv(A)”表示 A 的逆矩阵；而“A/B”的结果为“A * inv(B)”（求解 XB=A）. 当然除法运算必须在矩阵可逆的情况下才有意义.

例 6.1.14　>>A=[2　0　0;0　2　0;0　0　2];
　　　　　　B=[3　0　0;0　3　0;0　0　3];

```
>>A/B
ans=
```

```
    0.6667     0          0
      0      0.6667       0
      0        0        0.6667
>>A\B
ans=
    1.5000     0          0
      0      1.5000       0
      0        0        1.5000
```

例 6.1.15

```
>>A=[1  2  3;2  2  1;3  4  3];
  B=[1  0  1;2  1  2;0  4  6];
>>A/B
ans=
    -0.333   0.667    0.333
    -3.333   2.6667  -0.167
    -5.000   4.000    0.000
>>A\B
ans=
     7.000   -5.000   -5.000
    -7.500    7.000    7.5000
     3.000   -3.000   -3.000
```

(4) 对应元素的运算.

Matlab 中两个同维矩阵还可以和数组运算一样,采用“. *”(对应元素相乘)或“./”,(左边矩阵中元素除以右边矩阵对应元素)“.\”(右边矩阵中元素除以左边矩阵对应元素)进行矩阵对应元素的乘法和除法运算.注意:只有同维矩阵才可以进行.

例 6.1.16

```
>>A=[2 3 3;3 2 3;3 3 2];B=[3 1 1;1 3 1;1 1 3];
>>A.*B
ans=
    6  3  3
    3  6  3
    3  3  6
>>A./B
ans=
    0.6667  3.0000  3.0000
    3.0000  0.6667  3.0000
    3.0000  3.0000  0.6667
>>A.\B
```

```
ans=
    1.5000  0.3333  0.3333
    0.3333  1.5000  0.3333
    0.3333  0.3333  1.5000
```

(5) 与标量运算.

Matlab 中矩阵可以和标量进行加、减、乘运算. 运算规则是矩阵中的每个元素分别与标量进行运算. 此时的乘运算等价于". *"运算. 但对于除运算,则比较复杂. 如果是".\"或"./"运算,则矩阵中每个元素与标量进行运算;如果是"\"或"/",则遵照矩阵求逆的运算规律.

例 6.1.17

```
>>c=[1 0 1;2 1 2;0 4 6];
>>x=3*c             (等价于"x=3.*c")
  x=
     3   0   3
     6   3   6
     0  12  18
>>y=2.\c
  y=
     0.5   0   0.5
      1   0.5   1
      0    2    3
>>z=2\c
  z=
     0.5   0   0.5
      1   0.5   1
      0    2    3
```

(6) 转置运算.

转置运算的操作符为撇("′").

例 6.1.18

```
>>x=[1 2 3;4 5 6];
>>y=x'
  y=
     1  4
     2  5
     3  6
```

6.1.4 常量、变量、函数

1. 常量

Matlab 中预先定义了一些常用量:

pi—圆周率 π；eps—最小浮点数；inf—无穷大；NaN—不定值，0/0.

2. 变量

由字母、数字和下划线组成，最多 31 个字符. Matlab 区分大小写！变量无需事先声明即可使用.

3. 函数

Matlab 中提供了十分丰富的进行数值计算的函数库，按照其对参数的作用效果可以分为标量函数、数组函数和矩阵函数.

(1) 标量函数：包括三角函数，如 sin,cos 等；对数函数，如 ln,lg 等；取整函数，如 round,floor 等；还有绝对值函数 abs 和求平方根函数 sqrt 等等. 这些函数本质上是作用于标量参数的. 如果其参数为数组或矩阵，其运算是作用于其中的每一个元素.

例 6.1.19　>>x=[1 2 3;4 5 6]；

```
>>sin(x)
        0.8415     0.9093     0.1411
       -0.7568    -0.9589    -0.2794
```

(2) 数组函数（向量函数）：诸如最大值 max、最小值 min、求和 sum、平均值 mean 等函数，这些函数，只有当它们作用于数组即行向量和列向量时才有意义. 如果它们作用于矩阵，则相当于分别作用于矩阵的每个列向量，得到的结果组成一个行向量.

例 6.1.20　>>a=[-0.1　-5.0　5.0　6.5　7.0　4.0]；

```
>>m=max(a)
m=
   7.0
>>a=[-0.1  -5.0  5.0;6.5  7.0  4.0];
>>m=max(a)
m=
   6.5  7.0  5.0
```

例 6.1.21　>>a=[-0.1　-5.0　5.0　6.5　7.0　4.0]；

```
>>m=sum(a)
m=
   17.4
>>a=[-0.1  -5.0  5.0;6.5  7.0  4.0];
>>m=mean(a)
m=
   3.2  1.0  4.5
```

(3) 矩阵函数：Matlab 中有许多进行矩阵运算的函数，如求行列式 det、求特征值 eig、求矩阵的秩 rank 等函数.

6.1.5　绘图函数(略)

6.1.6　符号运算

Matlab 提供符号运算工具以满足数学中对含有字符的矩阵或函数进行处理和运算.

1. 符号变量和符号表达式的创建

Matlab 提供了两个函数——syms、sym，来创建符号变量或符号表达式.

syms 可以同时声明多个符号变量. 其调用格式为

\>>syms　x　y　z　　(同时将 x,y,z 声明成符号变量)

sym 的调用格式为变量＝sym('表达式')

例 6.1.22　>>y＝sym('x^2＋x＋0.1')

```
y=
   x^2+x+0.1
```

如果 sym 函数的调用格式为：变量＝sym(数值)(注意：没有引号)，则可以将数值转化为精确的数值符号.

例 6.1.23　>>x＝[0.1　0.5　2.1;1.5　0.76　0.6];y＝sym(x)

```
y=
   [1/10,1/2,21/10]
   [3/2,19/25,3/5]
```

另外，可以直接用单引号定义符号表达式.

例 6.1.24　>>y＝'x^2＋x＋1.0'

```
y=
   x^2+x+1.0
```

2. 求字符表达式的值

(1) numeric：将符号表达式转换为数值表达式.

例 6.1.25　>>a＝sym('1＋2 * sqrt(4)')；

```
>>numeric(a)
ans=
     5
```

(2) eval：执行此字符表达式.

例 6.1.26　>>f＝sym('1＋2 * sqrt(x)')；

```
>>x=[1 4;9 16];
>>eval(f);
ans=
     3  5
     7  9
```

(3) subs：将字符表达式中的变量取值代入表达式计算其值.

例 6.1.27
```
>>f=sym('1+2*sqrt(x)');
>>subs(f,[1 4;9 16]);
ans=
    3  5
    7  9
```

3. 符号矩阵运算

符号矩阵可以看做和一般数值矩阵一样，进行各种运算. 下面以矩阵求逆为例加以说明.

例 6.1.28
```
>>syms a b c
>>b=[a  2a  3a;2a  2a  a;3a  4a  3a];
>>c=inv(b)
  c=
    [1/a,3/a,-2/a]
    [-3/2a,-3/a,5/2a]
    [1/a,1/a,-1/a]
>>subs(c,2.0)
  ans=
       0.500    1.500     -1
      -0.75    -1.500     1.25
       0.500    0.500    -0.500
```

6.1.7　命令环境与数据显示

1. 常用命令

(1) help 命令，用法：help 函数名.

在命令行窗口，即在命令行提示符>>后键入 help 函数名，可以得到关于这个函数的详细介绍.

```
>>help inv
inv Matrix inverse.
inv(X) is the inverse of the square matrix X.
A warning message is printed. if X is badly scaled or nearly singular.
See also SLASH,PINV,COND,CONDEST,LSQNONNEG,LSCOV.
```

(2) lookfor 命令，用法：lookfor 关键词.

用来在函数的 help 文档中的全文搜索包含此关键词的所有函数. 此命令适用于查找具有某种功能的函数但又不知道准确名称的情况，例如查找求解特征值问题的函数，可以通过查询关键词 eigen 找到相关的函数.

```
>> lookfor eigen
EIG Eigenvalues and eigenvectors.
POLYEIG Polynomial eigenvalue problem.
QZQZ factorization for generalized eigenvalues.
EIGS Find a few eigenvalues and eigenvectors of a matrix using ARPACK.
```

(3) save 命令，用法：save 文件名.

把所有变量及其取值保存在磁盘文件中，后缀名为“. mat”. 用于保存所做的工作.

(4) load 命令，用法：load 文件名.

调出. mat 文件，即将 save 命令保存的工作重新调入到 Matlab 运行环境中.

(5) diary 命令，用法：diary 文件名.

将所有在 Matlab 命令行输入的内容及其输出结果(不包括图形)记录在一个文件中. 如果省略文件名，将默认地存放在 diary 文件中.

(6) pwd 命令，用法：pwd.

显示当前工作目录，可以通过 cd 命令进行改变.

2. 数据显示

format 命令，用法：format 格式参数.

常用的格式参数及其描述见表 6.1(以 pi 的显示为例)：

表 6.1　常用的格式参数及其描述

格式参数	说明	举例
short	小数点后保留 4 位(默认格式)	3.1416
long	总共 15 位数字	3.14159265358979
short e	5 位科学计数法	3.1416e+000
long e	15 位科学计数法	3.141592653589793e+000
rat	最接近的有理数	355/113

6.1.8　程序设计

1. M 文件

为执行复杂的任务，需要进行程序设计. Matlab 的程序文件以“. m”为其扩展名，通常称为 M 文件. 它分为两类：命令文件和函数文件. 前者只需要将原来在命令行中一行一行输入的语句按原来的顺序存放在一个文件中即可构成一个命令文件，Matlab 可以直接执行此文件；后者是用户可以自己定义的实现一定功能的函数文件. 一般留有调用接口，即有输入，最后产生输出. 调用者可以不需关心其运算过程.

函数文件的一般格式为

function[输出参数列表]=函数名(输入参数列表)

%注释行

函数体

注意：函数文件必须以 function 开始，参数列表中参数多于一个的用逗号相分隔. 输出参数如果只有一个，可以省略中括号；如果没有输出，可以省略输出参数列表及等号或用空的中括号表示.

特别注意：每个函数文件独立保存，其文件名必须和函数名相同，以“. m”作为文件后缀.

例 6.1.29 计算 r＝sin(x)＋cos(y)

```
function r=sinpluscos(x,y)   %Caculate r with sin(x)+cos(y)
R=sin(x)+cos(y);
```

将上述函数定义程序保存为 sinpluscos. m 文件. 调用该函数：

```
>>a=pi/2;b=pi/4;sinpluscos(a,b).
ans=
    1.7071
```

2. 程序流程控制

作为一门程序设计语言，Matlab 同样提供了赋值语句、分支语句和循环语句，以控制程序结构. 赋值语句与其他语言相似，下面仅就分支语句和循环语句进行一些说明.

(1) 分支语句.

if…end 语句

```
if 条件表达式 1
    语句组 1
[else if 条件表达式 2]
    语句组 2
    …
[else
   语句组 n]]
   end
```

式中的中括号为可选项，即当只有一个选择时为：if…end 结构；有两个选择时为：if…else…end 结构；两个以上选择时，需要再假如 else if 选择语句.

(2) 开关语句(switch…case…end 语句).

```
switch 开关表达式
  case 表达式 1
  语句组 1
  case 表达式 2
  语句组 2
  …
  otherwise
```

```
语句组 n
end
```

当开关表达式的值等于 case 后面的表达式时，程序执行其后的语句组，执行完后，跳出执行 end 后面的语句. 当所有 case 后的表达式均不等于开关表达式时，执行 otherwise 后面的语句组.

(3) 循环语句.

for…end 语句

```
    for 变量句＝表达式
        循环体语句组
    end
```

其中表达式一般以冒号表达式方式给出，即"s1：s2：s3"，"s1"为初值，"s2"为步长，"s3"为终值. 若步长为正，则变量值大于"s3"时循环终止；若步长为负，则变量值小于"s3"时循环终止.

例 6.1.30 利用 for 语句产生一个三阶 Hilbert 矩阵

```
H=zeros(3,3);
for i=1:3
for j=1:3
H(i,j)=1/(i+j-1);
end
end
disp(H)      (显示"H")
  1   1/2  1/3
1/2   1/3  1/4
1/3   1/4  1/5
```

(4) while…end 语句.

与 for 语句不同，while 语句一般适用于事先不能确定循环次数的情况下.

```
While 条件表达式
    循环体语句组
end
```

当条件表达式成立时，执行循环体语句组. 可以在循环体中加入 break 语句以跳出循环.

6.2 应用 Matlab 软件进行线性代数计算

1. 计算行列式

Matlab 中提供了 det 命令计算一个方阵的行列式的值，其调用格式为：det(方阵)，其中方阵可以是任意有限阶数值矩阵或符号矩阵.

例 6.2.1　计算下列矩阵的行列式的值：

(1) $\boldsymbol{A}=\begin{bmatrix}-3 & 1 & 2 & 5\\ 0 & 5 & 3 & 2\\ 5 & -3 & 2 & 4\\ 1 & -1 & 0 & 1\end{bmatrix}$；　(2) $\boldsymbol{B}=\begin{bmatrix}a & b & c & d\\ -b & a & -d & c\\ -c & d & a & -b\\ -d & -c & b & a\end{bmatrix}$.

解　(1)
```
>> A=[-3 1 2 5;0 5 3 2;5 -3 2 4;1 -1 0 1];
>>det(A)
    ans=
        -64
```
(2)
```
>>syms a b c d B;
>>B=[a b c d;-b a -d c;-c d a -b;-d -c b a];
>>det(B)
>>subs(B,1,0,1,2)
    ans=
        a^4 +2*a^2*b^2 +2*d^2*a^2+2*c^2*a^2+b^4
            +2*d^2*b^2+2*c^2*b^2 +c^4+2*c^2*d^2+d^4
```
(即$(a^2+b^2+c^2+d^2)^2$)
```
    ans=
        12
```

2. 矩阵运算

(1) 矩阵四则运算.

前面已经介绍了很多有关运用 Matlab 进行矩阵运算的方法，这里再结合矩阵运算进行一些必要的补充(%表示后面的描述为注释).

① 特殊矩阵函数(见表 6.2).

表 6.2　特殊矩阵函数

函　数	描　　述	举　　例
[]	空矩阵	A(:,2)=[]　%删除矩阵 A 的第 2 列
eye	单位矩阵	A=eye(3)
ones	元素全部为 1 的矩阵	A=ones(2,3)　%A 为 2×3 元素全 1 矩阵
zeros	元素全部为 0 的矩阵	A=zeros(2,3)　%A 为 2×3 元素全 0 矩阵
rand	元素值为 0 到 1 之间均匀分布的随机矩阵	A=rand(3)
randn	元素值服从 0 均值单位方差正态分布的随机矩阵	A=randn(4)
triu	求给定矩阵的上三角阵	B=triu(A)
tril	求给定矩阵的下三角阵	B=tril(A)

② 矩阵运算(见表 6.3).

表 6.3　矩阵运算

运算符	描　述	举　例
+、-	同维矩阵相加、相减 符号矩阵相加	C=A+B;C=A-B C=symadd(A,B);C=sym(A)+sym(B)
*	数乘运算	C=a*A
*	矩阵乘积运算	C=A*B
′ transpose	转置运算 符号矩阵转置运算	C=A′ C=transpose(A)　%A 为符号矩阵
^	幂次方运算	C=A^5
inv	方阵求逆	B=inv(A)
isequal	判断两矩阵是否相等	isequal(A,B)
size	求给定矩阵的维数	size(A)　%结果是矩阵 A 的维数
trace	求给定矩阵的主对角元素的和	trace(A)

例 6.2.2　表 6.4 为某高校在 2003 年和 2004 年入学新生分布情况.

(1) 求 2004 年相对于 2003 年入学人数的增减情况?

(2) 如果 2005 年相对于 2004 年入学增长人数预计比 2004 年相对于 2003 年入学增长人数上再增加 10%,求 2005 年入学新生人数的分布情况.

表 6.4　某高校 2003 年和 2004 年入学新生分布情况

年份	性别	本地	外地
2003	男	2000	500
	女	1300	100
2004	男	2500	300
	女	1400	200

解　2003 年入学情况用矩阵 A 表示,2004 年入学情况用矩阵 B 表示,即

```
>>A=[2000　500;1300　100]; B=[2500　300;1400　200]
```

(1) 2004 年相对于 2003 年新生人数的增减情况可由 B-A 求得.即

```
>>B-A
ans=
     500   -200
     100    100
```

即本地男生增加了 500 人,女生增加了 100 人;外地男生减少了 200 人,女生增加

了 100 人.

(2) 由 2004 年相对于 2003 年入学增长矩阵为 B－A,2005 年人数可由下式求得:

```
>>B+0.10*(B-A)
ans=
      2550   280
      1410   210
```

即 2005 年预计入学人数为本地男生 2550 人,女生 1410 人;外地男生 280 人,女生 210 人.

(2) 计算矩阵的秩.

Matlab 提供了 rank 命令,用来计算矩阵的秩,其调用格式为:rank(矩阵).

例 6.2.3　矩阵 $\boldsymbol{A}=\begin{bmatrix}3&4&1\\0&2&0\\5&1&3\end{bmatrix}$,$\boldsymbol{B}=\begin{bmatrix}2&-1&3\\0&3&1\\0&0&0\end{bmatrix}$,求 $r(\boldsymbol{AB})$.

解

```
>>A=[3 4 1;0 2 0;5 1 3];
  B=[2 -1 3;0 3 1;0 0 0];
>>rank(A*B)
ans=
    2
```

3. 判定向量组线性相关或线性无关性,求极大无关组与秩

对给定向量组,判定其线性相关或线性无关性,如果线性无关求出其极大无关组并把其他向量用极大无关组线性表出.

方法是:首先将给定向量组按列排列为一个矩阵,然后调用 rref 函数求得其行阶梯形或行最简形形式,根据这个结果,可以判定其线性相关、线性无关,进而判定其极大无关组并将其他向量进行线性表出.

例 6.2.4　设有向量

$$\boldsymbol{v}_1=\begin{bmatrix}3\\-2\\2\\-1\end{bmatrix},\boldsymbol{v}_2=\begin{bmatrix}2\\-6\\4\\0\end{bmatrix},\boldsymbol{v}_3=\begin{bmatrix}4\\8\\-4\\-3\end{bmatrix},\boldsymbol{v}_4=\begin{bmatrix}1\\10\\-6\\-2\end{bmatrix},\boldsymbol{v}_5=\begin{bmatrix}1\\-1\\8\\5\end{bmatrix},\boldsymbol{v}_6=\begin{bmatrix}6\\-2\\4\\8\end{bmatrix}.$$

请分别判定向量组 $\boldsymbol{S}$:$\boldsymbol{v}_1,\boldsymbol{v}_2,\boldsymbol{v}_3,\boldsymbol{v}_4$;向量组 $\boldsymbol{T}$:$\boldsymbol{v}_4,\boldsymbol{v}_5,\boldsymbol{v}_6$ 和向量组 $\boldsymbol{ST}$:$\boldsymbol{v}_1,\boldsymbol{v}_2,\boldsymbol{v}_3,\boldsymbol{v}_4,\boldsymbol{v}_5,\boldsymbol{v}_6$ 的线性相关性,若线性相关,求出极大无关组并把其他向量用极大无关组进行线性表出.

解　考察向量组 S:

```
>>S=[3 2 4 1;-2 -6 8 10;2 4 -4 -6;-1 0 -3 -2];
>>rref(s)
ans=
```

```
    1  0  0  -1
    0  1  0  0
    0  0  1  1
    0  0  0  0
```

不难看出,其秩为 3,而向量个数为 4,所以向量组线性相关.从其最简行阶梯形形式中不难发现极大线性无关组可取 $\boldsymbol{v}_1,\boldsymbol{v}_2,\boldsymbol{v}_3$,且 $\boldsymbol{v}_4$ 可由 $\boldsymbol{v}_1,\boldsymbol{v}_2,\boldsymbol{v}_3$ 线性表出,表出式为

$$\boldsymbol{v}_4=-\boldsymbol{v}_1+0\boldsymbol{v}_2+1\boldsymbol{v}_3.$$

考察向量组 T:

```
>>T=[1  1  6;10  -1  -2;-6  8  4;-2  5  8];
>>rref(S)
ans=
    1  0  0
    0  1  0
    0  0  1
    0  0  0
```

不难看出,其秩为 3,而向量个数为 3,所以向量组线性无关.

考察向量组 ST:

```
>>ST= [S,T(:,2:3)]
ST=
     3    2    4    1    1    6
    -2   -6    8   10   -1   -2
     2    4   -4   -6    8    4
    -1    0   -3   -2    5    8
>>rref(ST)
ans=
    1  0  0  -1  0  -664/7
    0  1  0   0  0   535/7
    0  0  1   1  0   236/7
    0  0  0   0  1    20/7
```

不难看出,其秩为 4,而向量个数为 6,所以向量组 **ST** 线性相关.从其最简行阶梯形形式中不难发现极大无关组可取 $\boldsymbol{v}_1,\boldsymbol{v}_2,\boldsymbol{v}_3,\boldsymbol{v}_5$,且 $\boldsymbol{v}_4,\boldsymbol{v}_6$ 可由 $\boldsymbol{v}_1,\boldsymbol{v}_2,\boldsymbol{v}_3,\boldsymbol{v}_5$ 线性表出,表出式为

$$\boldsymbol{v}_4=-\boldsymbol{v}_1+0\boldsymbol{v}_2+1\boldsymbol{v}_3+0\boldsymbol{v}_5,\quad \boldsymbol{v}_6=-\frac{664}{7}\boldsymbol{v}_1+\frac{535}{7}\boldsymbol{v}_2+\frac{236}{7}\boldsymbol{v}_3+\frac{20}{7}\boldsymbol{v}_5.$$

4. 求解线性方程组

(1) 用 solve 函数求解线性方程组.

Matlab 提供了 solve 函数求解线性方程或代数方程组,调用格式为

[变量 1,变量 2,…,变量 M]=solve('方程 1','方程 2',…,'方程 N'),其中方程为以符号表达式表示的代数方程,如果是 N 个方程组成的方程组,则将所有的 N 个方程全部代入以求得方程组的解,即满足方程组的 M 个变量的值.

例 6.2.5　求解非齐次线性方程组 $\begin{cases} x_1+ax_2+a^2x_3=1, \\ x_1+bx_2+b^2x_3=1, \\ x_1+cx_2+c^2x_3=1, \end{cases}$ 其中 a,b,c 互异.

解
```
>>syms  a,b,c
>>syms  x1  x2  x3
>>eq1=sym('x1+a*x2+a^2*x3 = 1')
>>eq2=sym('x1+b*x2+b^2*x3=1')
>>eq3=sym('x1+c*x2+c^2*x3=1')
>>[x1  x2  x3]=solve(eq1,eq2,eq3)
x1=
  1
x2=
  0
x3=
  0
```

即原方程组的解为:$x_1=1,x_2=0,x_3=0$.

例 6.2.6　已知齐次线性方程组 $\begin{cases} \lambda x_1+x_2-x_3=0, \\ x_1+\lambda x_2-x_3=0, \\ 2x_1-x_2+x_3=0, \end{cases}$ λ 为何值时有非零解?

解
```
>>syms  lambda  D
>>D=syms('[lambda,1,-1;1,lambda,-1;2,-1,1]')
>>det(D)
ans=
  -2+lambda+lambda^2
>>solve(det(D))
ans =
  1
  -2
```

即 λ 取 1 或 −2 时原方程组系数行列式为 0,有非零解.

例 6.2.7　解非齐次线性方程组

$$\begin{cases} x_1+2x_2-2x_3=1, \\ 3x_1-\ x_2+2x_3=7, \\ 2x_1-3x_2-4x_3=5. \end{cases}$$

解

```
>>syms  x1  x2  x3
>>eq1=sym('x1+2*x2-2*x3=1')
>>eq2=sym('3*x1-x2+2*x3=7')
>>eq3=sym('2*x1-3*x2-4*x3=5')
>>[x1  x2  x3]=solve(eq1,eq2,eq3)
x1=
  59/28
x2=
  -3/7
x3=
  1/8
```

(2) 用 rref 函数求解线性方程组.

可以利用 Matlab 提供的化矩阵为行简化阶梯形形式求解线性方程组,其函数为 rref,调用格式为:rref(矩阵).将构成方程组的系数矩阵作为参数,可以求得其行简化阶梯形形式.

例 6.2.8 解齐次线性方程组

$$\begin{cases} x_1 \qquad\qquad\quad -6x_4=0, \\ 2x_1+x_2-2x_3-6x_4=0, \\ \qquad 2x_2 \qquad -12x_4=0. \end{cases}$$

解 其系数矩阵为

$$\begin{bmatrix} 1 & 0 & 0 & -6 \\ 2 & 1 & -2 & -6 \\ 0 & 2 & 0 & -12 \end{bmatrix},$$

```
>>A=[1  0  0  -6;2  1  -2  -6;0  2  0  -12];
>>rref(A)
ans=
     1  0  0  -6
     0  1  0  -6
     0  0  1  -6
```

即

$$\begin{cases} x_1-6x_4=0, \\ x_2-6x_4=0, \\ x_3-6x_4=0. \end{cases}$$

取 $x_4=1$，很容易得到方程组的解. 通解为 $\boldsymbol{x}=k(6,6,6,1)^{\mathrm{T}}$.

例 6.2.9　用 rref 函数求解例 6.2.7 的非齐次线性方程组.

解

```
>>format  rat
>>A=[1  2  -2  1;3  -1  2  7;2  -3  -4  5];
>>rref(A)
ans=
      1   0   0   59/28
      0   1   0   -3/7
      0   0   1    1/8
```

解得 $x_1=59/28$，$x_2=-3/7$，$x_3=1/8$.

(3) 求线性方程组的基础解系与通解.

Matlab 还提供了求给定线性方程组的基础解系的方法. 具体过程如下.

对齐次线性方程组 $\boldsymbol{Ax}=\boldsymbol{0}$：如果 $\boldsymbol{A}$ 为数值矩阵，调用 null(A,'r')；如果 $\boldsymbol{A}$ 为符号矩阵，调用 null(A)，若方程组有非零解，即可求其基础解系；如果无非零解，则显示无非零解信息.

对非齐次线性方程组 $\boldsymbol{Ax}=\boldsymbol{b}$，令 x= A\b 进行方程组求解，其结果可能有下述三种情况.

① 方程组无解：给出方程组无解的警告信息，并显示其解 x 为 inf.

② 方程组有唯一解：显示其解 x.

③ 方程组有无穷多解：可以求得一个特解，同时 Matlab 会提示方程组解不唯一；然后求解 $\boldsymbol{Ax}=\boldsymbol{0}$ 得其齐次线性方程组的基础解系，二者结合，可形成此非齐次线性方程组的通解.

例 6.2.10　$\boldsymbol{A}=\begin{bmatrix}1&2&2&0\\1&3&4&-2\\1&1&0&2\end{bmatrix}$，$\boldsymbol{b}=\begin{bmatrix}2\\3\\1\end{bmatrix}$，求解 $\boldsymbol{Ax}=\boldsymbol{b}$.

解

```
>>A=sym('[1  2  2  0;1  3  4  -2;1  1  0  2]');
>>b=sym('[2;  3;  1]');
>>x=A\b
Warning: System is rank deficient. Solution is not unique.
x=
[0]
[1]
[0]
[0]
```

即求得了一个特解.

```
>>null(A)
ans=
[2,   -4]
[-2,   2]
[1,    0]
[0,    1]
```

即求得 $\boldsymbol{Ax}=\boldsymbol{0}$ 的通解为：$\boldsymbol{x}_h=c_1(2,-2,1,0)^{\mathrm{T}}+c_2(-4,2,0,1)^{\mathrm{T}}(c_1,c_2\in\mathbf{R})$. 所以原非齐次线性方程组的通解为：$\boldsymbol{x}=c_1(2,-2,1,0)^{\mathrm{T}}+c_2(-4,2,0,1)^{\mathrm{T}}+(0,1,0,0)^{\mathrm{T}}$ $(c_1,c_2\in\mathbf{R})$.

5. 向量组正交化

可以利用 Matlab 提供的矩阵的正交分解函数 qr 将给定向量组规范正交化. 其调用格式为[Q　R]=qr(A)，其中“A”为给定向量组所组成的矩阵，返回值“Q”即为所求的规范(标准)正交向量组.

例 6.2.11　将向量组 $\boldsymbol{\alpha}_1=\begin{bmatrix}1\\1\\1\\1\end{bmatrix},\boldsymbol{\alpha}_2=\begin{bmatrix}1\\1\\1\\0\end{bmatrix},\boldsymbol{\alpha}_3=\begin{bmatrix}1\\1\\0\\0\end{bmatrix},\boldsymbol{\alpha}_4=\begin{bmatrix}1\\0\\0\\0\end{bmatrix}$ 规范正交化.

解

```
>>A=[1  1  1  1;1  1  1  0;1  1  0  0;1  0  0  0];
>>[Q  R]=qr(A)
Q=
    -0.5000   -0.2887    0.4082   -0.7071
    -0.5000   -0.2887    0.4082    0.7071
    -0.5000   -0.2887   -0.8165    0.0000
    -0.5000    0.8660    0         0.0000
```

其规范正交化向量组为

$$\boldsymbol{\eta}_1=-\begin{bmatrix}0.5\\0.5\\0.5\\0.5\end{bmatrix},\ \boldsymbol{\eta}_2=\begin{bmatrix}-0.2887\\-0.2887\\-0.2887\\0.8660\end{bmatrix},\ \boldsymbol{\eta}_3=\begin{bmatrix}0.4082\\0.4082\\-0.8165\\0\end{bmatrix},\ \boldsymbol{\eta}_4=\begin{bmatrix}-0.7071\\0.7071\\0\\0\end{bmatrix}.$$

6. 求方阵的特征值和特征向量

对给定方阵 $\boldsymbol{A}$，通过调用 eig 函数可以求得其特征值和特征向量. 具体调用格式为：[V　D]=eig(A). 其中 $\boldsymbol{V}$ 为求得的特征向量矩阵，$\boldsymbol{D}$ 为特征值向量，$\boldsymbol{A}$ 可以是符号矩阵或数值矩阵，当 $\boldsymbol{A}$ 是数值矩阵时，结果 $\boldsymbol{V}$ 为规范的(或单位化的)特征向量.

例 6.2.12 求矩阵 $A=\begin{bmatrix}1&1&1&1\\0&0&1&1\\0&0&1&0\\0&0&1&2\end{bmatrix}$ 的特征值和特征向量.

解

```
>>A=[1  1  1  1;0  0  1  1;0  0  1  0;0  0  1  2];
>>[V  D]= eig(A)
V=
    1.0000   -0.7071   0.8018        0
       0      0.7071   0.2673        0
       0         0        0      0.7071
       0         0     0.5345   -0.7071
D=
    1  0  0  0
    0  0  0  0
    0  0  2  0
    0  0  0  1
```

即其特征值为 1,0,2,1;对应的特征向量为

$$\begin{bmatrix}1\\0\\0\\0\end{bmatrix},\begin{bmatrix}-0.7071\\0.7071\\0\\0\end{bmatrix},\begin{bmatrix}0.8018\\0.2673\\0\\0.5345\end{bmatrix},\begin{bmatrix}0\\0\\0.7071\\-0.7071\end{bmatrix}.$$

例 6.2.13 求矩阵 $A=\begin{bmatrix}1&1&1&1\\0&0&1&1\\0&0&1&0\\0&0&1&2\end{bmatrix}$ 的特征值和特征向量.

解

```
>>syms lambda
>>A=[1  1  1  1;0  0  1  1;0  0  1  0;0  0  1  2];
>>B=A-lambda * eye(4)
B=
    [1-lambda,       1,          1,         1     ]
    [     0,     -lambda,        1,         1     ]
    [     0,         0,      1-lambda,      0     ]
    [     0,         0,          1,     2-lambda]
>>P=det(B)
```

```
P=
-(1-lambda)^2 * lambda * (2-lambda)
>>solve(P)(求多项式 P 的根)
ans=
    [1]
    [1]
    [0]
    [2]
```

即特征值为:1,1,0,2

```
>>B=A-1 * eye(4);
>>rref(B)
ans=
    0  1  0  0
    0  0  1  1
    0  0  0  0
    0  0  0  0
```

即对特征值 1,可以取其特征向量为:$(1,0,0,0)^T$,$(0,0,1,-1)^T$;

```
>>B=A-0 * eye(4);
>>rref(B)
ans=
    1  1  0  0
    0  0  1  0
    0  0  0  1
    0  0  0  0
```

即对特征值 0,可以取其特征向量为:$(1,-1,0,0)^T$;

```
>>B=A-2 * eye(4);
>>rref(B)
ans=
    1  0  0  -3/2
    0  1  0  -1/2
    0  0  1    0
    0  0  0    0
```

即对特征值 2,可以取其特征向量为:$[3/2,1/2,0,1]^T$;

练习 6.2

1. 计算：

(1) $\begin{vmatrix} x & y & x+y \\ y & x+y & x \\ x+y & x & y \end{vmatrix}$；(2) $\begin{vmatrix} a & b & c & 1 \\ b & c & a & 1 \\ c & a & b & 1 \\ b+c & c+a & a+b & 1 \end{vmatrix}$；

(3) $\begin{vmatrix} x+1 & 1 & 1 & 1 \\ 1 & 1-x & 1 & 1 \\ 1 & 1 & 1+y & 1 \\ 1 & 1 & 1 & 1-y \end{vmatrix}$.

2. 随机生成三个同阶方阵 $\boldsymbol{A},\boldsymbol{B},\boldsymbol{C}$，验证 $\boldsymbol{A}(\boldsymbol{B}+\boldsymbol{C})=\boldsymbol{AB}+\boldsymbol{AC}$.

3. 设 $f(x)=x^5+3x^3-2x+5$，以 $f(\boldsymbol{A})$表示矩阵多项式，即

$$f(\boldsymbol{A})=\boldsymbol{A}^5+3\boldsymbol{A}^3-2\boldsymbol{A}+5\boldsymbol{I},$$

那么当 $\boldsymbol{A}=\begin{bmatrix} 1 & 2 & 3 & 4 \\ 2 & 2 & 3 & 4 \\ 3 & 2 & 3 & 4 \\ 4 & 2 & 3 & 4 \end{bmatrix}$时，求 $f(\boldsymbol{A})$.

4. $\boldsymbol{A}=\begin{bmatrix} 1.5 & 2.4 & 3.1 \\ 2.3 & 4.5 & 5.6 \\ 3.8 & 4.0 & 5.0 \end{bmatrix}$，$\boldsymbol{B}=\begin{bmatrix} 1 & 2 & 3 \\ 1.5 & 2.5 & 3.5 \\ 2.5 & 3.5 & 4.5 \end{bmatrix}$，求 $\boldsymbol{AB}$，$\boldsymbol{BA}$，$\boldsymbol{A}^{\mathrm{T}}\boldsymbol{B}$ 及 $\boldsymbol{A}$ 的逆矩阵.

5. 求下列矩阵的秩：

$$\boldsymbol{A}=\begin{bmatrix} 2 & 3 & 4 & 5 \\ 0 & 1 & 5 & 6 \\ 0 & 0 & 7 & 8 \\ 0 & 0 & 5 & 3 \end{bmatrix},\quad \boldsymbol{B}=\begin{bmatrix} 1 & 2 & 3 & 4 \\ 2 & 4 & 6 & 8 \\ 3 & 5 & 7 & 9 \\ 4 & 6 & 8 & 10 \end{bmatrix},\quad \boldsymbol{C}=[\boldsymbol{A}\quad \boldsymbol{B}].$$

6. 求下列向量组的秩，并求出一个极大线性无关组：

$$\boldsymbol{\alpha}_1=\begin{bmatrix} 1 \\ 0 \\ 1 \\ 0 \\ 1 \end{bmatrix},\quad \boldsymbol{\alpha}_2=\begin{bmatrix} 0 \\ 1 \\ 0 \\ 1 \\ 0 \end{bmatrix},\quad \boldsymbol{\alpha}_3=\begin{bmatrix} 2 \\ 1 \\ 2 \\ 1 \\ 2 \end{bmatrix},\quad \boldsymbol{\alpha}_4=\begin{bmatrix} 2 \\ 1 \\ 0 \\ 1 \\ 2 \end{bmatrix}.$$

7. 用 solve 函数求解线性方程组

$$\begin{cases} x_1+2x_2-2x_3=1, \\ 3x_1-x_2+2x_3=7, \\ 2x_1-3x_2-4x_3=5. \end{cases}$$

8. 用 rref 函数求解线性方程组

$$\begin{cases} 20x_1+10x_2+20x_3+15x_4=70, \\ 5x_1+5x_2+10x_3+15x_4=35, \\ 5x_1+15x_2+5x_3+10x_4=35, \\ 8x_1+10x_2+10x_3+20x_4=50. \end{cases}$$

9. 表 6.5 是某股票在上海证券交易所过去 10 个月的收盘价.

表 6.5　某股票过去 10 个月的收盘价　　单位:元

月份	1	2	3	4	5	6	7	8	9	10
收盘价	4.53	5.02	3.01	5.60	5.52	5.00	4.51	3.00	4.42	5.00

请计算:

(1) 假定这些数据服从一阶线性变化模型($y=ax+b$),预测接下来 3 个月的收盘价.

(2) 假定这些数据服从二阶线性变化模型($y=ax^2+bx+c$),预测接下来 3 个月的收盘价.

(3) 假定这些数据服从三阶线性变化模型($y=ax^3+bx^2+cx+d$),预测接下来 3 个月的收盘价.

10. 求下列非齐次线性方程组的一个特解及对应的齐次线性方程组的基础解系.

$$\begin{cases} x_1+3x_3+x_4=2, \\ x_1-3x_2+x_4=-1, \\ 2x_1+x_2+7x_3+2x_4=5, \\ 4x_1+2x_2+14x_3=2. \end{cases}$$

11. 求矩阵 $\boldsymbol{A}$ 的特征值和特征向量,其中 $\boldsymbol{A}=\begin{bmatrix} 1 & -2 & -2 & -2 \\ -2 & 1 & -2 & -2 \\ -2 & -2 & 1 & -2 \\ -2 & -2 & -2 & 1 \end{bmatrix}$.

第7章　线性代数的应用

线性代数在生产、科研,以至于生活等诸方面都有着广泛的应用,除了本书前五章列举的应用外,这里再列举某些应用实例,旨在提高学生的学习兴趣和应用知识的能力.

7.1　矩阵的应用

7.1.1　矩阵在图论中的应用

图论是数学的一个重要的分支,其在科学研究、工程技术、经济管理等方面都有着极为广泛的应用.那么什么是图论呢?有关图论的第一篇论文是 Euler 关于七桥问题的研究.瑞士哥尼斯堡城有一条横贯全城的普雷格尔河,城的部分用七座桥连接,如图 7.1(a)所示.

每逢假日,城中居民进行环城逛游,于是就产生了一个问题,能否设计一次"遍游",使得从某地出发对每座跨河桥只走一次,而在遍历了七桥之后又能回到原地.

一般把每块陆地当成一个点,称为**顶点**或**节点**(或**结点**),桥当作边,将七桥图画成如图 7.1(b)所示的等价图.上述问题从数学的角度看,等价于:从任一**顶点**出发,历经每边仅一次又回到原来的**顶点**. Euler 经研究,圆满地回答了上述问题,即上述问题无解,稍后将给出一个判断此类问题有解无解的简单的判定法则.

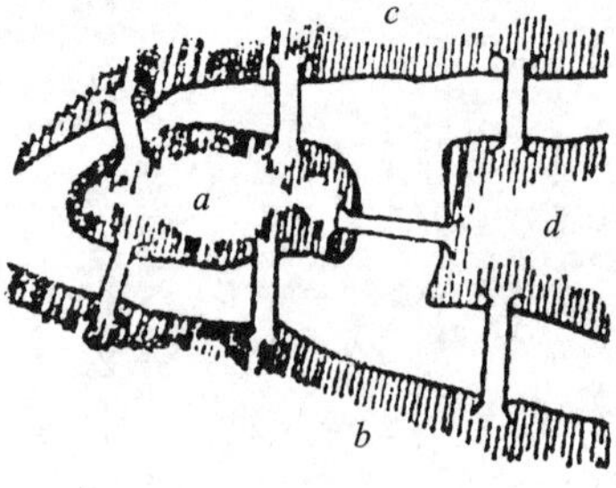

(a)

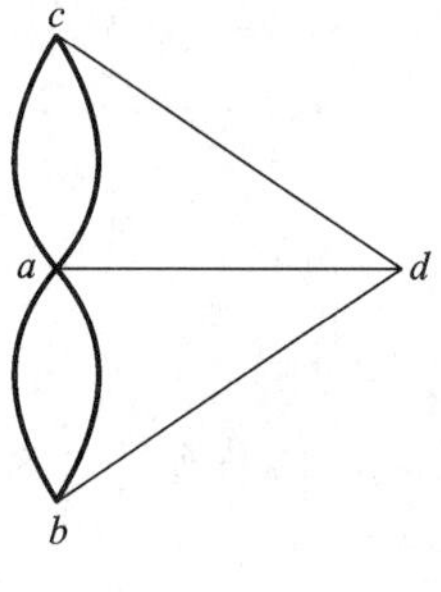

(b)

图 7.1　七桥图

所谓图是指由顶点集 V 及边集 E 所组成的图形.如图 7.2 所示,它是由 5 个顶点的顶点集 V 及 7 条边的边集 E 所组成的.一个图 G 可表示成 $G=<V,E>$.有些图与方向无关,称**无向图**,它的边用不含箭头的弧表示,如图 7.2 所示.而有些图与方向有关，称**有向图**，边用含箭头的弧线表示，如图 7.3 所示. 一般边由两个顶点连接而成，但也可由一个顶点和自身连接而成. 如图 7.2 中顶点 e 上的边，这种边称**环**或**自回路**. 无向图的边常表示成 (a,b)，有向图的边用 $\langle a,b\rangle$ 表示，其中 a,b 为顶点. 连接每个顶点的边数称该顶点的**度数**，顶点 v 的度数记 $\deg(v)$. 在图 7.2 中，$\deg(a)=3$；$\deg(b)=3$；$\deg(c)=2$；$\deg(d)=3$；$\deg(e)=3$（每个环视为 2 度）.

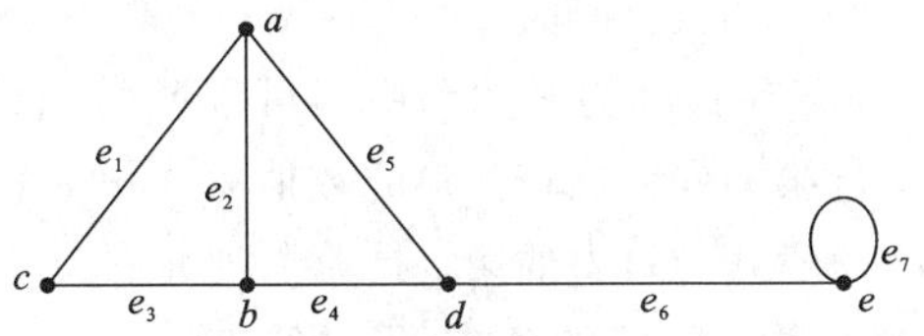

图 7.2　无向图

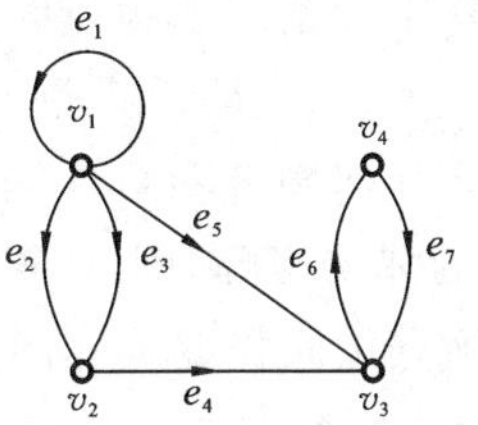

图 7.3　有向图

上面所说的图在科学、社会及工业活动中是广泛存在的. 如各种组织结构图，电路图，电流网络图，煤气、天然气管道图，城市道路交通图等. 与图有关的一个问题是所谓的“路”. 如图 7.2 所示，从顶点 a 出发经边 e_5，顶点 d，边 e_6 再到顶点 e 即是一条路. 从数学上看所谓路即顶点及边的交替序列，如上述路可表成 ae_5de_6e. 在一条路中边的数量称为该路的路长，如上述路长为 2. 在图中常需研究某两个顶点间是否存在路及找出最短路等问题. 这类问题在实际中显然是广泛存在的.

如果图 G 中任意两点之间都有路，则称该图是连通的，或称该图为**连通图**.

如果一个图存在着从某个顶点出发经过每边一次且仅一次又回到原来这个顶点的路，则称该图为**欧拉图**. 显然七桥问题可归结为判断该图是否为欧拉图的问题.

欧拉(Euler)给出了一个简明的判断法则：

定理 7.1　一个无向图是欧拉图的充分必要条件是该图是连通的，且所有顶点的度数为偶数.

在七桥问题中 $\deg(a)=5$，$\deg(b)=3$，$\deg(c)=3$，$\deg(d)=3$，都是奇数度，当然不是欧拉图，故无解.（关于这一问题的详细解答及与之相关的一些应用问题，有兴趣的读者请参看参考文献[1]）.

下面利用矩阵知识来解决关于图的顶点间是否有路及路长问题.

设图 $G=\langle V,E\rangle$ 为有向图，其中顶点集 $V=\{v_1,v_2,\cdots,v_n\}$，边集 $E=\{e_1,e_2,\cdots,e_m\}$.

如果 v_i 到 v_j 有一条长为 1 的路，则称 v_i 邻接到 v_j 或称 v_j 邻接于 v_i.

令 $a_{ij}^{(1)}$ 为 v_i 邻接到 v_j 边的条数，称 $(a_{ij}^{(1)})_{n\times n}$ 为 G 的**邻接矩阵**，记为 $\boldsymbol{A}(G)$. 邻接矩阵反映图中两顶点间是否邻接的情况. 换句话说它反映 G 中两顶点间是否有长为 1 的路.

例 7.1.1 在图 7.3 中

$$A(G)=(a_{ij}^{(1)})_{4\times 4}=\begin{bmatrix}1&2&1&0\\0&0&1&0\\0&0&0&1\\0&0&1&0\end{bmatrix},$$

上述矩阵中元素表示顶点间长为 1 的路的条数. 如 $a_{12}^{(1)}=2$ 表明 v_1 到 v_2 有两条长为 1 的路,$a_{11}^{(1)}=1$ 表明 v_1 到自身有一条长为 1 的自回路.

那么如何确定图 G 中有哪些点之间存在长度为 2 的路呢? 可以证明:如果$\boldsymbol{A}(G)$为图 G 的邻接矩阵,则 $\boldsymbol{A}^2(G)$中的第 i 行第 j 列元素$(i\neq j)$的数值等于第 i 个顶点与第 j 个顶点之间长度为 2 的路的条数. 一般 $\boldsymbol{A}^l(G)$中的第 i 行第 j 列元素$(i\neq j)$的数值等于第 i 个顶点与第 j 个顶点之间长度为 l 的路的条数. 经计算有:

$$\boldsymbol{A}^2(G)=\begin{bmatrix}1&2&3&1\\0&0&0&1\\0&0&1&0\\0&0&0&1\end{bmatrix},\quad \boldsymbol{A}^3(G)=\begin{bmatrix}1&2&4&3\\0&0&1&0\\0&0&0&1\\0&0&1&0\end{bmatrix},\quad \boldsymbol{A}^4(G)=\begin{bmatrix}1&2&6&4\\0&0&0&1\\0&0&1&0\\0&0&0&1\end{bmatrix}.$$

观察各矩阵不难发现:$a_{13}^{(2)}=3$,$a_{13}^{(3)}=4$,$a_{13}^{(4)}=6$,于是 G 中 v_1 到 v_3 长为 2 的通路有 3 条(分别是:$v_1e_2v_2e_4v_3$;$v_1e_3v_2e_4v_3$;$v_1e_1v_1e_5v_3$),长为 3 的通路有 4 条,长为 4 的通路有 6 条. 由于 $a_{11}^{(2)}=1$,$a_{11}^{(3)}=1$,$a_{11}^{(4)}=1$,可知,G 中 v_1 到自身长为 2,3,4 的回路各有一条(此时为复杂回路). 由于 $\sum\limits_{i,j}a_{ij}^{(2)}=10$,故 G 中长为 2 的通路总数为 10 条,其中有 3 条是回路.

7.1.2 确定比赛胜负

例 7.1.2 设有 5 个球队进行单循环赛,已知它们的比赛结果为:

1 队胜 2、3 队;2 队胜 3、4、5 队;4 队胜 1、3、5 队;5 队胜 1、3 队. 设按胜的次数多少算名次. 若两队胜的次数相同,则按直接胜与间接胜的次数之和的多少排名次. 所谓间接胜,即若 1 队胜 2 队,2 队胜 3 队,则称 1 队间接胜 3 队. 试为这 5 个队排出比赛名次.

按照上述排名次的原则,不难排出:2 队为冠军,4 队为亚军,3、4、5 名分别为 1、5、3 队. 问题是,如果参加比赛的队比较多,应如何解决这个问题.

可以用图论的方法排出比赛的名次. 如图 7.4 所示,用平面上的 5 个顶点 v_1,v_2,v_3,v_4,v_5 表示 5 个队. 如果 i 队胜 j 队,就画一条连接 v_i 与 v_j 的有向弧,从而可得有向图(见图 7.4). 其邻接矩阵为

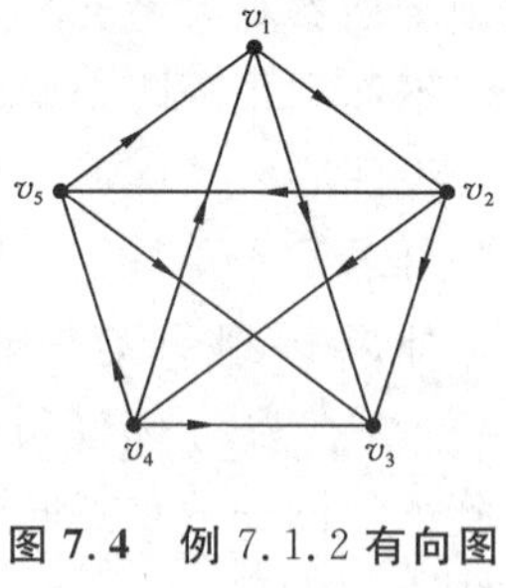

图 7.4 例 7.1.2 有向图

$$M=\begin{bmatrix}0&1&1&0&0\\0&0&1&1&1\\0&0&0&0&0\\1&0&1&0&1\\1&0&1&0&0\end{bmatrix}.$$

该邻接矩阵是一个元素为 1 或 0 的整数矩阵，其主对角元全为 0. 它的每一行代表一个队的比赛胜负情况. 每一行的和等于相应的队直接胜的次数. 由已知条件可知，应在第 2 队与第 4 队中确定冠亚军，在第 1 队与第 5 队中确定 3、4 名. 因此还需要计算各队间接胜的次数. 用图论的语言，即需计算各队之间长为 k 的路的条数. 由例 7.1.1 知，如 $M=(a_{ij})_{n\times n}$，则长为 k 的路的条数可由 $\boldsymbol{M}^k$ 中的元素来确定.

由此可见，要确定比赛的名次，先看矩阵 $\boldsymbol{M}$ 的各行之和，按和的大小确定比赛的名次. 若有两行或多行的元素和相同，则计算矩阵 $\boldsymbol{M}+\boldsymbol{M}^2$ 各行元素之和；若再出现有两行或多行的元素和相同，再计算 $\boldsymbol{M}+\boldsymbol{M}^2+\boldsymbol{M}^3$ 各行元素之和，依此类推.

上例中矩阵 $\boldsymbol{M}$ 的各行之和依次为 2，3，0，3，2.

以上数值排法为 2、4 队为第一梯队；1、5 队为第二梯队；3 队为第三梯队.

再求

$$\boldsymbol{M}^2=\begin{bmatrix}0&0&1&1&1\\2&0&2&0&1\\0&0&0&0&0\\1&1&2&0&0\\0&1&1&0&0\end{bmatrix},\quad \boldsymbol{M}+\boldsymbol{M}^2=\begin{bmatrix}0&1&2&1&1\\2&0&3&1&2\\0&0&0&0&0\\2&1&3&0&1\\1&1&2&0&0\end{bmatrix},$$

其各行之和为 5，8，0，7，4. 现 2、4 队仍并列，再计算

$$\boldsymbol{M}^3=\begin{bmatrix}2&0&2&0&1\\1&2&3&0&0\\0&0&0&0&0\\0&1&2&1&1\\0&0&1&1&1\end{bmatrix},\quad \boldsymbol{M}+\boldsymbol{M}^2+\boldsymbol{M}^3=\begin{bmatrix}2&1&4&1&2\\3&2&6&1&2\\0&0&0&0&0\\2&2&5&1&2\\1&1&3&1&1\end{bmatrix}.$$

其各行之和为 10，14，0，12，7. 由此可得排名如下：2 队，4 队，1 队，5 队，3 队.

7.2　线性方程组的应用

7.2.1　化学方程式的平衡问题

例 7.2.1　在光合作用过程中，植物利用太阳光照射将二氧化碳（CO_2）和水（H_2O）转化成葡萄糖（$C_6H_{12}O_6$）和氧（O_2）. 该反应的化学反应式具有下列形式：

$$x_1CO_2+x_2H_2O\longrightarrow x_3O_2+x_4C_6H_{12}O_6$$

为使反应式平衡,必须选择恰当的 x_1, x_2, x_3 及 x_4 才能使反应式两端的碳(C)原子、氢(H)原子及氧(O)原子数目相等. 由 CO_2 含一个 C 原子,而 $C_6H_{12}O_6$ 含 6 个 C 原子,为维持平衡,必须有

$$x_1 = 6x_4.$$

同样地,为了平衡 O 原子、H 原子,必须有

$$2x_1 + x_2 = 2x_3 + 6x_4,$$
$$2x_2 = 12x_4.$$

将所有未知量移至等号左边,那么将得到一个齐次线性方程组

$$\begin{cases} x_1 \qquad\qquad\quad - 6x_4 = 0, \\ 2x_1 + x_2 - 2x_3 - 6x_4 = 0, \\ \qquad 2x_2 \qquad\quad - 12x_4 = 0. \end{cases}$$

由 3.4 节定理 3.9 的推论 1 知方程组有非零解,为了使化学反应式两端平衡,必须找到一个每个分量均为正整数的解 $(x_1, x_2, x_3, x_4)^T$. 按通常解法可以取 x_4 作为自由未知量,且有

$$\begin{cases} x_1 = 6x_4, \\ x_2 = 6x_4, \\ x_3 = 6x_4. \end{cases}$$

特别地,取 $x_4 = 1$ 时,$x_1 = x_2 = x_3 = 6$. 此时化学反应式具有形式

$$6CO_2 + 6H_2O \longrightarrow 6O_2 + C_6H_{12}O_6$$

7.2.2 交通流量问题

例 7.2.2 设图 7.5 所示的是某一地区的公路交通网络图. 所有道路都是单行道,且道上不能停车,通行方向用箭头标明,标示的数字为高峰期每小时进出网络的车辆. 进入网络的车共有 800 辆,其等于离开网络的车辆总数. 另外,进入每个交叉点的车辆数等于离开该交叉点的车辆数,这两个交通流量平衡的条件都得到满足.

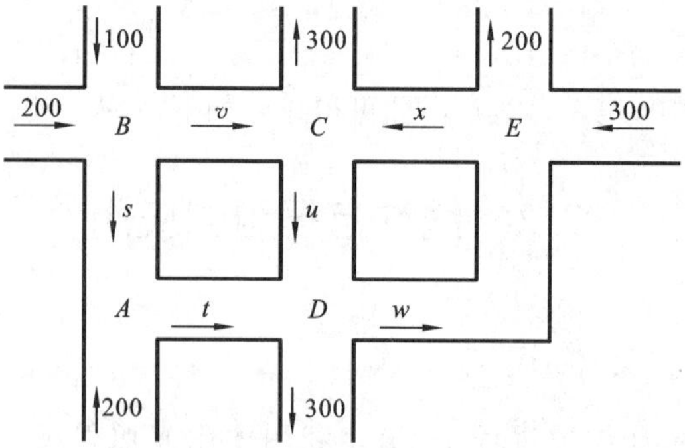

图 7.5 某一地区的公路交通网络图

若引入每小时通过图示各交通干道的车辆数 s,t,u,v,w 和 x(例如 s 就是每小时通过干道 BA 的车辆数等),则从交通流量平衡条件建立起的线性代数方程组,可得到网络交通流量的一些结论.

解　对每一个道路交叉点都可以写出一个流量平衡方程,例如对 A 点,从图上看,进入车辆数为 $200+s$,而离开车辆数为 t,于是有

对 A 点:$200+s=t$,

对 B 点:$200+100=s+v$,

对 C 点:$x+v=300+u$,

对 D 点:$u+t=300+w$,

对 E 点:$300+w=200+x$.

这样得到一个描述网络交通流量的线性代数方程组

$$\begin{cases} s-t=-200, \\ s+v=300, \\ -u+v+x=300, \\ t+u-w=300, \\ -w+x=100. \end{cases}$$

由此可得

$$\begin{cases} s=300-v, \\ t=500-v, \\ u=-300+v+x, \\ w=-100+x. \end{cases}$$

其中 v、x 可取任意值. 事实上,这就是方程组的解,当然也可将解写成

$$\begin{bmatrix} 300-k_1 \\ 500-k_1 \\ -300+k_1+k_2 \\ k_1 \\ -100+k_2 \\ k_2 \end{bmatrix}=\begin{bmatrix} 300 \\ 500 \\ -300 \\ 0 \\ -100 \\ 0 \end{bmatrix}+k_1\begin{bmatrix} -1 \\ -1 \\ 1 \\ 1 \\ 0 \\ 0 \end{bmatrix}+k_2\begin{bmatrix} 0 \\ 0 \\ 1 \\ 0 \\ 1 \\ 1 \end{bmatrix},$$

k_1,k_2 可取任意实数,方程组有无穷多个解.

但必须注意的是,方程组的解并非就是原问题的解,对于原问题,必须顾及各变量的实际意义为行驶经过某路段的车辆数,故必须为非负整数,从而有

$$\begin{gathered} s=300-k_1\geqslant 0, \\ t=500-k_1\geqslant 0, \\ u=-300+k_1+k_2\geqslant 0, \\ v=k_1\geqslant 0, \\ w=-100+k_2\geqslant 0, \\ x=k_2\geqslant 0. \end{gathered}$$

可知 k_1 是不超过 300 的非负整数，k_2 是不小于 100 的正整数，而且 k_1+k_2 不小于 300，所以方程组的无穷多个解中只有一部分是问题的解.

从上述讨论可知，若每小时通过 EC 段的车辆太少，不超过 100 辆，或者每小时通过 BC 及 EC 的车辆总数不到 300 辆，则交通平衡将被破坏.

7.2.3 投入产出模型

投入产出数学模型是由美国哈佛大学教授 Leontief(列昂剔夫)提出的，它是研究经济系统各部门间的“投入”与“产出”关系的一种线性模型.

1. 平衡方程

整个国民经济是一个由许多经济部门组成的有机整体，每一经济部门都有着双重身份：一方面作为生产部门，以自己的产品分配给其他部门作为生产资料或满足居民和社会的非生产性消费需要；另一方面作为消费者，每一部门在其生产过程中也要消耗各部门的产品及物质等. 因此，各部门间形成了一种复杂的相互交错的经济关系. 这种关系可以用部门联系平衡表给出. 部门联系平衡表采用棋盘表的形式，从生产和分配两个角度反映部门间的产品运动.

把整个国民经济分成 n 个物质生产部门，然后按照一定的次序排成一个棋盘表，如表 7.1 所示，此表通常是以货币表现进行平衡计算. 表中“最终产品”“总产品”等均指一个生产周期内(例如一年)产品的价值. 某部门的“总产品”或“总产量”则是指该部门总产量的“货币数值”. 某部门消耗另一部门的“产品”或“产品量”，则也是指产品的“货币数值”. 因而表 7.1 就是**价值型平衡模型**.

表 7.1 部门联系平衡表

<table>
<tr><td colspan="2" rowspan="3">部　门</td><td>消耗部门</td><td colspan="4">最终产品</td><td rowspan="3">总　产　品</td></tr>
<tr><td>部门间流量</td><td rowspan="2">消费</td><td rowspan="2">积累</td><td rowspan="2">出口</td><td rowspan="2">合计</td></tr>
<tr><td>1　2　…　n</td></tr>
<tr><td rowspan="4">生产部门</td><td>1</td><td>$x_{11}, x_{12}, \cdots, x_{1n}$</td><td></td><td></td><td></td><td>y_1</td><td>x_1</td></tr>
<tr><td>2</td><td>$x_{21}, x_{22}, \cdots, x_{2n}$</td><td></td><td></td><td></td><td>y_2</td><td>x_2</td></tr>
<tr><td>⋮</td><td>⋮　⋮　⋮</td><td></td><td></td><td></td><td>⋮</td><td>⋮</td></tr>
<tr><td>n</td><td>$x_{n1}, x_{n2}, \cdots, x_{nn}$</td><td></td><td></td><td></td><td>y_n</td><td>x_n</td></tr>
<tr><td rowspan="3">净产品价值</td><td>劳动报酬</td><td>$v_1, v_2, \cdots, v_n$</td><td></td><td></td><td></td><td></td><td></td></tr>
<tr><td>纯收入</td><td>$m_1, m_2, \cdots, m_n$</td><td></td><td></td><td></td><td></td><td></td></tr>
<tr><td>合计</td><td>$z_1, z_2, \cdots, z_n$</td><td></td><td></td><td></td><td></td><td></td></tr>
<tr><td colspan="2">总产品价值</td><td>$x_1, x_2, \cdots, x_n$</td><td></td><td></td><td></td><td></td><td></td></tr>
</table>

表中 $x_1, x_2, \cdots, x_n$ 分别表示第 1，第 2，…，第 n 生产部门的总产品或相应消耗部门的总产品价值.

表中左上角部分(或称第一象限)由 n 个部门交叉组成，例如第 2 行是燃料工业部门,第 2 列也是燃料工业部门等.

表中 $x_{ij}(i,j=1,2,\cdots,n)$ 称为部门间的流量,它表示第 j 部门所消耗第 i 部门的产品,也可以说是第 i 部门分配给第 j 部门的产品.

从表的行来看,例如第 i 行,它指出第 i 生产部门对各部门生产上的分配;从表的列来看,例如第 j 列,它指出第 j 部门作为消耗部门,它在产品生产上对各部门产品的消耗.

这一部分反映了国民经济物质生产部门之间的技术性联系,它是部门间平衡表的最基本部分.

表中右上角部分(或称第二象限),每一行反映了某一部门从总产品中扣除了补偿生产消耗后的余量,即不参加本期生产周转的最终产品的分配情况. 其中 y_1, y_2,…,y_n 分别表示第 1,第 2,…,第 n 生产部门的最终产品,它用于整体或个人的消费、生产和非生产性积累、储备和出口等方面.

表中左下角部分(或称第三象限),每一列指出了该部门新创造的价值(净产值),其中 z_1,z_2,…,z_n 分别表示第 1,第 2,…,第 n 部门的净产值,它包括工资、利润等.

表中右下角部分(或称第四象限)反映国民收入的再分配,如非生产部门工作者的工资、非生产性事业和组织的收入等.

从表 7.1 的行来看,第一、二象限的每一行有一个等式,即每一个生产部门分配给各部门的生产性消耗加上该部门的最终产品应等于它的总产品,即

$$\begin{cases} x_1=x_{11}+x_{12}+\cdots+x_{1n}+y_1, \\ x_2=x_{21}+x_{22}+\cdots+x_{2n}+y_2, \\ \quad\vdots \\ x_n=x_{n1}+x_{n2}+\cdots+x_{nn}+y_n. \end{cases} \tag{7.1.1}$$

用求和号表示可以写为

$$x_i=\sum_{j=1}^{n}x_{ij}+y_i,\quad i=1,2,\cdots,n. \tag{7.1.2}$$

这个方程组称为**分配平衡方程组**.

从表 7.1 的列来看,第一、三象限的每一列也有一个等式,即对每一个消耗部门来说,各部门为它提供的生产消耗加上该部门新创造的价值应等于它的总产品价值,即

$$\begin{cases} x_1=x_{11}+x_{21}+\cdots+x_{n1}+z_1, \\ x_2=x_{12}+x_{22}+\cdots+x_{n2}+z_2, \\ \quad\vdots \\ x_n=x_{1n}+x_{2n}+\cdots+x_{nn}+z_n. \end{cases} \tag{7.1.3}$$

用求和号表示可以写为

$$x_j=\sum_{i=1}^{n}x_{ij}+z_j,\quad j=1,2,\cdots,n. \tag{7.1.4}$$

这个方程组称**消耗平衡方程组**.

由式(7.1.2)和式(7.1.4)可以推得如下几个关系式：

$$\sum_{j=1}^{n} x_{kj} + y_k = \sum_{i=1}^{n} x_{ik} + z_k, \quad k = 1,2,\cdots,n. \tag{7.1.5}$$

但一般来说

$$\sum_{j=1}^{n} x_{kj} \neq \sum_{i=1}^{n} x_{ik}, \quad y_k \neq z_k, \quad k = 1,2,\cdots,n.$$

另外，显然有

$$\sum_{i=1}^{n}\left(\sum_{j=1}^{n} x_{ij} + y_i\right) = \sum_{j=1}^{n}\left(\sum_{i=1}^{n} x_{ij} + z_j\right), \tag{7.1.6}$$

因为等式两边都是社会总产品，于是有

$$\sum_{i=1}^{n}\sum_{j=1}^{n} x_{ij} + \sum_{i=1}^{n} y_i = \sum_{j=1}^{n}\sum_{i=1}^{n} x_{ij} + \sum_{j=1}^{n} z_j.$$

根据总和量的性质，有

$$\sum_{i=1}^{n}\sum_{j=1}^{n} x_{ij} = \sum_{j=1}^{n}\sum_{i=1}^{n} x_{ij},$$

因此可得

$$\sum_{i=1}^{n} y_i = \sum_{j=1}^{n} z_j. \tag{7.1.7}$$

这表明各部门的最终产品总和等于各部门新创造的价值的总和(即国民收入).

2. 直接消耗系数

(1) 直接消耗系数的概念.

如果把电力部门作为第 3 部门，燃料部门作为第 2 部门，设电力部门每年总产品价值 3 亿元，而电力部门每年消耗掉燃料部门 2400 万元燃料，那么电力部门每生产价值为 1 元的电，直接消耗燃料部门$\frac{2400}{30000}=0.08$元的燃料. 这个比值 0.08，就是电力部门对燃料部门的直接消耗系数，记作 a_{23}，即

$$a_{23}=\frac{2400}{30000}=0.08.$$

定义 7.1　第 j 部门生产单位产品直接消耗第 i 部门的产品量，称为第 j 部门对第 i 部门的直接消耗系数，以 a_{ij} 表示，即

$$a_{ij}=\frac{x_{ij}}{x_j}, \quad i=1,2,\cdots,n; j=1,2,\cdots,n. \tag{7.1.8}$$

换句话讲，a_{ij} 就是第 j 部门生产单位产品所需要第 i 部门直接分配给第 j 部门的产品量.

物质部门之间的直接消耗系数，基本是技术性的，因此是相对稳定的，通常也称作**技术参数**.

各部门间的直接消耗系数构成的 n 阶矩阵

$$A=\begin{bmatrix} a_{11} & a_{12} & \cdots & a_{1n} \\ a_{21} & a_{22} & \cdots & a_{2n} \\ \vdots & \vdots & & \vdots \\ a_{n1} & a_{n2} & \cdots & a_{nn} \end{bmatrix}$$

称为**直接消耗系数矩阵**.

(2) 平衡方程组的矩阵表示.

将 $x_{ij}=a_{ij}x_j$ 代入分配平衡方程组(7.1.1),得

$$\begin{cases} x_1=a_{11}x_1+a_{12}x_2+\cdots+a_{1n}x_n+y_1, \\ x_2=a_{21}x_1+a_{22}x_2+\cdots+a_{2n}x_n+y_2, \\ \quad\vdots \\ x_n=a_{n1}x_1+a_{n2}x_2+\cdots+a_{nn}x_n+y_n. \end{cases} \tag{7.1.9}$$

或写为
$$x_i=\sum_{j=1}^{n}a_{ij}x_j+y_i,\quad i=1,2,\cdots,n. \tag{7.1.10}$$

设
$$X=(x_1,\cdots,x_n)^{\mathrm{T}},\quad Y=(y_1,\cdots,y_n)^{\mathrm{T}},$$

则方程组(7.1.10)可以写成矩阵形式

$$X=AX+Y, \tag{7.1.11}$$

或
$$(I-A)X=Y. \tag{7.1.12}$$

将 $x_{ij}=a_{ij}x_j$ 代入消耗平衡方程组(7.1.3),得

$$\begin{cases} x_1=a_{11}x_1+a_{21}x_1+\cdots+a_{n1}x_1+z_1, \\ x_2=a_{12}x_2+a_{22}x_2+\cdots+a_{n2}x_2+z_2, \\ \quad\vdots \\ x_n=a_{1n}x_n+a_{2n}x_n+\cdots+a_{nn}x_n+z_n, \end{cases} \tag{7.1.13}$$

或写为
$$x_j=\sum_{i=1}^{n}a_{ij}x_j+z_j,\quad j=1,2,\cdots,n. \tag{7.1.14}$$

设
$$D=\begin{bmatrix} \sum\limits_{i=1}^{n}a_{i1} & & & \\ & \sum\limits_{i=1}^{n}a_{i2} & & \\ & & \ddots & \\ & & & \sum\limits_{i=1}^{n}a_{in} \end{bmatrix},\quad Z=\begin{bmatrix} z_1 \\ z_2 \\ \vdots \\ z_n \end{bmatrix},$$

则方程组(7.1.13)可以写成矩阵形式

$$X=DX+Z, \tag{7.1.15}$$

或
$$(I-D)X=Z. \tag{7.1.16}$$

(3) 直接消耗系数的性质.

直接消耗系数 $a_{ij}=\dfrac{x_{ij}}{x_j}$有如下性质.

① $0\leqslant a_{ij}\leqslant 1,\quad i,j=1,2,\cdots,n.$

② $\sum\limits_{i=1}^{n}|a_{ij}|<1,\quad j=1,2,\cdots,n.$

3. 平衡方程组的解

(1) 解消耗平衡方程组.

在消耗平衡方程组

$$x_j=\sum_{i=1}^{n}a_{ij}x_j+z_j,\quad j=1,2,\cdots,n$$

中,如果消耗系数 a_{ij} 为已知,则每一个方程中只有两个变量 x_j 与 z_j,如果已知其中一个,可以很容易地解出另一个.

① 如已知 x_j,则 $z_j=(1-\sum\limits_{i=1}^{n}a_{ij})x_j,\quad j=1,2,\cdots,n.$

② 如已知 z_j,那么 $x_j=\dfrac{z_j}{1-\sum\limits_{i=1}^{n}a_{ij}},\quad j=1,2,\cdots,n.$

(2) 解分配平衡方程组.

在分配平衡方程组

$$x_i=\sum_{j=1}^{n}a_{ij}x_j+y_i,\quad i=1,2,\cdots,n$$

中有 n 个方程,如果 a_{ij} 为已知,则有 $2n$ 个变量 $x_1,x_2,\cdots,x_n;y_1,y_2,\cdots,y_n$,每一个方程中有 $n+1$ 个变量.

① 如果已知 x_i,则 $y_i=x_i-\sum\limits_{i=1}^{n}a_{ij}x_j,\quad i=1,2,\cdots,n.$

② 如果已知 y_i,要求 x_i 就成为解含 n 个未知量、n 个方程的线性方程组.由下面定理可知该方程组存在非负解 $x_i,i=1,2,\cdots,n.$

定理 7.2 如果 n 阶矩阵 $\boldsymbol{A}=(a_{ij})$具有如下性质:

(1) $0\leqslant a_{ij}\leqslant 1$,

(2) $\sum\limits_{i=1}^{n}|a_{ij}|<1,\ j=1,2,\cdots,n$,

那么,方程$(\boldsymbol{I}-\boldsymbol{A})\boldsymbol{X}=\boldsymbol{Y}$,当 $\boldsymbol{Y}$ 已知且非负时,$\boldsymbol{X}$ 存在非负解.

证 略.

下面讨论当各部门最终产品 y_i 已知时,解分配平衡方程组即求各部门总产品 x_i 的问题.

设消耗系数矩阵 $\boldsymbol{A}$ 不变,则分配平衡方程为

$$X=AX+Y.$$

因矩阵 $\boldsymbol{A}$ 满足 $0\leqslant a_{ij}\leqslant 1$，$\sum_{i=1}^{n}|a_{ij}|<1$，由定理 7.2 知，计划期分配平衡方程有非负解，

$$X=(I-A)^{-1}Y.$$

具体方程求解时可用迭代法来求(见参考文献[2]).

例 7.2.3　设有一个经济系统包括三个部门，在某一个生产周期内各部门间的消耗系数及最终产品如表 7.2 所示.

表 7.2　各部门间的消耗系数及最终产品

消耗部门	消耗系数			最终产品
生产部门	1	2	3	
1	0.25	0.1	0.1	245
2	0.2	0.2	0.1	90
3	0.1	0.1	0.2	175

求各部门的总产品及部门间的流量.

解　设 $x_i(i=1,2,3)$ 表示第 i 部门总产品，已知

$$A=(a_{ij})=\begin{bmatrix}0.25 & 0.1 & 0.1\\0.2 & 0.2 & 0.1\\0.1 & 0.1 & 0.2\end{bmatrix},$$

代入平衡方程组，得

$$\begin{cases}x_1=0.25x_1+0.1x_2+0.1x_3+245,\\x_2=0.2x_1+0.2x_2+0.1x_3+90,\\x_3=0.1x_1+0.1x_2+0.2x_3+175.\end{cases}$$

由迭代法解得　$X=(400,250,300).$

由此计算出部门间流量为

$$x_{11}=100,\quad x_{12}=25,\quad x_{13}=30,\quad x_{21}=80,$$
$$x_{22}=50,\quad x_{23}=30,\quad x_{31}=40,\quad x_{32}=25,\quad x_{33}=60.$$

将所求得的各部门的总产品及部门流量列表，如表 7.3 所示.

表 7.3　各部门的总产品及部门流量

消耗部门 生产部门	1	2	3	Y	X	备注
1	100	25	30	245	400	
2	80	50	30	90	250	
3	40	25	60	175	300	

关于投入产出模型就介绍到这里，对此有兴趣的读者可参考这方面的有关资料.

7.3 向量组的极大无关组的应用

最少的调味品的种类问题.

例 7.3.1 某调料公司用 7 种成分来制造多种调味品. 表 7.4 列出了 6 种调味品 A,B,C,D,E,F 每包所需各成分的量.

表 7.4 6 种调味品所需各成分的量 单位:盎司

成分	A	B	C	D	E	F
红辣椒	3	1.5	4.5	7.5	9	4.5
姜黄	2	4	0	8	1	6
胡椒	1	2	0	4	2	3
欧莳萝	1	2	0	4	1	3
大蒜粉	0.5	1	0	2	2	1.5
盐	0.5	1	0	2	2	1.5
丁香油	0.25	0.5	0	2	1	0.75

(1) 一个顾客为了避免购买全部 6 种调味品，他可以只购买其中的一部分并用它配制出其余几种调味品. 为了能配制出其余几种调味品，这位顾客必须购买的最少的调味品的种类是多少？写出所需最少的调味品的集合.

(2) (1)中得到的最少调味品集合是否唯一？能否找到另一个最少调味品集合？

(3) 利用在(1)中找到的最少调味品的集合，按下列成分配制一种新的调味品(见表 7.5).

表 7.5 成分 1

红辣椒	姜黄	胡椒	欧莳萝	大蒜粉	盐	丁香油
18	18	9	9	4.5	4.5	3.25

写下每种调味品所要的包数.

(4) 6 种调味品每包的价格如表 7.6 所示.

表 7.6 6 种调味品每包的价格 单位:元

A	B	C	D	E	F
2.30	1.15	1.00	3.20	2.50	3.00

利用(1)、(2)中所找到的最少调味品集合，计算(3)中配制的新调味品的价格.

(5) 另一个顾客希望按下列成分配制一种调味品(见表 7.7).

表 7.7　成分 2

红辣椒	姜黄	胡椒	欧莳萝	大蒜粉	盐	丁香油
12	14	7	7	35	35	175

他要购买的最少调味品集合是什么？

(6) 在这个大题目中，总共用到了哪些知识点，请列出它们.

解　若分别记 6 种调味品各自的成分列向量为 $\boldsymbol{\alpha}_1,\boldsymbol{\alpha}_2,\boldsymbol{\alpha}_3,\boldsymbol{\alpha}_4,\boldsymbol{\alpha}_5,\boldsymbol{\alpha}_6$，则

(1) 依题意，本小题实际上就是要找出 $\boldsymbol{\alpha}_1,\boldsymbol{\alpha}_2,\boldsymbol{\alpha}_3,\boldsymbol{\alpha}_4,\boldsymbol{\alpha}_5,\boldsymbol{\alpha}_6$ 的一个极大无关组，记 $\boldsymbol{M}=(\boldsymbol{\alpha}_1,\boldsymbol{\alpha}_2,\boldsymbol{\alpha}_3,\boldsymbol{\alpha}_4,\boldsymbol{\alpha}_5,\boldsymbol{\alpha}_6)$，可对 $\boldsymbol{M}$ 作初等行变换，将其化成行最简形：

$$\boldsymbol{M}=\begin{bmatrix} 3 & 1.5 & 4.5 & 7.5 & 9 & 4.5 \\ 2 & 4 & 0 & 8 & 1 & 6 \\ 1 & 2 & 0 & 4 & 2 & 3 \\ 1 & 2 & 0 & 4 & 1 & 3 \\ 0.5 & 1 & 0 & 2 & 2 & 1.5 \\ 0.5 & 1 & 0 & 2 & 2 & 1.5 \\ 0.25 & 0.5 & 0 & 2 & 1 & 0.75 \end{bmatrix} \Longrightarrow \begin{bmatrix} 1 & 0 & 2 & 0 & 0 & 1 \\ 0 & 1 & -1 & 0 & 0 & 1 \\ 0 & 0 & 0 & 1 & 0 & 0 \\ 0 & 0 & 0 & 0 & 1 & 0 \\ 0 & 0 & 0 & 0 & 0 & 0 \\ 0 & 0 & 0 & 0 & 0 & 0 \\ 0 & 0 & 0 & 0 & 0 & 0 \end{bmatrix}$$

容易得到向量组 $\boldsymbol{\alpha}_1,\boldsymbol{\alpha}_2,\boldsymbol{\alpha}_3,\boldsymbol{\alpha}_4,\boldsymbol{\alpha}_5,\boldsymbol{\alpha}_6$ 的秩为 4，且极大无关组有 6 个：$\boldsymbol{\alpha}_1,\boldsymbol{\alpha}_2,\boldsymbol{\alpha}_4,\boldsymbol{\alpha}_5$；$\boldsymbol{\alpha}_2,\boldsymbol{\alpha}_3,\boldsymbol{\alpha}_4,\boldsymbol{\alpha}_5$；$\boldsymbol{\alpha}_1,\boldsymbol{\alpha}_3,\boldsymbol{\alpha}_4,\boldsymbol{\alpha}_5$；$\boldsymbol{\alpha}_1,\boldsymbol{\alpha}_6,\boldsymbol{\alpha}_4,\boldsymbol{\alpha}_5$；$\boldsymbol{\alpha}_2,\boldsymbol{\alpha}_6,\boldsymbol{\alpha}_4,\boldsymbol{\alpha}_5$；$\boldsymbol{\alpha}_3,\boldsymbol{\alpha}_6,\boldsymbol{\alpha}_4,\boldsymbol{\alpha}_5$. 但由于问题的实际意义，只有当其余两个向量在由该极大无关组线性表示时的系数均为非负，才切实可行.

由于取 $\boldsymbol{\alpha}_2,\boldsymbol{\alpha}_3,\boldsymbol{\alpha}_4,\boldsymbol{\alpha}_5$ 为极大无关组时，有

$$\boldsymbol{\alpha}_1=\frac{1}{2}\boldsymbol{\alpha}_2+\frac{1}{2}\boldsymbol{\alpha}_3+0\boldsymbol{\alpha}_4+0\boldsymbol{\alpha}_5,\quad \boldsymbol{\alpha}_6=\frac{3}{2}\boldsymbol{\alpha}_2+\frac{1}{2}\boldsymbol{\alpha}_3+0\boldsymbol{\alpha}_4+0\boldsymbol{\alpha}_5,$$

所以可以用 B、C、D、E 四种调味品作为最少调味品集合.

(2) 由(1)中的分析，以及 $\boldsymbol{\alpha}_4,\boldsymbol{\alpha}_5$ 在极大无关组中的不可替代性，极大无关组中另两个向量只能从 $\boldsymbol{\alpha}_1,\boldsymbol{\alpha}_2,\boldsymbol{\alpha}_3,\boldsymbol{\alpha}_6$ 中推选，而从 $\boldsymbol{\alpha}_1,\boldsymbol{\alpha}_6$ 用 $\boldsymbol{\alpha}_2,\boldsymbol{\alpha}_3,\boldsymbol{\alpha}_4,\boldsymbol{\alpha}_5$ 的线性表达式可以看出，任何移项的动作都将会使系数变成负数，从而失去意义. 故(1)中的最少调味品集合唯一.

(3) 记 $\boldsymbol{\beta}=(18,18,9,9,4.5,4.5,3.25)^{\mathrm{T}}$，则问题转化为 $\boldsymbol{\beta}$ 能否由 $\boldsymbol{\alpha}_2,\boldsymbol{\alpha}_3,\boldsymbol{\alpha}_4,\boldsymbol{\alpha}_5$ 线性表示.

$$\text{由}(\boldsymbol{\alpha}_2,\boldsymbol{\alpha}_3,\boldsymbol{\alpha}_4,\boldsymbol{\alpha}_5,\boldsymbol{\beta})\Longrightarrow\left[\begin{array}{cccc:c} 1 & 0 & 0 & 0 & 2.5 \\ 0 & 1 & 0 & 0 & 1.5 \\ 0 & 0 & 1 & 0 & 1 \\ 0 & 0 & 0 & 1 & 0 \\ 0 & 0 & 0 & 0 & 0 \\ 0 & 0 & 0 & 0 & 0 \\ 0 & 0 & 0 & 0 & 0 \end{array}\right],\text{得 }\boldsymbol{\beta}=2.5\boldsymbol{\alpha}_2+1.5\boldsymbol{\alpha}_3+1\boldsymbol{\alpha}_4.$$

即知一包新调味品可由 2.5 包 B、1.5 包 C 加上 1 包 D 调味品配制而成.

(4) 依题意,易知(3)中的新调味品一包的价格应为

$$1.15\times 2.5+1.00\times 1.5+3.20\times 1=7.575(\text{元})$$

(5) 类似于(3),记 $\boldsymbol{\gamma}=(12,14,7,7,35,35,175)^{\mathrm{T}}$,由

$$(\boldsymbol{\alpha}_2,\boldsymbol{\alpha}_3,\boldsymbol{\alpha}_4,\boldsymbol{\alpha}_5,\boldsymbol{\gamma})\Longrightarrow\left[\begin{array}{cccc:c}1&0&0&0&-595\\0&1&0&0&-333/2\\0&0&1&0&315/2\\0&0&0&1&0\\0&0&0&0&1\\0&0&0&0&0\\0&0&0&0&0\end{array}\right]$$

即知 $\boldsymbol{\gamma}$ 不能由 $\boldsymbol{\alpha}_2,\boldsymbol{\alpha}_3,\boldsymbol{\alpha}_4,\boldsymbol{\alpha}_5$ 线性表示,亦即此种调味品不能由(1)中的最少调味品集合来配制,进而此种调味品找不到最少调味品集合.

(6) 本题用到的知识点有:线性无关、极大无关组、线性表示等等.

7.4 特征值与特征向量的应用

7.4.1 环境保护与工业发展问题

例 7.4.1 为了定量分析工业发展与环境污染的关系,某地区提出如下增长模型:设 x_0 是该地区目前的污染损耗(由土壤、河流、湖泊及大气等污染指数测得),y_0 是该地区的工业产值.以 4 年为一个发展周期,一个周期后的污染损耗和工业产值分别记为 x_1 和 y_1,它们之间的关系是

$$x_1=\frac{8}{3}x_0-\frac{1}{3}y_0,\quad y_1=\frac{-2}{3}x_0+\frac{7}{3}y_0,$$

写成矩阵形式就是

$$\begin{bmatrix}x_1\\y_1\end{bmatrix}=\begin{bmatrix}\frac{8}{3}&-\frac{1}{3}\\-\frac{2}{3}&\frac{7}{3}\end{bmatrix}\begin{bmatrix}x_0\\y_0\end{bmatrix}\quad\text{或}\quad\boldsymbol{\alpha}_1=\boldsymbol{A}\boldsymbol{\alpha}_0,$$

其中 $\boldsymbol{\alpha}_1=\begin{bmatrix}x_1\\y_1\end{bmatrix}$,$\boldsymbol{\alpha}_0=\begin{bmatrix}x_0\\y_0\end{bmatrix}$为当前水平,

$$\boldsymbol{A}=\begin{bmatrix}\frac{8}{3}&-\frac{1}{3}\\-\frac{2}{3}&\frac{7}{3}\end{bmatrix}.$$

记 x_k 和 y_k 为第 k 个周期后的污染损耗和工业产值,则此增长模型为

$$\begin{cases} x_k=\frac{8}{3}x_{k-1}-\frac{1}{3}y_{k-1}, \\ y_k=-\frac{2}{3}x_{k-1}+\frac{7}{3}y_{k-1}, \end{cases} \quad k=1,2,\cdots,$$

即 $\begin{bmatrix} x_k \\ y_k \end{bmatrix}=\frac{1}{3}\begin{bmatrix} 8 & -1 \\ -2 & 7 \end{bmatrix}\begin{bmatrix} x_{k-1} \\ y_{k-1} \end{bmatrix}$ 或 $\boldsymbol{\alpha}_k=\boldsymbol{A}\boldsymbol{\alpha}_{k-1}, k=1,2,\cdots$.

由此模型及当前的水平 $\boldsymbol{\alpha}_0$，可以预测若干发展周期后的水平：

$$\boldsymbol{\alpha}_1=\boldsymbol{A}\boldsymbol{\alpha}_0,\ \boldsymbol{\alpha}_2=\boldsymbol{A}\boldsymbol{\alpha}_1=\boldsymbol{A}^2\boldsymbol{\alpha}_0,\cdots,\boldsymbol{\alpha}_k=\boldsymbol{A}^k\boldsymbol{\alpha}_0,$$

如果直接计算 $\boldsymbol{A}$ 的各次幂，计算将十分烦琐. 而利用矩阵特征值和特征向量的有关性质，不但使计算大大简化，而且模型的结构和性质也更为清晰. 为此，先计算 $\boldsymbol{A}$ 的特征值.

$\boldsymbol{A}$ 的特征多项式为

$$|\boldsymbol{A}-\lambda\boldsymbol{I}|=\begin{vmatrix} \frac{8}{3}-\lambda & -\frac{1}{3} \\ -\frac{2}{3} & \frac{7}{3}-\lambda \end{vmatrix}=\lambda^2-5\lambda+6,$$

所以，$\boldsymbol{A}$ 的特征值为 $\lambda_1=2,\lambda_2=3$.

对于特征值 $\lambda_1=2$，解齐次线性方程组 $(\boldsymbol{A}-2\boldsymbol{I})\boldsymbol{X}=\boldsymbol{0}$，可得 $\boldsymbol{A}$ 的属于 $\lambda_1=2$ 的一个特征向量 $\boldsymbol{P}_1=(1,2)^{\mathrm{T}}$.

对于特征值 $\lambda_2=3$，解齐次线性方程组 $(\boldsymbol{A}-3\boldsymbol{I})\boldsymbol{X}=\boldsymbol{0}$，可得 $\boldsymbol{A}$ 的属于 $\lambda_2=3$ 的一个特征向量 $\boldsymbol{P}_2=(1,-1)^{\mathrm{T}}$.

如果当前的水平 $\boldsymbol{\alpha}_0$ 恰好等于 $\boldsymbol{P}_1$，则 $k=n$ 时，

$$\boldsymbol{\alpha}_n=\boldsymbol{A}^n\boldsymbol{\alpha}_0=\boldsymbol{A}^n\boldsymbol{P}_1=\lambda_1^n\boldsymbol{P}_1=2^n(1,2)^{\mathrm{T}},$$

即 $x_n=2^n, y_n=2^{n+1}$.

它表明，经过 n 个发展周期后，工业产值已达到一个相当高的水平(2^{n+1})，但其中一半被污染损耗(2^n)所抵消，造成了资源的严重浪费.

如果当前的水平 $\boldsymbol{\alpha}_0=(11,19)^{\mathrm{T}}$，则不能直接应用上述方法分析. 此时由于 $\boldsymbol{\alpha}_0=10\boldsymbol{P}_1+\boldsymbol{P}_2$，于是

$$\boldsymbol{\alpha}_n=\boldsymbol{A}^n\boldsymbol{\alpha}_0=10\boldsymbol{A}^n\boldsymbol{P}_1+\boldsymbol{A}^n\boldsymbol{P}_2=10\cdot 2^n\boldsymbol{P}_1+3^n\boldsymbol{P}_2=\begin{bmatrix} 10\cdot 2^n+3^n \\ 20\cdot 2^n-3^n \end{bmatrix}.$$

特别地，当 $n=4$ 时，污染损耗为 $x_4=241$，工业产值为 $y_4=239$，损耗已超过了产值，经济将出现负增长.

由上面的分析可以看出：尽管 $\boldsymbol{A}$ 的特征向量 $\boldsymbol{P}_2$ 没有实际意义(因 $\boldsymbol{P}_2$ 中含负分量)，但任一具有实际意义的向量 $\boldsymbol{\alpha}_0$ 都可以表示为 $\boldsymbol{P}_1,\boldsymbol{P}_2$ 的线性组合，从而在分析过程中，$\boldsymbol{P}_2$ 仍具有重要作用.

7.4.2 矩阵高次幂的应用——人口流动问题

例 7.4.2 设某中小城市及郊区乡镇共有 30 万人从事农、工、商工作. 假定这个

总数在若干年内保持不变,而社会调查表明:

(1) 在这 30 万就业人员中,目前约有 15 万人从事农业,9 万人从事工业,6 万人经商.

(2) 在务农人员中,每年约有 20%改为务工,10%改为经商.

(3) 在务工人员中,每年约有 20%改为务农,10%改为经商.

(4) 在经商人员中,每年约有 10%改为务农,10%改为务工.

现欲预测一两年至 n 年后从事各业人员的人数.

解　若用三维向量 $(x_i,y_i,z_i)^{\mathrm{T}}$ 表示第 i 年后从事这三种职业的人员总数,则已知 $(x_0,y_0,z_0)^{\mathrm{T}}=(15,9,6)^{\mathrm{T}}$,而欲求 $(x_1,y_1,z_1)^{\mathrm{T}}$, $(x_2,y_2,z_2)^{\mathrm{T}}$ 并考察在 $n\to\infty$ 时 $(x_n,y_n,z_n)^{\mathrm{T}}$ 的发展趋势.

依题意,一年后,从事农、工、商的人员总数应为

$$\begin{cases} x_1=0.7x_0+0.2y_0+0.1z_0 \\ y_1=0.2x_0+0.7y_0+0.1z_0 \\ z_1=0.1x_0+0.1y_0+0.8z_0 \end{cases}$$

即

$$\begin{bmatrix} x_1 \\ y_1 \\ z_1 \end{bmatrix}=\begin{bmatrix} 0.7 & 0.2 & 0.1 \\ 0.2 & 0.7 & 0.1 \\ 0.1 & 0.1 & 0.8 \end{bmatrix}\begin{bmatrix} x_0 \\ y_0 \\ z_0 \end{bmatrix}=\boldsymbol{A}\begin{bmatrix} x_0 \\ y_0 \\ z_0 \end{bmatrix}$$

以 $(x_0,y_0,z_0)^{\mathrm{T}}=(15,9,6)^{\mathrm{T}}$ 代入上式,即得

$$(x_1,y_1,z_1)^{\mathrm{T}}=(12.9,9.9,7.2)^{\mathrm{T}}$$

即一年后从事各业人员的人数分别为 12.9、9.9、7.2 万人,以及

$$(x_2,y_2,z_2)^{\mathrm{T}}=\boldsymbol{A}(x_1,y_1,z_1)^{\mathrm{T}}=\boldsymbol{A}^2(x_0,y_0,z_0)^{\mathrm{T}}=(11.73,10.23,8.04)^{\mathrm{T}},$$

即两年后从事各业人员的人数分别为 11.73、10.23、8.04 万人.

进而推得 $(x_n,y_n,z_n)^{\mathrm{T}}=\boldsymbol{A}(x_{n-1},y_{n-1},z_{n-1})^{\mathrm{T}}=\boldsymbol{A}^n(x_0,y_0,z_0)^{\mathrm{T}}$.

下面进一步讨论 n 年后从事各业人数总数的发展趋势,即求

$$(x_n,y_n,z_n)^{\mathrm{T}}=\boldsymbol{A}(x_{n-1},y_{n-1},z_{n-1})^{\mathrm{T}}=\boldsymbol{A}^n(x_0,y_0,z_0)^{\mathrm{T}}.$$

为求 $\boldsymbol{A}^n$,先将 $\boldsymbol{A}$ 对角化.由计算得

$$|\boldsymbol{A}-\lambda\boldsymbol{I}|=\begin{bmatrix} 0.7-\lambda & 0.2 & 0.1 \\ 0.2 & 0.7-\lambda & 0.1 \\ 0.1 & 0.1 & 0.8-\lambda \end{bmatrix}=(1-\lambda)(0.7-\lambda)(0.5-\lambda)$$

故有

$$\lambda_1=1,\quad \lambda_2=0.7,\quad \lambda_3=0.5$$

进一步可求得对应的规范特征向量为

$$\boldsymbol{\varepsilon}_1=\left(\frac{1}{\sqrt{3}},\frac{1}{\sqrt{3}},\frac{1}{\sqrt{3}}\right)^{\mathrm{T}},\quad \boldsymbol{\varepsilon}_2=\left(\frac{1}{\sqrt{6}},\frac{1}{\sqrt{6}},\frac{-2}{\sqrt{6}}\right)^{\mathrm{T}},\quad \boldsymbol{\varepsilon}_3=\left(-\frac{1}{\sqrt{2}},\frac{1}{\sqrt{2}},0\right)^{\mathrm{T}}.$$

若令 $\boldsymbol{Q}=(\boldsymbol{\varepsilon}_1,\boldsymbol{\varepsilon}_2,\boldsymbol{\varepsilon}_3)$,则有 $\boldsymbol{A}=\boldsymbol{Q}\boldsymbol{\Lambda}\boldsymbol{Q}^{-1}$,从而有

$$\boldsymbol{A}^n=\boldsymbol{Q}\boldsymbol{\Lambda}^n\boldsymbol{Q}^{-1}=\boldsymbol{Q}\begin{bmatrix} 1 & 0 & 0 \\ 0 & 0.7 & 0 \\ 0 & 0 & 0.5 \end{bmatrix}^n\boldsymbol{Q}^{\mathrm{T}}$$

$$=\begin{bmatrix}\frac{1}{\sqrt{3}} & \frac{1}{\sqrt{6}} & \frac{-1}{\sqrt{2}}\\ \frac{1}{\sqrt{3}} & \frac{1}{\sqrt{6}} & \frac{1}{\sqrt{2}}\\ \frac{1}{\sqrt{3}} & \frac{-2}{\sqrt{6}} & 0\end{bmatrix}\begin{bmatrix}1^n & 0 & 0\\ 0 & (0.7)^n & 0\\ 0 & 0 & (0.5)^n\end{bmatrix}\begin{bmatrix}\frac{1}{\sqrt{3}} & \frac{1}{\sqrt{3}} & \frac{1}{\sqrt{3}}\\ \frac{1}{\sqrt{6}} & \frac{1}{\sqrt{6}} & \frac{-2}{\sqrt{6}}\\ \frac{-1}{\sqrt{2}} & \frac{1}{\sqrt{2}} & 0\end{bmatrix}.$$

于是，由

$$(x_n,y_n,z_n)^{\mathrm{T}}=\boldsymbol{A}^n(x_0,y_0,z_0)^{\mathrm{T}},$$

当 $n\to\infty$ 时，$(0.7)^n\to 0$，$(0.5)^n\to 0$，即得

$$\begin{bmatrix}x_\infty\\ y_\infty\\ z_\infty\end{bmatrix}=\begin{bmatrix}\frac{1}{3} & \frac{1}{3} & \frac{1}{3}\\ \frac{1}{3} & \frac{1}{3} & \frac{1}{3}\\ \frac{1}{3} & \frac{1}{3} & \frac{1}{3}\end{bmatrix}\begin{bmatrix}15\\ 9\\ 6\end{bmatrix}=\begin{bmatrix}10\\ 10\\ 10\end{bmatrix},$$

即经多年后从事这三种职业的人数将趋于相等，均为 10 万人.

线性代数的应用还有很多，限于篇幅，这里仅介绍上述一些应用，希望了解更多应用的读者，请参考专门的书籍. 另外，在上述应用中经常要涉及一些计算问题，如矩阵的计算、线性方程组的计算等，对此，读者可以应用第 6 章介绍的 Matlab 软件进行计算.

练习答案与提示

第1章

练习1.1

1. $-9,0,4a$.

2. (1) $x_1=a\cos\theta+b\sin\theta, x_2=b\cos\theta-a\sin\theta$； (2) $x_1=1,x_2=2,x_3=1$.

3. 3,8,16. **4.** (1) 正号，(2) 负号.

5. (1) $a_{12}a_{23}a_{31}a_{44}, -a_{12}a_{23}a_{34}a_{41}$； (2) $a_{11}a_{23}a_{34}a_{42}, a_{12}a_{23}a_{31}a_{44}, a_{14}a_{23}a_{32}a_{41}$.

6. (1) $(-1)^{n-1}n!$； (2) $(-1)^{\frac{n(n-1)}{2}}a_{1n}a_{2n-1}\cdots a_{n1}$.

练习1.2

1. $0,0,4abcdef,0,-3$. **3.** $\lambda_1=0,\lambda_2=-4$.

练习1.3

1. $128,-351,-(a_3-1)(a_2-1)(a_1-1)(a_3-a_1)(a_2-a_1)(a_3-a_2),10,-60$.

2. $x^n+(-1)^{n+1}y^n, a^{n-2}(a^2-b^2), 2(n!), (n-1)!$.

练习1.4

1. $x_1=3,x_2=-4,x_3=-1,x_4=1$. **2.** 仅有零解.

3. $k=1$ 或 $k=-2$. **4.** $y=-3x^2+12x-9$.

综合练习1

1. (1) $i=3,j=5$； (2) $x_1=-2,x_2=1,x_3=3$； (3) $(-1)^{\frac{n(n-1)}{2}}n!$；
(4) $(a_1b_4-a_4b_1)(a_2b_3-a_3b_2)$； (5) 0.

2. (1) $(\alpha^2-\beta^2)(a+2b)(a-b)^2$； (2) $abd(a^2-c^2)(c-b)(d-b)(c-d)$；
(3) 2^{n-1}，提示：i 行减去 $i-1$ 行，$i=n,n-1,\cdots,2$；
(4) $(-1)^{\frac{n(n-1)}{2}}(2n-1)(n-1)^{n-1}$； (5) $a^{n-1}(a+x_1+x_2+\cdots+x_n)$；
(6) $(a_1-b)(a_2-b)\cdots(a_n-b)\left(1+\sum_{i=1}^{n}\frac{b}{a_i-b}\right)$.

3. 提示：按第一列展开 $D_n=xD_{n-1}+a_n=x(xD_{n-2}-a_{n-1})+a_n=x^{n-1}(a_1+x)+\cdots+a_{n-1}x+a_n=x^n+a_1x^{n-1}+\cdots+a_{n-1}x+a_n$.

4. $k=\frac{1}{4}$. **5.** $a_1=1,a_2=-3,a_3=0,a_4=2$；$y=x^3-3x^2+2$.

第2章

练习2.2

1. $\begin{bmatrix} 0 & 3 & -4 \\ 0 & 0 & -1 \\ 0 & 0 & 0 \end{bmatrix}$.

2. (1) $\begin{bmatrix} a^2 & ab & ac \\ ba & b^2 & bc \\ ca & cb & c^2 \end{bmatrix}$; (2) $\begin{bmatrix} \lambda_1 & \lambda_2 & \lambda_3 \\ 2\lambda_1 & 2\lambda_2 & 2\lambda_3 \\ 3\lambda_1 & 3\lambda_2 & 3\lambda_3 \end{bmatrix}$; (3) 0; (4) $2^{n-1}\begin{bmatrix} 1 & 1 \\ 1 & 1 \end{bmatrix}$.

3. $\begin{bmatrix} a & b & c \\ 0 & a & b \\ 0 & 0 & a \end{bmatrix}$,$a,b,c$ 为任意数.　　**4.** $\begin{bmatrix} 21 & 24 \\ 16 & 5 \end{bmatrix}$

5. (3) 提示:$\boldsymbol{X}_{n\times 1}$ 分别取$(1,0,0,\cdots,0)^{\mathrm{T}},(0,1,0,\cdots,0)^{\mathrm{T}},\cdots,(0,0,\cdots,0,1)^{\mathrm{T}}$,可得 $a_{ij}=0$.

6. 错误的是(3),(5),(6).

练习2.3

1. -21.　　**2.** 2^{n+3}.　　**3.** $2^{n-1}\begin{bmatrix} 1 & 0 & 1 \\ 0 & 0 & 0 \\ 1 & 0 & 1 \end{bmatrix}$,16.

5. 错误的是(1),(4).

练习2.4

1. (1) $\boldsymbol{A}^{-1}=\begin{bmatrix} a_1^{-1} & & \\ & a_2^{-1} & \\ & & a_3^{-1} \end{bmatrix}$; (2) $\boldsymbol{A}^{-1}=\begin{bmatrix} & & a_3^{-1} \\ & a_2^{-1} & \\ a_1^{-1} & & \end{bmatrix}$;

(3) $\boldsymbol{A}^{-1}=\begin{bmatrix} 1 & -2 & 1 \\ 0 & 1 & -2 \\ 0 & 0 & 1 \end{bmatrix}$; (4) $\boldsymbol{A}^{-1}=-\frac{1}{3}\begin{bmatrix} -11 & 4 & -8 \\ 4 & -2 & 1 \\ 2 & -1 & 2 \end{bmatrix}$.

2. (1) $\boldsymbol{X}=\frac{1}{2}\begin{bmatrix} -3 & 1 & 2 \\ 7 & -5 & -4 \\ -3 & 3 & 2 \end{bmatrix}\begin{bmatrix} 2 & 1 \\ -1 & 0 \\ 3 & 1 \end{bmatrix}=\frac{1}{2}\begin{bmatrix} -1 & -1 \\ 7 & 3 \\ -3 & -1 \end{bmatrix}$;

(2) $\boldsymbol{X}=\frac{1}{5}\begin{bmatrix} -1 & 3 \\ -2 & 1 \end{bmatrix}$, (3) $\boldsymbol{B}=6(\boldsymbol{I}-\boldsymbol{A})^{-1}\boldsymbol{A}=\begin{bmatrix} 3 & & \\ & 2 & \\ & & 1 \end{bmatrix}$.

3. (1) $\boldsymbol{A}^{-1}=(\boldsymbol{A}+\boldsymbol{I})^2$; (2) $(\boldsymbol{I}+\boldsymbol{A})^{-1}=\frac{\boldsymbol{A}-2\boldsymbol{I}}{2}$.

4. 错误的是(1),(4),(5),(7).

练习 2.5

1. (1) $(\boldsymbol{I} \mid \boldsymbol{A}^{-1})$； (2) $\begin{bmatrix} \boldsymbol{A}^{\mathrm{T}}\boldsymbol{A}^{-1} & \boldsymbol{A}^{\mathrm{T}} \\ \boldsymbol{A}^{-1} & \boldsymbol{I} \end{bmatrix}$； (3) $\begin{bmatrix} \boldsymbol{I} \\ \boldsymbol{A}^{-1} \end{bmatrix}$； (4) $\begin{bmatrix} \boldsymbol{B} \\ \boldsymbol{A} \end{bmatrix}$； (5) $\begin{bmatrix} \boldsymbol{A} \\ \boldsymbol{0} \end{bmatrix}$；

(6) $(\boldsymbol{0},\boldsymbol{B})$.

2. (1) $\boldsymbol{A}^{-1}=\begin{bmatrix} \frac{1}{2} & -\frac{1}{2} & 0 & 0 \\ 0 & 1 & 0 & 0 \\ 0 & 0 & 1 & 0 \\ 0 & 0 & -2 & 1 \end{bmatrix}$；

(2) 提示:$\boldsymbol{B}=\left[\begin{array}{c:c} \boldsymbol{B}_1 & \boldsymbol{0} \\ \hdashline \boldsymbol{B}_3 & \boldsymbol{B}_4 \end{array}\right]$,利用例 2.5.3 的结果.

$$\boldsymbol{B}^{-1}=\begin{bmatrix} 7 & -3 & 0 & 0 \\ -2 & 1 & 0 & 0 \\ 13/5 & -6/5 & -1/5 & 3/5 \\ -16/5 & 7/5 & 2/5 & -1/5 \end{bmatrix}.$$

综合练习 2

1. (1) $2^3(1+2^{n-1})$； (2) 10； (3) 20； (4) 9；

(5) $a\neq\pm1,\boldsymbol{A}^{-1}=\begin{bmatrix} 0 & -1 & 0 & 0 \\ \frac{1}{2} & \frac{1}{2} & 0 & 0 \\ 0 & 0 & \frac{a}{a^2-1} & \frac{-1}{a^2-1} \\ 0 & 0 & \frac{-1}{a^2-1} & \frac{a}{a^2-1} \end{bmatrix}$.

2. 错误的是(1),(2),(5).

3. (1) $\boldsymbol{B}=\boldsymbol{I}+\boldsymbol{A}=\begin{bmatrix} 2 & 0 & 1 \\ 0 & 3 & 0 \\ -1 & 0 & 2 \end{bmatrix}$； (2) $\boldsymbol{B}=\begin{bmatrix} 0 & 1 & 2 \\ 0 & 0 & 1 \\ 0 & 0 & 0 \end{bmatrix}$；

(3) $|\boldsymbol{A}^n|=(-25)^n,\boldsymbol{A}^{2n}=\begin{bmatrix} 5^{2n} & 0 & 0 & 0 \\ 0 & 5^{2n} & 0 & 0 \\ 0 & 0 & 1 & 4n \\ 0 & 0 & 0 & 1 \end{bmatrix}$； (4) $\dfrac{(-11)^n}{2^{n+1}}$.

4. (1) 提示:利用 $\boldsymbol{A}\boldsymbol{A}^*=|\boldsymbol{A}|\boldsymbol{I}$. (2) 提示:令 $\boldsymbol{x}=(1,1,\cdots,1)^{\mathrm{T}}$,则 $\boldsymbol{A}\boldsymbol{x}=a\boldsymbol{x}$.

(3) 提示:$\boldsymbol{I}=\boldsymbol{I}-\boldsymbol{A}^k$. (5) 提示:$|\boldsymbol{I}+\boldsymbol{A}|=|\boldsymbol{A}^{\mathrm{T}}\boldsymbol{A}+\boldsymbol{A}|=|(\boldsymbol{A}^{\mathrm{T}}+\boldsymbol{I})\boldsymbol{A}|$.

(6) 提示:① 注意到 $\boldsymbol{\alpha}\boldsymbol{\alpha}^{\mathrm{T}}$ 是一个 n 阶矩阵,$\boldsymbol{\alpha}^{\mathrm{T}}\boldsymbol{\alpha}$ 是数 1. 由 $\boldsymbol{A}^2=\boldsymbol{A}$ 得$(1-\boldsymbol{\alpha}^{\mathrm{T}}\boldsymbol{\alpha})\boldsymbol{\alpha}\boldsymbol{\alpha}^{\mathrm{T}}$

$=\mathbf{0}$. 证得. ② 由 $\boldsymbol{A}^2=\boldsymbol{A}$,用反证法证之.

第3章

练习3.1

3. 错误的是(2),(3).

练习3.2

1. (1) $\boldsymbol{A}^{-1}=\begin{bmatrix}1&-1&0\\0&1&-1\\0&0&1\end{bmatrix}$; (2) $\boldsymbol{A}^{-1}=\begin{bmatrix}1&0&0\\1&-2&1\\2&-3&1\end{bmatrix}$;

(3) $\boldsymbol{A}^{-1}=\frac{1}{12}\begin{bmatrix}-6&-6&6\\3&-3&-3\\2&6&2\end{bmatrix}$; (4) $\boldsymbol{A}^{-1}=\begin{bmatrix}1&-1&0\\-2&3&-4\\-2&3&-3\end{bmatrix}$.

2. (1) $\boldsymbol{E}_{ij}\boldsymbol{A}=\boldsymbol{B}$; (2) $\boldsymbol{A}\boldsymbol{B}^{-1}=\boldsymbol{E}_{ij}$. **3.** $\boldsymbol{B}^{-1}=\boldsymbol{A}^{-1}\boldsymbol{E}_{ij}$.

练习3.3

1. (1) 2; (2) 3. **2.** $\boldsymbol{A}=\begin{bmatrix}1&0&1&0&0\\0&1&1&0&0\\0&0&1&0&0\\0&0&0&1&0\\0&0&0&0&0\end{bmatrix}$.

4. 错误的是(1),(2),(4).

练习3.4

1. (1) $x_1=x_2=x_3=0$; (2) $\boldsymbol{x}=k_1(-1,0,1,0)^{\mathrm{T}}+k_2(2,-1,0,1)^{\mathrm{T}}$.

2. (1) $\boldsymbol{x}=k_1(1,-1,0,0)^{\mathrm{T}}+k_2(1,0,-1,2)^{\mathrm{T}}+\left(\frac{1}{2},0,-\frac{1}{2},0\right)^{\mathrm{T}}$;

(2) $x_1=4,x_2=-3,x_3=1,x_4=2$.

3. (1) $\alpha\neq0$,且 $\alpha\neq\beta$ 有唯一解; (2) $\alpha=0$ 无解;

(3) $\alpha=\beta\neq0$,有无穷多组解,$\boldsymbol{x}=k(0,1,1)^{\mathrm{T}}+\left(1-\frac{1}{\alpha},\frac{1}{\alpha},0\right)^{\mathrm{T}}$.

4. 错误的是(2),(3),(5),(6).

综合练习3

1. (1) $r(\boldsymbol{AB})=2$; (2) $r(\boldsymbol{A})=1$; (3) $a=-2$; (4) $k\neq\frac{3}{5}$.

2. 错误的是(3).

3. (1) $\lambda=2,u=2$,则 $r(\boldsymbol{A})=1$;$\lambda=2,u\neq2$,或 $u=2,\lambda\neq2$,则 $r(\boldsymbol{A})=2$;$\lambda\neq2$,且 $u\neq2$,则 $r(\boldsymbol{A})=3$.

(2) $k=0,l=2$.

(3) $\lambda=-1, \boldsymbol{x}=k(0,-1,1)^{\mathrm{T}}$；$\lambda=0, \boldsymbol{x}=k(1,-2,1)^{\mathrm{T}}$.

(4) $\lambda=1, u\neq 1$ 时无解；$\lambda=1, u=1$ 时有无穷多组解，$\boldsymbol{x}=k_1(-1,1,0,0)^{\mathrm{T}}+k_2(-1,0,1,0)^{\mathrm{T}}+k_3(-1,0,0,1)^{\mathrm{T}}+(1,0,0,0)^{\mathrm{T}}$；当 $\lambda\neq 1$ 时有唯一解.

4. (1) 提示：利用齐次方程组 $\boldsymbol{Ax}=\boldsymbol{0}$ 有非零解的结论.

(2) 提示：利用 $r(\boldsymbol{A}^{\mathrm{T}}\boldsymbol{A})\leqslant r(\boldsymbol{A})\leqslant m<n$.

第 4 章

练习 4.1

1. $\boldsymbol{\alpha}=(3,-12,9)$.　　**2.** (1) $\boldsymbol{\alpha}=-2\boldsymbol{\alpha}_1+\boldsymbol{\alpha}_2-\boldsymbol{\alpha}_3$；(2) $\boldsymbol{\alpha}=-2\boldsymbol{\alpha}_1+4\boldsymbol{\alpha}_2+\boldsymbol{\alpha}_3$.

3. (1) 相关；(2) 相关；(3) 无关；(4) 无关.　　**7.** $lm=1$.

8. 错误的是(1),(2),(3),(4).

练习 4.2

1. (1) $\boldsymbol{\alpha}_1,\boldsymbol{\alpha}_2,\boldsymbol{\alpha}_3$；(2) $\boldsymbol{\alpha}_1,\boldsymbol{\alpha}_2$；(3) $\boldsymbol{\alpha}_1,\boldsymbol{\alpha}_2,\boldsymbol{\alpha}_4$.

4. 提示：证明 $\boldsymbol{\alpha}_1+\boldsymbol{\alpha}_2,\boldsymbol{\alpha}_2+\boldsymbol{\alpha}_3,\boldsymbol{\alpha}_3+\boldsymbol{\alpha}_4,\boldsymbol{\alpha}_4+\boldsymbol{\alpha}_1$ 线性相关，而 $\boldsymbol{\alpha}_1+\boldsymbol{\alpha}_2,\boldsymbol{\alpha}_2+\boldsymbol{\alpha}_3,\boldsymbol{\alpha}_3+\boldsymbol{\alpha}_4$ 线性无关，则所求向量组的秩为 3.

5. 错误的是(4).

练习 4.3

1. (1),(2),(4),(5),(6)不是向量空间.

2. $\boldsymbol{\alpha}=x_2(-1,1,0)^{\mathrm{T}}+x_3(2,0,1)^{\mathrm{T}}$，基为 $\boldsymbol{\alpha}_1=(-1,1,0)^{\mathrm{T}},\boldsymbol{\alpha}_2=(2,0,1)^{\mathrm{T}}$，$\dim V=2$.

3. 坐标向量为$(1,2,2)^{\mathrm{T}}$.　　**4.** 坐标向量为$(1,2,-3,2)^{\mathrm{T}}$.

5. (1) $\begin{bmatrix}-2 & 7\\ 3 & -3\end{bmatrix}$；(2) $\begin{bmatrix}1 & 1 & 1\\ 2 & 0 & 0\\ 1 & 0 & 1\end{bmatrix}$.

6. $(\boldsymbol{\beta}_1,\boldsymbol{\beta}_2,\boldsymbol{\beta}_3)=(\boldsymbol{\alpha}_1,\boldsymbol{\alpha}_2,\boldsymbol{\alpha}_3)\boldsymbol{P}$，$\boldsymbol{P}=\begin{bmatrix}1 & 0 & 1\\ 1 & 1 & 0\\ 0 & 1 & 1\end{bmatrix}$，$\boldsymbol{P}^{-1}=\dfrac{1}{2}\begin{bmatrix}1 & 1 & -1\\ -1 & 1 & 1\\ 1 & -1 & 1\end{bmatrix}$.

7. (1) $\boldsymbol{P}=\begin{bmatrix}1 & 1 & 0\\ 2 & 0 & 1\\ 0 & 2 & 0\end{bmatrix}$；(2) $\boldsymbol{P}^{-1}=\dfrac{1}{2}\begin{bmatrix}2 & 0 & -1\\ 0 & 0 & 1\\ -4 & 2 & 2\end{bmatrix}$，$\boldsymbol{y}=\boldsymbol{P}^{-1}\boldsymbol{x}=\left(\dfrac{-1}{2},\dfrac{3}{2},3\right)^{\mathrm{T}}$.

8. (1) $(3,4,4)^{\mathrm{T}}$；(2) $\left(\dfrac{11}{2},-5,\dfrac{13}{2}\right)^{\mathrm{T}}$.

练习 4.4

1. (1) $\boldsymbol{x}=k_1(2,1,0,0)^{\mathrm{T}}+k_2(2,0,-5,7)^{\mathrm{T}}$；

(2) $\boldsymbol{x}=k_1(-2,1,1,0,0)^{\mathrm{T}}+k_2(-6,5,0,0,1)^{\mathrm{T}}$.

2. (1) $\boldsymbol{x}=k(-3,-1,1,0)^{\mathrm{T}}+(1,1,0,1)^{\mathrm{T}}$；

(2) $\boldsymbol{x}=k(5,-7,5,6)^{\mathrm{T}}+\left(\frac{1}{6},\frac{1}{6},\frac{1}{6},0\right)^{\mathrm{T}}$.

3. ① $r(\boldsymbol{A})=3$,三个平面交于原点;② $r(\boldsymbol{A})=2$,三平面交于过原点的直线;③ $r(\boldsymbol{A})=1$,三平面重合.

4. ① $|\boldsymbol{A}|=(\lambda-1)(5\lambda+4)$,当 $\lambda\neq1$,且 $\lambda\neq-4/5$ 时,有唯一的解;② 当 $\lambda=-4/5$ 时,无解;③ $\lambda=1$ 时,$\boldsymbol{x}=k(0,1,1)^{\mathrm{T}}+(1,-1,0)^{\mathrm{T}}$.

5. 提示:参见例 4.4.2.　　　**6.** 错误的是(2).

综合练习 4

1. (1) $\lambda=-2$,或 $\lambda=5$; (2) 极大无关组为 $\boldsymbol{\alpha}_1,\boldsymbol{\alpha}_2,\boldsymbol{\alpha}_4$,秩为 3;
(3) $\boldsymbol{x}=k(1,1,\cdots,1)^{\mathrm{T}}$. (4) $k\neq1$ 且 $k\neq-2$.

2. 错误的是(3). (4) 提示:取 $\boldsymbol{b}$ 为 $\boldsymbol{e}_1,\boldsymbol{e}_2,\cdots,\boldsymbol{e}_n$,则 $\boldsymbol{Ax}=\boldsymbol{I}$.

3. (1) ① $a=1,b\neq1$,无解;② $a\neq1$,有唯一解;③ $a=1,b=-1$ 有无穷多解,$\boldsymbol{x}=k_1(1,-2,1,0)^{\mathrm{T}}+k_2(1,-2,0,1)^{\mathrm{T}}+(-1,1,0,0)^{\mathrm{T}}$.

(2) ① $q\neq3$,$\boldsymbol{\beta}$ 不能表示成 $\boldsymbol{\alpha}_1,\boldsymbol{\alpha}_2,\boldsymbol{\alpha}_3$ 的线性组合;

② $q=3,p\neq-1,\boldsymbol{\beta}=-14\boldsymbol{\alpha}_1+9\boldsymbol{\alpha}_2$;

③ $q=3,p=-1,\boldsymbol{\beta}=(5k-14)\boldsymbol{\alpha}_1+(-4k+9)\boldsymbol{\alpha}_2+k\boldsymbol{\alpha}_3$.

(3) $t=-3,|\boldsymbol{B}|=0$.

(4) $\boldsymbol{\gamma}=(1,3,2)^{\mathrm{T}}$.

4. (1) 提示:用反证法,假定有一个 $k_i=0$,推出与已知条件矛盾.

(2) 提示:由 $\sum\limits_{i=0}^{n-1}k_i\boldsymbol{A}^i\boldsymbol{\alpha}=\boldsymbol{0}$,用 $\boldsymbol{A}^{n-1}$ 左乘等式,由条件推得 $k_0=0$,同理可得 $k_1=0,\cdots,k_{n-1}=0$.

(3) 提示:由 $\dim N(\boldsymbol{A})=\dim N(\boldsymbol{B})$,证得.

(4) ② 提示:$\boldsymbol{Ax}=\boldsymbol{0}$ 的解集中极大无关解的个数为 2,而 $\boldsymbol{\alpha}_1-\boldsymbol{\alpha}_2,\boldsymbol{\alpha}_2-\boldsymbol{\alpha}_3,\boldsymbol{\alpha}_3-\boldsymbol{\alpha}_4$ 是 $\boldsymbol{Ax}=\boldsymbol{0}$ 的三个解,故它们线性相关.

第 5 章

练习 5.1

1. (1) $\lambda_1=2,\boldsymbol{x}=k(1,1)^{\mathrm{T}}$;$\lambda_2=-1,\boldsymbol{x}=k(4,1)^{\mathrm{T}}$.

(2) $\lambda_1=0,\boldsymbol{x}=k(-1,1,0)^{\mathrm{T}}$;$\lambda_2=\lambda_3=2,\boldsymbol{x}=k(1,1,0)^{\mathrm{T}}$.

(3) $\lambda_1=\lambda_2=-1,\boldsymbol{x}=k(1,-2,0)^{\mathrm{T}}+k_2(0,-2,1)^{\mathrm{T}}$;$\lambda_3=8,\boldsymbol{x}=(2,1,2)^{\mathrm{T}}$.

2. $\boldsymbol{A}$ 的特征值为 $\lambda_{1,2}=1,\lambda_3=3$;$\boldsymbol{B}$ 的特征值为 6,6,34;$\boldsymbol{C}$ 的特征值为 $3,3,\frac{7}{3}$.

3. (1) $|\boldsymbol{A}|=6$; (2) $2,1,\frac{2}{3}$; (3) $-1,0,3$.

4. $\lambda_1=2,a=1,\lambda_2=\lambda_3=0$.

练习 5.2

1. $\boldsymbol{A}$ 的特征值为 1,3,2. $\lambda_1=1,\boldsymbol{x}=(1,2,1)^{\mathrm{T}}$;$\lambda_2=3,\boldsymbol{x}=k(1,0,1)^{\mathrm{T}}$;$\lambda_3=2,\boldsymbol{x}=k(0,1,1)^{\mathrm{T}}$.

2. (1) 不可对角化; (2) 可对角化.

3. $\boldsymbol{P}=\begin{bmatrix}1&0&1\\0&1&0\\-1&0&1\end{bmatrix},\boldsymbol{P}^{-1}\boldsymbol{AP}=\begin{bmatrix}0&&\\&1&\\&&2\end{bmatrix}$.

4. $\boldsymbol{A}^k=\dfrac{1}{3}\begin{bmatrix}-1+4(-2)^k&2-2(-2)^k\\-2+2(-2)^k&4-(-2)^k\end{bmatrix}$

5. 不相似,因找不到可逆阵 $\boldsymbol{P}$,使 $\boldsymbol{P}^{-1}\boldsymbol{BP}=\boldsymbol{A}$. **7.** 错误的是(1),(3),(4).

练习 5.3

1. (1) $\boldsymbol{A}=\begin{bmatrix}1&-2&0\\-2&2&-2\\0&-2&-2\end{bmatrix}$,秩为 2; (2) $\boldsymbol{A}=\begin{bmatrix}5&-1&3\\-1&5&-3\\3&-3&3\end{bmatrix}$,秩为 2.

2. (1) $f=y_1^2+2y_2^2$; (2) $f=z_1^2-\dfrac{1}{4}z_2^2+8z_3^2$.

3. $\boldsymbol{A}$ 与 $\boldsymbol{B}$ 不合同,$\boldsymbol{A}$ 与 $\boldsymbol{C}$ 合同.

4. (1) 正惯性指数为 2,负惯性指数为 0. (2) 正惯性指数为 2,负惯性指数为 1.

练习 5.4

1. (1) $|\boldsymbol{\alpha}|=\sqrt{7},|\boldsymbol{\beta}|=\sqrt{15}$; (2) $(\boldsymbol{\alpha},\boldsymbol{\beta})=6$; (3) $(3\boldsymbol{\alpha}-2\boldsymbol{\beta},2\boldsymbol{\alpha}-3\boldsymbol{\beta})=54$;

(4) $\boldsymbol{\alpha}$ 与 $\boldsymbol{\beta}$ 的夹角 $\theta=\arccos\dfrac{6}{\sqrt{105}}$.

2. 10. **3.** $\boldsymbol{x}=k_1(-1,1,0)^{\mathrm{T}}+k_2(-1,0,1)^{\mathrm{T}}$.

4. (1) $\dfrac{1}{\sqrt{3}}(-1,1,1),\dfrac{1}{\sqrt{6}}(1,-1,2),\dfrac{1}{\sqrt{2}}(1,1,0)$;

(2) $\dfrac{1}{\sqrt{2}}(1,1,0,0),\dfrac{1}{\sqrt{6}}(1,-1,0,-2),\dfrac{1}{2\sqrt{3}}(1,-1,3,1)$.

9. $\boldsymbol{\alpha}_2=(-2/\sqrt{5},1/\sqrt{5})^{\mathrm{T}}$.

练习 5.5

1. (1) $\boldsymbol{C}=\begin{bmatrix}\dfrac{1}{\sqrt{2}}&\dfrac{1}{\sqrt{2}}\\\dfrac{-1}{\sqrt{2}}&\dfrac{1}{\sqrt{2}}\end{bmatrix},\boldsymbol{C}^{-1}\boldsymbol{AC}=\begin{bmatrix}-1&\\&3\end{bmatrix}$;

(2) $\boldsymbol{C}=\dfrac{1}{3}\begin{bmatrix}2&1&2\\-2&2&1\\1&2&-2\end{bmatrix},\boldsymbol{C}^{-1}\boldsymbol{AC}=\begin{bmatrix}0&&\\&3&\\&&-3\end{bmatrix}$.

2. $\boldsymbol{x}=\begin{bmatrix}\frac{-1}{\sqrt{2}} & \frac{-1}{\sqrt{6}} & \frac{1}{\sqrt{3}}\\ \frac{1}{\sqrt{2}} & \frac{-1}{\sqrt{6}} & \frac{1}{\sqrt{3}}\\ 0 & \frac{2}{\sqrt{6}} & \frac{1}{\sqrt{3}}\end{bmatrix}\boldsymbol{y}, f=-y_1^2-y_2^2+2y_3^2$.

3. $\boldsymbol{x}=\begin{bmatrix}0 & \frac{-1}{\sqrt{5}} & \frac{2}{\sqrt{5}}\\ 1 & 0 & 0\\ 0 & \frac{2}{\sqrt{5}} & \frac{1}{\sqrt{5}}\end{bmatrix}\boldsymbol{y}, y_1^2-y_2^2+4y_3^2=1$,单叶双曲面.

4. $a=-1, \boldsymbol{\alpha}_3=(1,-2,1)^{\mathrm{T}}$.　　**5.** $\boldsymbol{\alpha}_2=(1,-1)^{\mathrm{T}}, \boldsymbol{A}=\frac{1}{2}\begin{bmatrix}3 & -1\\ -1 & 3\end{bmatrix}$.

练习 5.6

1. (1) 正定； (2) 负定.　　**2.** (1) 正定； (2) 负定.

3. (1) $-1<t<0$； (2) $k>1$.

4. 提示：$\boldsymbol{A}$ 的特征值 $\lambda_i>0$，则 $\boldsymbol{A}^{-1}$ 的特征值 $\frac{1}{\lambda_i}>0$.

综合练习 5

1. (1) $\lambda(\boldsymbol{B})=2, \lambda(\boldsymbol{B}^{-1})=\frac{1}{2}$.　(2) $a=6$.　(3) $a=\frac{\sqrt{3}}{2}, b=\frac{-\sqrt{3}}{2}$；$a=\frac{-\sqrt{3}}{2}, b=\frac{\sqrt{3}}{2}$.

(4) 秩为 2，正惯性指数为 2.　(5) $\lambda_1=1, \lambda_2=2, \lambda_3=5$.

2. 错误的是(2)，(3)，(5)，(7).

3. (1) ① $\lambda_1=2, \lambda_2=4, \lambda_3=8$； ② 64； ③ 60.

(2) ① $\lambda_1=4a, \lambda_{2,3,4}=0$； ② $\boldsymbol{P}=\begin{bmatrix}1 & -1 & -1 & -1\\ 1 & 1 & 0 & 0\\ 1 & 0 & 1 & 0\\ 1 & 0 & 0 & 1\end{bmatrix}, \boldsymbol{P}^{-1}\boldsymbol{A}\boldsymbol{P}=\begin{bmatrix}4a & & & \\ & 0 & & \\ & & 0 & \\ & & & 0\end{bmatrix}$.

(3) $x=0, y=1$.　(4) $x=y$.

(5) $a=2, \boldsymbol{x}=\begin{bmatrix}0 & 1 & 0\\ \frac{1}{\sqrt{2}} & 0 & \frac{1}{\sqrt{2}}\\ \frac{-1}{\sqrt{2}} & 0 & \frac{1}{\sqrt{2}}\end{bmatrix}\boldsymbol{y}, f=y_1^2+2y_2^2+5y_3^2$.

(6) $\boldsymbol{P}=\begin{bmatrix}1&0&0\\1&1&0\\1&1&1\end{bmatrix},\boldsymbol{A}=\boldsymbol{P}\begin{bmatrix}1&&\\&-1&\\&&2\end{bmatrix}\boldsymbol{P}^{-1}=\begin{bmatrix}1&0&0\\2&-1&0\\2&-3&2\end{bmatrix}$.

(7) $\boldsymbol{\alpha}_2=(1,0,0)^{\mathrm{T}},\boldsymbol{\alpha}_3=(0,-1,1)^{\mathrm{T}}$,

$$\boldsymbol{P}=\begin{bmatrix}0&1&0\\1&0&-1\\1&0&1\end{bmatrix},\quad \boldsymbol{A}=\boldsymbol{P}\begin{bmatrix}0&&\\&1&\\&&1\end{bmatrix}\boldsymbol{P}^{-1}=\begin{bmatrix}1&0&0\\0&\frac{1}{2}&\frac{-1}{2}\\0&\frac{-1}{2}&\frac{1}{2}\end{bmatrix}.$$

4. (3) 提示:$\boldsymbol{A}$ 正定有正交矩阵 $\boldsymbol{C}$,使 $\boldsymbol{C}^{-1}\boldsymbol{A}\boldsymbol{C}=\boldsymbol{\Lambda}$,对角元为 $\boldsymbol{A}$ 的正特征值,$|\boldsymbol{I}+\boldsymbol{A}|=|\boldsymbol{C}^{-1}||\boldsymbol{C}||\boldsymbol{I}+\boldsymbol{A}|=|\boldsymbol{C}^{-1}\boldsymbol{A}\boldsymbol{C}+\boldsymbol{I}|=(\lambda_1+1)(\lambda_2+1)\cdots(\lambda_n+1)>1$,或 $\boldsymbol{A}+\boldsymbol{I}$ 的特征值为 λ_i+1,$|\lambda\boldsymbol{I}+\boldsymbol{A}|=(\lambda_1+1)\cdots(\lambda_n+1)>1$.

(4) 提示:证明 $\forall\, \boldsymbol{x}\neq\boldsymbol{0}, f=\boldsymbol{x}^{\mathrm{T}}(\boldsymbol{A}+\boldsymbol{B})\boldsymbol{x}>0$.

(5) 提示:证明 $\forall\, \boldsymbol{x}\neq\boldsymbol{0}, f=\boldsymbol{x}^{\mathrm{T}}(\boldsymbol{A}^{\mathrm{T}}\boldsymbol{A})\boldsymbol{x}>0$.

参考文献

[1] 同济大学数学教研室. 工程数学:线性代数[M]. 6 版. 北京:高等教育出版社,2014.

[2] 陶前功. 线性代数[M]. 1 版. 武汉:武汉理工大学出版社,2006.

[3] 左孝凌,李为,刘永才. 离散数学[M]. 3 版. 上海:上海科学技术文献出版社,2003.

[4] 李庆扬,王能超,易大义. 数值分析[M]. 5 版. 武汉:华中科技大学出版社,2018.